攀爬機器人技術

房立金，魏永樂，陶廣宏 著

前言

當前，機器人已從初期的簡單概念過渡到實際應用階段，機器人已成為傳統機械設備智慧化最為典型的標誌性系統。 機器人及其相關技術正在深入滲透到人們生產生活的各個方面，正在促進相關技術的深刻變革。

機器人技術的進步是無止境的，目前機器人的普遍應用並不代表機器人技術已達到頂峰階段。 相反，機器人技術本身還存在著各方面的問題，在理論、方法、設計以及工藝實現等方面還存在諸多問題需要加以研究解決。 比如，工業機器人的功能和技術指標還有待進一步提高，在一些場合下，機器人在靈活性和精密性等方面還不能滿足人們的應用需求，在人和機器人互動過程中機器人的性能還不夠理想，機器人還不能取代人來完成一些對柔順性要求高的工作。 這些問題的解決還依賴於機器人相關理論和技術的進步，機器人的設計水準也有待進一步提高。

在地面及架空環境中作業的攀爬機器人是機器人家族中的重要一員。 人們希望機器人能夠像人和動物一樣，靈活地在地面及各種架空環境中開展各種各樣的活動。 但機器人的攀爬運動對機器人的設計提出了更高的要求，相關的技術涵蓋了機器人移動機構、嵌入式控制系統、無線通訊、能源系統以及體積重量等諸多方面，整合設計難度大，實際應用中對機器人的技術約束和限制也非常苛刻。 所有這些問題都使得該類移動機器人的設計更加困難。 從解決思路上看，該類機器人的設計主要有兩種形式。 一是遵循仿生的機理，模仿人和動物的運動系統及工作機制來開展設計；另一種是從攀爬環境和攀爬作業的需求出發進行針對性的設計。 本書遵循後一種設計思路，以架空輸電線路巡檢機器人和壁面攀爬移動機器人為典型應用目標，展開適用於該類移動環境和作業任務需求的攀爬機器人系統的介紹。 採取這種設計思路，主要是希望針對特殊使用環境的特點和需求，提出專門的機器人結構設計方案，以此來簡化機器人系統的組成結構，使機器人的設計更具針對性和實用性。

架空輸電線路巡檢維護機器人是電力部門迫切需求的先進技術，機器人技術的使用將對提高線路巡檢作業品質和水準具有重要的實際意義。本書所有設計都是針對實際工程系統的任務特點和技術需求來進行的。本書是筆者及其團隊多年研究成果的總結。書中的機器人設計是在筆者指導的多名博士、碩士研究生的研究成果基礎上總結整理而成，包括本書的兩名合作者魏永樂博士和陶廣宏博士，以及唐棣、祝帥、徐鑫霖、梁笑、賀長林、侯亞輝、秦輝、楊國峰、田晨威、胡家銘、劉成龍、郭小昆、徐兵、許婷婷、王心蕊等從事攀爬移動機器人方向研究的碩士以及其他未能一一列出的學生，他們在研究生階段的探索研究為攀爬機器人研究工作的深入開展做出了貢獻。筆者針對電力輸電線路巡檢機器人的研究始於 2002 年在中國科學院沈陽自動化研究所工作期間。在此期間，筆者與王洪光研究員以及凌烈、景鳳仁、孫鵬、姜勇、劉愛華等團隊成員一起開始了電力輸電線路巡檢機器人的研究與設計開發工作，相關工作得到了多項國家計畫的支持，這一階段的研究工作為本書的相關研究奠定了良好的基礎。

希望本書的出版能夠對機器人領域相關研究和設計人員提供有益的參考。

機器人技術發展迅速，新技術不斷涌現，本書中難免存在不足之處，敬請廣大讀者批評指正。

房立金

於東北大學

2019 年 6 月

目錄

1 第1章 緒論

15 第2章 雙臂式攀爬機器人

63 第3章 多節式攀爬機器人

104 第4章 四足式攀爬機器人

145 第5章 攀爬機器人應用系統設計

第1章

緒論

眾所周知，「機器人」一詞最早出現於文學作品中。如今，各種類型的機器人在人們日常生產生活中發揮著重要的作用。與此同時，機器人技術也在快速發展。機器人的種類和形式將日益豐富，機器人的應用領域也將日益擴大。

機器人的出現反映了人們對機器人這一新型自動化機器的嚮往。長期以來，人們希望創造出一種能夠為人類所用、服務於人類的像人一樣的機器，希望機器人能夠彌補人類自身的不足，滿足人們各方面的需求。顯然，這一目標的實現不會是一蹴而就的。從機器人的發展歷程來看也是如此。20 世紀中葉出現的已經實用化的工業機器人，從外形上看僅僅對應著人型機器人的一隻手臂，即工業機器人僅僅相當於人體四肢中的一隻手臂。為什麼在機器人的實際發展過程中首先完成實用化的是工業機器人，而不是人型機器人呢?

下面讓我們簡要回顧機器人的發展歷程。

20 世紀中葉工業機器人出現之前，機器人基本上只存在於概念和幻想中，當時的技術發展水準還不足以支撐機器人技術的進步，不能滿足機器人的發展需求。儘管人們往往將鐘錶、水車、風車等帶有自動化特徵的裝置與機器人連繫起來，但這種連繫是十分牽強的，難以得到廣泛認同。

從 20 世紀中葉至 21 世紀初是機器人發展的重要階段。以工業機器人為代表的機器人技術率先在工業場合得到實際應用。事實上，工業機器人已成為現代機器人技術發展的起點和標誌。

21 世紀之後，機器人技術進入了前所未有的快速發展的新階段。工業機器人的應用逐步深入，其他類型的機器人也相繼走向實用化，逐步形成了今天的大發展、大應用局面。除工業之外，機器人在醫療、家庭服務、軍事、教育、休閒娛樂等領域都得到了成功有效的應用，人們對機器人的需求也日益增加。

工業機器人是一種串聯關節型機器人，典型的工業機器人具有 6 個自由度，可以滿足空間物體的位置和姿態運動的靈活性要求。當機器人在平面內運動時，具有 3 個自由度即可。針對不同的應用需求，可以將機器人設計成 3 自由度、4 自由度、6 自由度及其他多種自由度的組合形式。

透過觀察 6 自由度串聯關節型工業機器人的結構，可知機器人具有 6 個關節和 6 個連桿，連桿與關節依次串聯，即機器人的基本組成部件是關節和連桿，這是機器人結構的典型形式。各種類型的機器人都是以關節和連桿為基礎組合而成的。除上面提到的串聯關節型工業機器人之外，還可組合出其他形式的機器人結構。透過串聯及並聯的組合即可構建出並聯結構的機器人，也可構建出混聯（串聯＋並聯）結構的機器人。從內在結構來看，典型的 Steward 並聯機器人就是由 6 個分支並聯而成，而每個分支又是由串聯結構構成的。

透過關節和連桿的不同組合可構造出不同類型的機器人結構，如同自然界中的生物種類繁多，機器人家族也規模龐大。機器人不同的結構形式對應不同的應用需求，與不同的作業任務和功能特點相適應。

然而，機器人又不同於自然界的生物。仿生的角度可以給機器人的結構設計提供靈感，但機器人結構的仿生設計並不是設計工作的最終目標。設計機器人的目的是為人類所用，而不僅僅是滿足仿生設計本身。比如，自然界並沒有輪式移動的生物，但汽車等輪式設備卻在人們的生產生活中發揮著無可替代的作用。機器人設計也是如此，根本的目標是所設計的機器人能夠滿足具體的作業任務需求。

1.1 攀爬機器人概述

自然界中的生物多種多樣，具有攀爬能力的動物也有很多種。昆蟲、猿猴及其他的脊椎動物都具有攀爬能力，人類的攀爬運動能力也比較強。人們總是在盼望著能夠研製出像自然界動物一樣可以攀爬行走、上下穿梭的機器人。像研製其他類型的機器人一樣，人們也一直試圖研製出具有各種攀爬能力的機器人。但是，從機器人或攀爬機器人的研究歷程可以看出，研製過程是十分漫長的，距離人們希望達到的目標還有較大距離。

經過長期進化，動物家族中的不同成員逐步具備各自不同的攀爬技能。猿猴在叢林間自由穿梭跳躍，山羊在岩石峭壁中輕鬆行走，大熊貓在樹枝上憨態可掬地玩耍，還有樹上的蛇及小小的毛毛蟲等。綜合來看，動物個體對攀爬的目標和要求不同，其攀爬行為和具體攀爬方式也存在較大的差別。這種現象的成因和影響是多方面的，其中最根本的原因是遵循「適者生存」的原則。

設計攀爬機器人的原理也是如此，即不同的設計目的和目標，以及不同的功能和技術指標需求都將產生不同的設計結果。從應用角度來看，人們研製具有攀爬功能的機器人的目的是使其在一定的作業環境和作業條件下代替人來完成作業任務，這類環境往往是惡劣的或不適合人類工作的，如架空的電力輸電線路、高層建築。中國擁有超過 2 萬公里的超高壓輸電線路，特高壓線路也在大規模建設中，超高壓、特高壓輸電線路的里程逐年增加。線路的日常巡檢和維護是一項十分重要又繁重的工作。目前的常規線路巡檢工作還主要由人工來完成，研製能夠代替人工作業的巡檢機器人一直是電力部門的迫切需求。近年來，高層建築的不斷增加也對建築外牆的清洗作業等任務提出了迫切要求，由「蜘蛛人」完成清洗作業具有很大的危險性。

1.2 自然界生物的攀爬行為及其機制

透過觀察自然界生物的攀爬行為可以發現，無論是有骨骼的脊椎動物還是沒有骨骼的昆蟲，攀爬時都離不開腿、足等肢體結構，這些結構構成了運動的基本單元。以人體為例，從運動的角度可以將其分為軀幹、四肢和頭部三個主要部分。四肢中的臂和腿又由很多關節組成，臂上關節包括肩、肘、腕三個主要關節；腿上關節包括髖、膝、踝三個主要關節。人體的頭部由頸來支撐，頸上的多關節脊椎提供了頭部運動所需的自由度。讓我們再來看看人體的手和足的結構。手掌和腳掌分別有多個手指和腳趾，每根手指和腳趾同樣由多個關節組成，構成多種運動所需的自由度。

從人體的運動系統可以看出，人體四肢中的臂和手的運動自由度數量非常多，手臂的自由度數量完全可以滿足完成運動以及使用工具進行各種作業的需求。由於腿和足主要滿足行走的需求，因此雖然其自由度的數量基本一致，但是其結構形式有很大的不同。這也正是「適者生存」「優勝劣汰」等進化規律在人體進化過程中的直接表現。

馬、牛、羊等動物沒有進化成直立行走的狀態，因此其四肢的表現形式也自然與人體四肢的表現形式不同，特別是其蹄的結構完全不同於人體的手足結構。

雞、鴨等家禽的爪的結構具有一定的特殊性。禽鳥類動物的爪的結構與人體的手的結構有一些相似之處，如都擁有多個指且每根指由多個關節構成，這種結構有利於棲息時抓取樹枝。

透過以上分析可以看出，在實際的機器人設計過程中，追求大而全或者萬能通用型的設計在很多時候是不現實的。需根據具體作業需求和作業環境來設計，這樣才能設計出符合要求的機器人。

1.3 攀爬機器人的典型移動環境

1.3.1 電力輸電線路

根據 GB/T 156—2017《標準電壓》，中國交流輸電線路電壓等級主要有 35kV、66kV、110kV、220kV、330kV、500kV、750kV、1000kV[1]。架空高壓輸電線路輸送電壓等級不同，其線路的導線直徑、電力金具等也不同，但輸電線路的組成基本相同，如圖 1.1 所示。

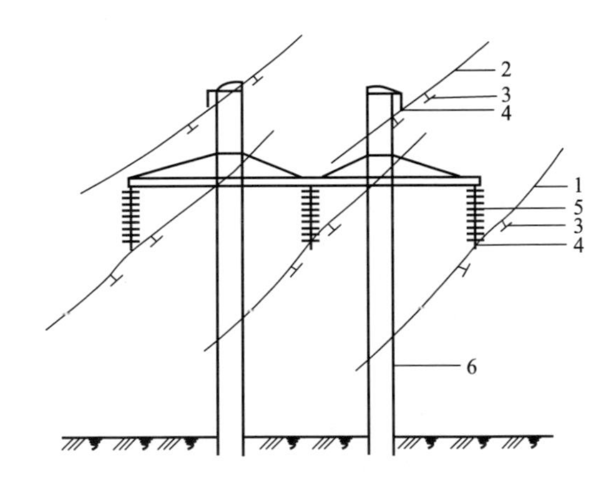

圖 1.1 輸電線路的組成

1—導線；2—地線；3—防震錘；4—線夾；5—絕緣子串；6—桿塔

桿塔將輸電線路架設在高空，桿塔最上方是地線，起防雷保護作用，也稱避雷線；地線下方是導線。導線和地線均透過絕緣子串、線夾等電力設施與桿塔連接，並在線路上分布有防震錘、接續管等設備，構成了巡檢機器人複雜的作業環境。巡檢機器人進行巡檢作業時需要在導線或地線上行走，並跨越防震錘、接續管、絕緣子串、線夾及桿塔等障礙物。

(1) 導線和地線

輸電線路的導線有單根、兩分裂、四分裂、六分裂等形式。地線可選鍍鋅鋼絞線或複合型絞線，新架設的智慧電網一般架設一根可用於通訊的光纖複合架空地線（Optical Fiber Composite Overhead Ground Wire,

OPGW）光纜作為地線，另一根仍架設鍍鋅鋼絞線[2]。鋼絞線地線多採用分段絕緣、一點接地的方式；而 OPGW 採用逐塔接地的方式[3]。

（2）桿塔

桿塔分為電桿和鐵塔兩大類。電桿一般用於電壓等級較低的輸電線路，而電壓等級較高的輸電線路普遍採用鐵塔[1]。按照在線路中的功能和用途分類，鐵塔可以分為直線鐵塔和耐張鐵塔[4]；按照鐵塔的外形分類，鐵塔可以分為上字形、V 形、干字形、門形、三角形、酒杯形、貓頭形、鼓形等[5]，其中最常用的為酒杯鐵塔（圖 1.2）、貓頭鐵塔（圖 1.3）、干字鐵塔（圖 1.4）等。

圖 1.2　酒杯鐵塔

圖 1.3　貓頭鐵塔

圖 1.4　干字鐵塔

直線鐵塔位於線路的直線段，透過豎直排列的懸垂金具與線路連接，其作用主要是挑起導線和地線，只承受導線和地線的自重以及水平風壓載荷；耐張鐵塔位於線路的直線、轉角及終端等處，透過水平排列的耐張絕緣子串與線路連接，可承受較大的張力，主要用來承受線路正常運行和斷線事故情況下順線路方向的架空線張力，防止發生大面積倒塌，避免事故範圍的擴大[6]，因此需要將輸電線路劃分為若干耐張段。輸電線路的一個耐張段舉例如圖 1.5 所示。

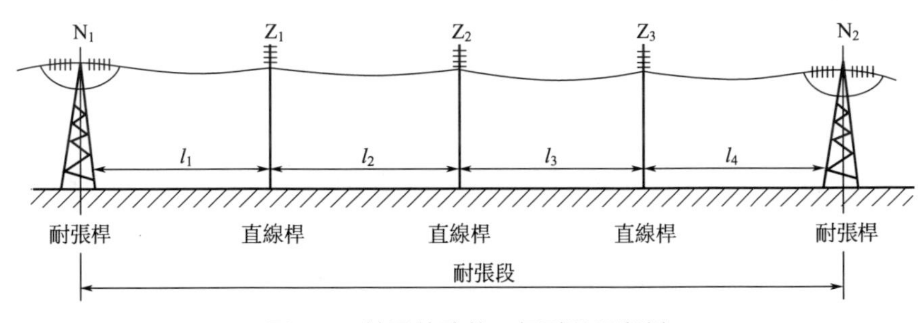

圖 1.5　輸電線路的一個耐張段舉例

(3) 線路金具[7]

架空超高壓輸電線路一般使用接續管連接，採用單懸垂線夾、雙懸垂線夾和懸垂絕緣子串將線路架設於直線鐵塔上；採用耐張線夾和耐張絕緣子串將線路固定於耐張鐵塔上。導線上安裝的間隔棒可間隔導線、防止振動，地線上安裝的防震錘可減輕或消除地線振動。

1) 導線線路金具

① 接續管。導線用接續管按照施工方式的不同，分為鉗壓接續管、液壓接續管和爆壓接續管。大截面鋼芯鋁絞線爆壓接續管（JBD 型）的結構如圖 1.6 所示。

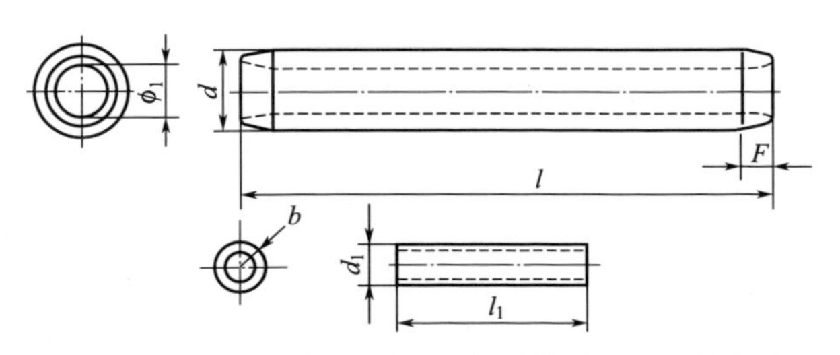

圖 1.6　大截面鋼芯鋁絞線爆壓接續管（JBD 型）的結構

② 間隔棒。分裂式導線一般需要採用間隔棒支撐導線，常見的四分裂阻尼間隔棒有圓環形（FJZ 型）、十字形（FJZ-L 型）、方框形（JZF 型）等。方框形間隔棒的結構如圖 1.7 所示。

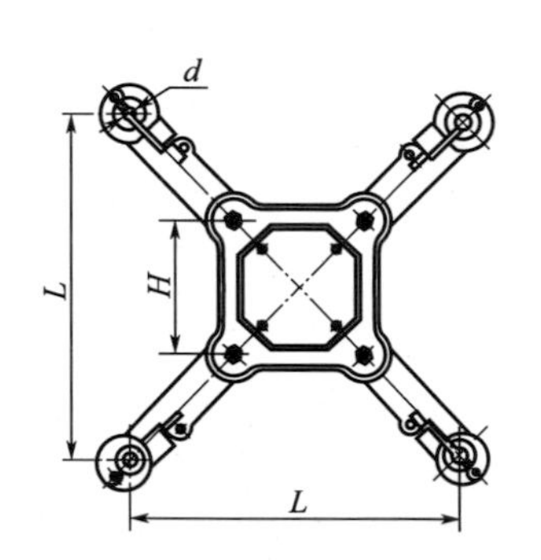

圖 1.7 方框形間隔棒的結構

③ 懸垂絕緣子串。按垂直載荷的不同，輸電線路的懸垂絕緣子串可分為單串（圖 1.8）和雙串（圖 1.9）形式。

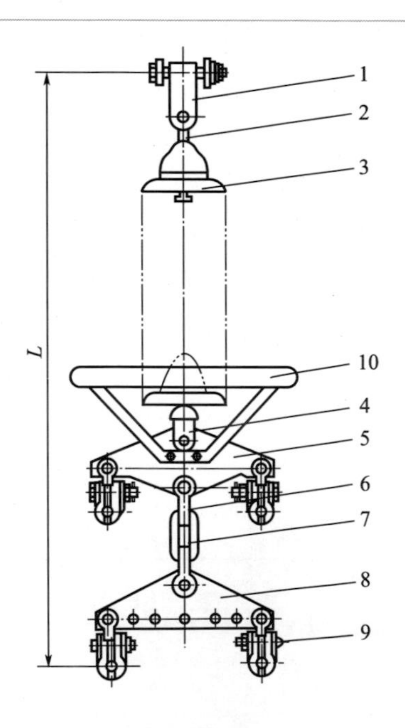

圖 1.8 單串懸垂絕緣子串

1—U 形掛板；2—球形掛環；3—絕緣子；4—碗頭掛板；5,8—聯板；6—U 形掛環；7—延長環；9—懸垂線夾；10—均壓環

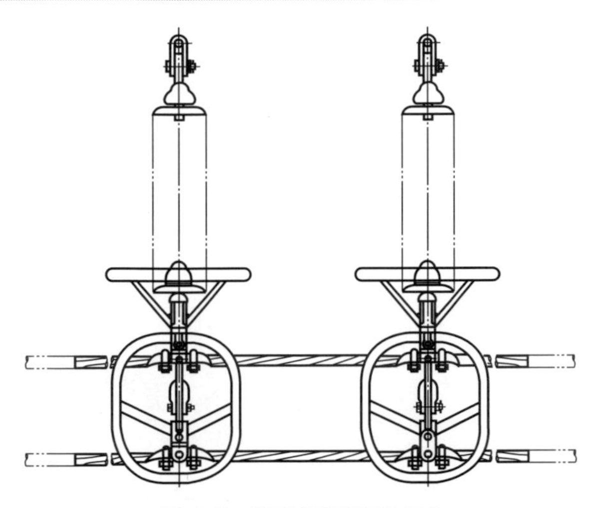

圖 1.9 雙串懸垂絕緣子串

圖 1.10(a) 所示為帶 U 形掛板懸垂線夾（CGU-B 型）的結構，圖 1.10(b) 所示為防暈懸垂線夾（CGF 型）的結構。

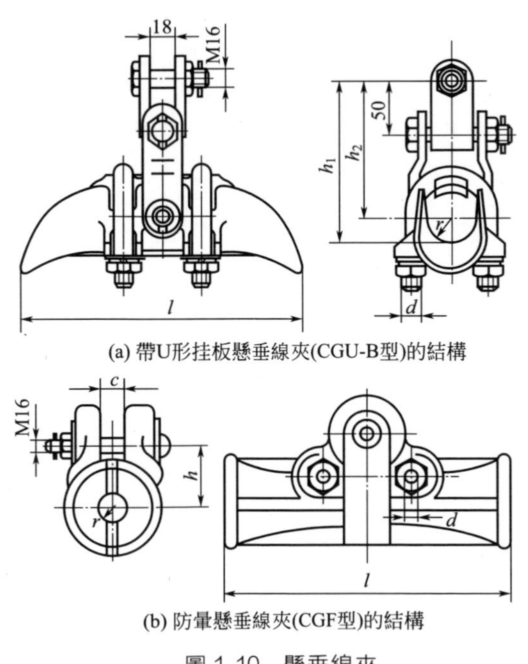

(a) 帶U形挂板懸垂線夾(CGU-B型)的結構

(b) 防暈懸垂線夾(CGF型)的結構

圖 1.10 懸垂線夾

④ 耐張絕緣子串。輸電線路的耐張絕緣子串承受比懸垂絕緣子串更大的張力，因此其所用絕緣子更大、數量更多、絕緣子串的長度更長。雙串耐張絕緣子串的結構如圖 1.11 所示。

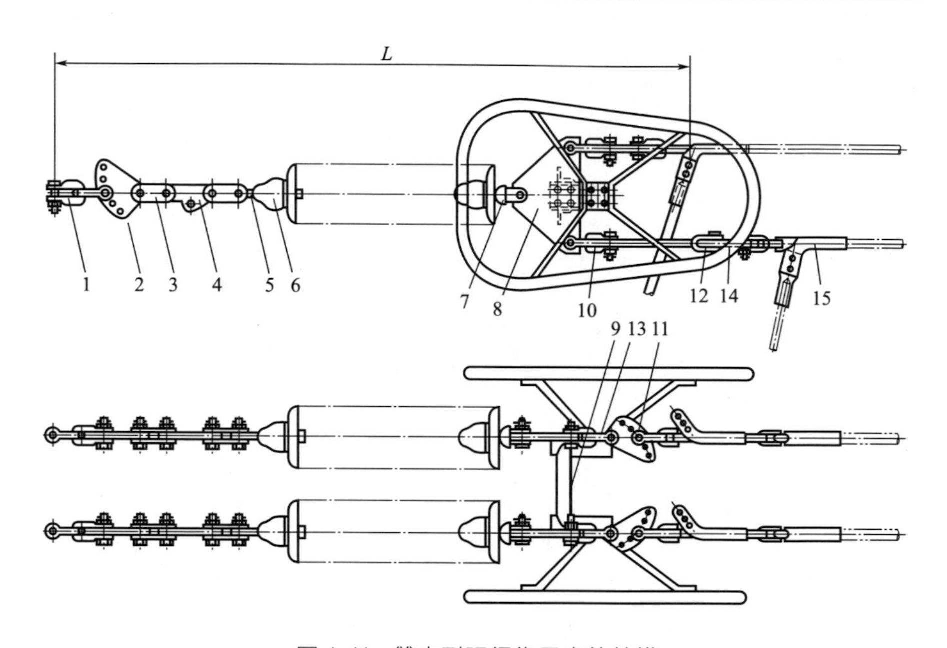

圖 1.11　雙串耐張絕緣子串的結構

1—U 形掛板；2,11—調整板；3—平行掛板；4—牽引板；5—球頭掛環；6—絕緣子；7—碗頭掛板；8—聯板；9—支撐板；10—U 形掛環；12—直角掛板；13—掛板；14—均壓環；15—耐張線

⑤ 耐張線夾。標準鋼芯鋁絞線壓縮型耐張線夾（NY 型）的結構如圖 1.12 所示。

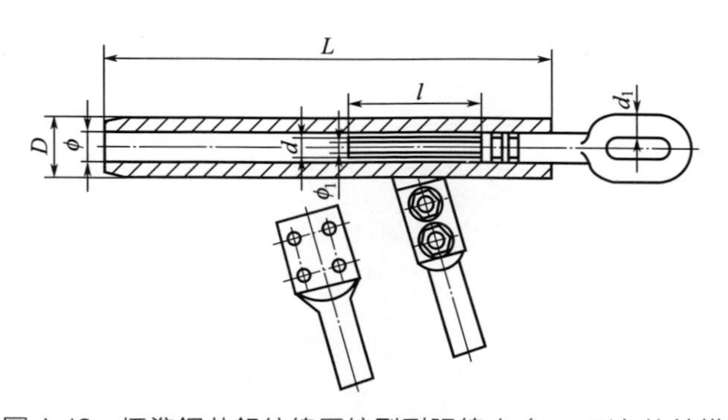

圖 1.12　標準鋼芯鋁絞線壓縮型耐張線夾（NY 型）的結構

2）地線線路金具

① 接續管。地線用接續管與導線用接續管的分類相似，也分為鉗壓接續管、液壓接續管和爆壓接續管。鋼絞線爆壓接續管（JBD 型）的結構如圖 1.13 所示。

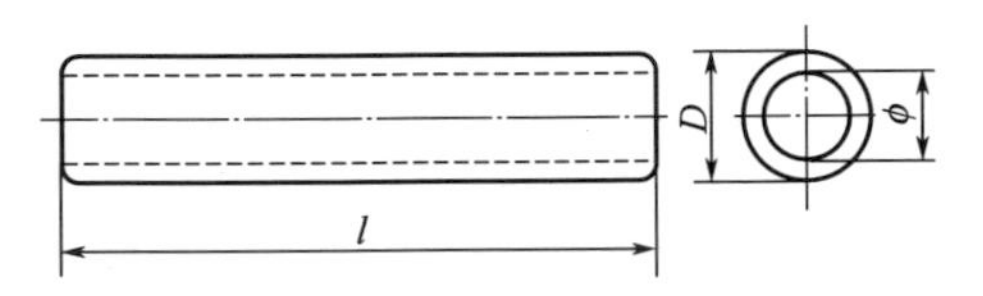

圖 1.13　鋼絞線爆壓接續管（JBD 型）的結構

② 防震錘。斯托克型防震錘（FD 型）的結構如圖 1.14 所示。

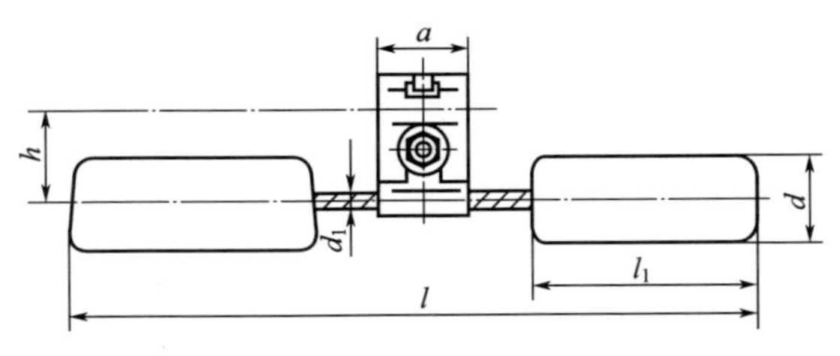

圖 1.14　斯托克型防震錘（FD 型）的結構

③ 懸垂絕緣子串。地線懸垂絕緣子串的典型結構如圖 1.15 所示，其下端的懸垂線夾均為 U 形螺絲式懸垂線夾（CGU 型），其結構如圖 1.16 所示。

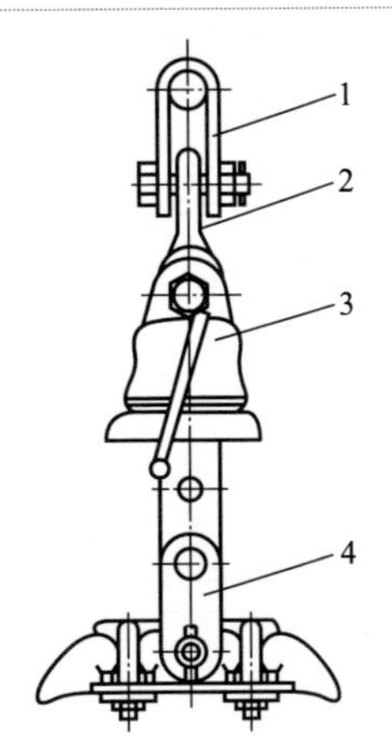

圖 1.15　地線懸垂絕緣子串的典型結構

1—U 形掛板；2—直角環；3—避雷線用懸式絕緣子；4—懸垂線夾

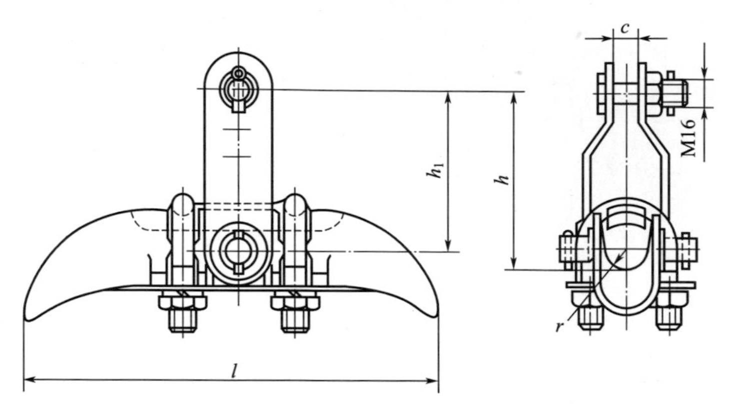

圖 1.16　U 形螺絲式懸垂線夾（CGU 型）的結構

④ 耐張絕緣子串。耐張絕緣子串的結構如圖 1.17 所示。地線耐張絕緣子串末端的耐張線夾為楔形耐張線夾（NE 型），其結構如圖 1.18 所示。

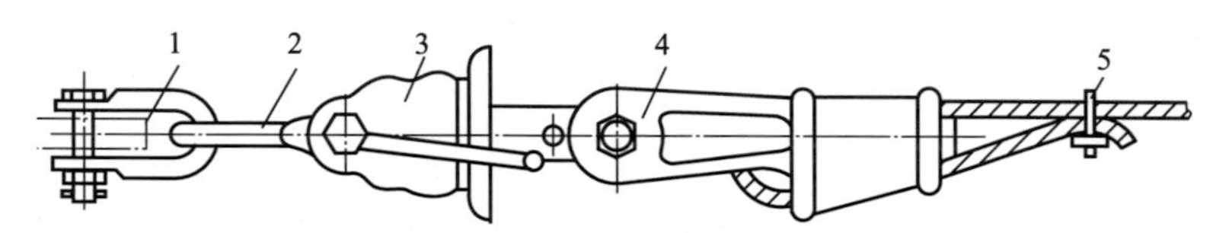

圖 1.17　耐張絕緣子串的結構

1—U 形掛板；2—直角環；3—避雷線用懸式絕緣子；4—楔形線夾；5—鋼線卡子

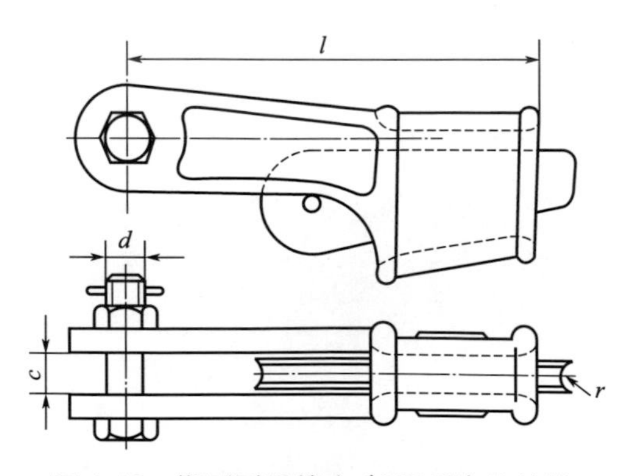

圖 1.18　楔形耐張線夾（NE 型）的結構

輸電線路上的防震錘、接續管等障礙物尺寸較小，且上方沒有障礙，因此機器人能夠從障礙物上方直接通過；輸電線路上的懸垂絕緣子串利用懸垂線夾從上方懸掛線路，分裂線路的間隔棒支承分裂導線，因此機器人只能從懸垂線夾或間隔棒側面或下方繞過；輸電線路上的耐張絕緣子串用於水平拉緊線路，其末端的耐張線夾夾持線路並連接導線與引流線，機器人只能從其下方或側面繞過。根據上述各類障礙物的特點，障礙物基本可劃分為可通過型障礙和受限通過型障礙兩大類。防震錘、接續管等屬於可通過型障礙；懸垂線夾、間隔棒、耐張線夾等帶有懸掛點或支承點的障礙則屬於受限通過型障礙[8]。

如果巡檢機器人僅實現單檔內巡檢，則在巡檢過程中只需具備跨越防震錘、接續管、間隔棒等障礙物的能力即可；如果巡檢機器人要實現耐張段內巡檢，則在巡檢過程中除具備跨越防震錘、接續管、間隔棒等障礙物的能力外，還要能夠跨越單懸垂絕緣子串和雙懸垂絕緣子串；如果巡檢機器人要實現遠距離全線巡檢，在巡檢過程中除了要能夠跨越防震錘、接續管、間隔棒、單懸垂絕緣子串、雙懸垂絕緣子串等障礙物外，還必須具備跨越耐張鐵塔的能力。

1.3.2 建築物

與電力輸電線路相比，建築物的攀爬環境更簡單，設計人員也更熟悉建築物環境。機器人在建築物外表面移動時，主要的環境為建築物外牆表面，具體包括牆面、陽臺、裝飾物及門窗的外表面等。

建築物牆面主要為垂直立面，個別情況下也包括內凹的建築外表面。牆面上存在各種凸起、溝槽、臺階及其他類型的障礙物，機器人在攀爬過程中基本上沒有可利用的抓持物。

直覺的、可對比的建築物外牆攀爬過程是吊籃及「蜘蛛人」的作業過程。吊籃或「蜘蛛人」透過專門的可伸縮的繩索吊掛起來，實現上下移動。工作時沒有吊掛繩索的「蜘蛛人」是十分危險的，隨時有脫落的危險。

雖然建築物外牆表面比較規整，但一般情況下並不是光滑的平面，而是由各種複雜的空間曲面而構成。機器人僅具有平面自由度或僅能滿足平面運動的要求很顯然是不夠的。

參考文獻

[1] GB/T 156—2017. 標準電壓 .

[2] DL/T 5092—1999. 110kV ~ 500kV 架空送電線路設計技術規程.

[3] 馬燁，黃建峰，郭潔，等. 500kV 架空地線不同接地方式下地線感應電量影響因素研究[J]. 電瓷避雷器，2015，8（4）：137-142.

[4] 崔軍朝，陳家斌. 電力架空線路設計與施工[M]. 北京：中國水利水電出版社，2011.

[5] 陳祥和，劉在國，肖琦. 輸電桿塔及基礎設計[M]. 北京：中國電力出版社，2008.

[6] 劉樹堂. 輸電桿塔結構及其基礎設計[M]. 北京：中國水利水電出版社，2005.

[7] 董吉諤. 電力金具手册[M]. 北京：中國電力出版社，2001.

[8] 房立金，魏永樂，陶廣宏. 一種新型帶柔索雙臂式巡檢機器人設計[J]. 機器人，2013，35（3）：319-325.

第2章

雙臂式攀爬機器人

2.1 攀爬越障機構及其工作原理

2.1.1 研究現狀

（1）海外研究現狀

海外巡檢機器人的研究開始於 1980 年代末，日本、美國、加拿大等國率先開展了巡檢機器人的研究，先後推出多款巡檢機器人[1]。

2000 年，加拿大的魁北克水電研究所研製出用於清除電力傳輸線積冰的遙控小車，後逐漸發展為用於線路巡檢、維護等工作的多用途平臺。2008 年，在巡檢小車的基礎上研製出名為 LineScout 的巡檢機器人[2-5]，如圖 2.1 所示。該款機器人採用輪式的行進方式，具有視覺檢測功能，行進平穩。該款機器人具有較可靠的夾緊機構、精確的控制方法。其機械結構較複雜，主要由三個部分組成：具有兩個行進輪的驅動部分、具有兩個手臂和兩個線夾的夾緊部分、一個關節部分，關節可使驅動和夾緊部分能夠相對滑動和轉動。該款機器人可在障礙物下方跨越。

2008 年，日本研製出名為 Expliner 的巡檢機器人[6,7]，如圖 2.2 所示。該款機器人利用八個行走輪在雙股輸電線路上行進，利用下方的三根桿式操作器的伸縮和旋轉調節重心，以便跨越輸電線路上的障礙物，並能實現在線路上無弧度轉彎及以 40m/min 的速度在輸電線路上爬行。但是該款機器人必須在平行度很高的雙線上爬行，在下坡時對障礙物的適應能力很差。

圖 2.1 LineScout 巡檢機器人

圖 2.2 Expliner 巡檢機器人

2012 年，南非夸祖魯納塔爾大學設計出一款新型的雙臂巡檢機器人[8,9]，如圖 2.3 所示，其設計巧妙、結構簡單、動作靈活，但負載能力較差。

圖 2.3 雙臂巡檢機器人

海外有關巡檢機器人的研究中，較成熟的是 LineScout 巡檢機器人和 Expliner 巡檢機器人。LineScout 巡檢機器人的越障能力較強，但機械結構較複雜；Expliner 巡檢機器人的結構簡單、靈巧，但只能在雙線上行走，應用環境受限。兩款巡檢機器人的轉向性能都較差，跨越轉角較大的耐張桿塔困難。

(2) 中國研究現狀

中國巡檢機器人的研究起步較晚，1990 年代後期才漸漸開始研究。

1998 年，武漢大學研製出中國第一代遙控操作巡檢小車；2000 年，在其基礎上研製出由兩個傘形輪交替跨越障礙、兩套帶夾爪和行程放大臂交替爬行的驅動機構[10,11]。近幾年，武漢大學的巡檢機器人研究發展較快，已經研製出多種型號的巡檢機器人，有望實現批量生產[12,13]。武漢大學研製的巡檢機器人如圖 2.4 所示。

圖 2.4 武漢大學研製的巡檢機器人

中國科學院沈陽自動化研究所在國家高技術研究發展計劃（863 計劃）的支持下，開展了 500kV 輸電線路巡檢機器人的研究工作[14-16]，成功開發出雙臂回轉巡檢機器人（圖 2.5），並於 2006 年 4 月進行了現場帶電巡檢實驗測試[17]。該款機器人由箱體的水平移動來保持整體的平衡，但還不具備成熟的越障功能。

圖 2.5 雙臂回轉巡檢機器人

2008 年，上海大學設計出雙臂同側懸掛的巡檢機器人（圖 2.6），採用 L 形控制箱體，在越障時可將機器人懸掛在線路外側，增大了作業空間[18-20]。另外，控制箱體裡有控制模塊、電池及檢測儀器，並且箱體可以透過沿滑條移動來調節質心。

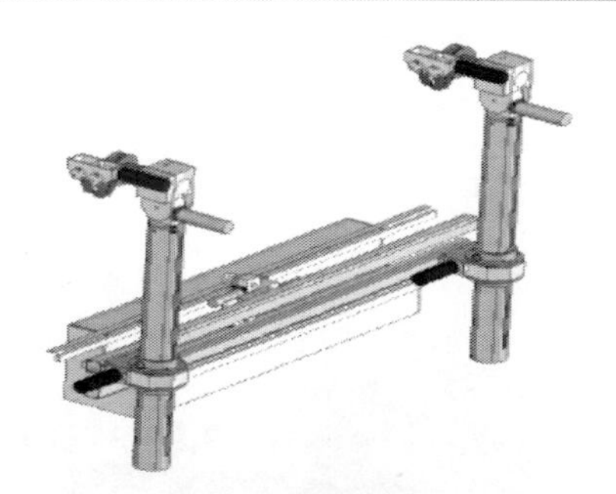

圖 2.6 雙臂同側懸掛的巡檢機器人

2009 年，崑山工業技術研究院設計出一款結構新穎的雙臂巡檢機器人（圖 2.7），該機器人採用輪式行走方式，可以透過調節兩臂長度和夾角跨越障礙物[21-23]，結構簡單、動作靈巧。

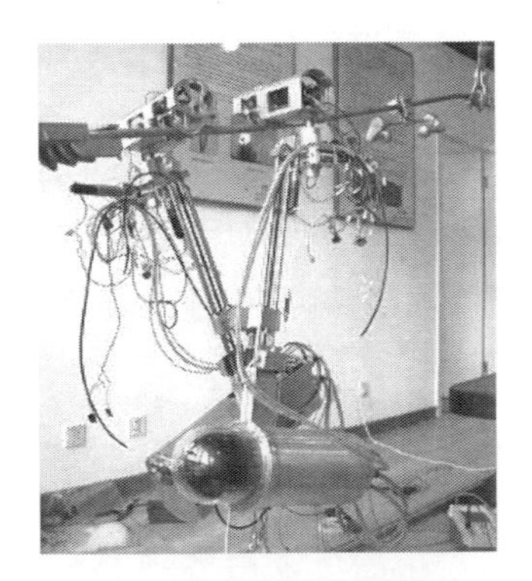

圖 2.7 雙臂巡檢機器人

國內巡檢機器人的研究中，武漢大學和中國科學院沈陽自動化研究所研製的巡檢機器人較成功，均已經進行了現場試驗；其他巡檢機器人基本處於研製開發階段。

2.1.2 機構原理

雙臂巡檢機器人正常行走巡檢時，以雙臂懸掛於線路之上，跨越障礙物時以單臂懸掛支撐，兩隻手臂交替跨越障礙物。此類機器人的特點是結構簡單、重量輕，但跨越障礙物時需要將質心調整至懸掛手臂下方，且越障過程中由於質心位置的變化導致機器人穩定性較差。為了保持雙臂巡檢機器人越障時單臂掛線的平衡穩定，目前設計的雙臂巡檢機器人大多帶有質心調節機構。典型雙臂巡檢機器人的結構簡圖如圖 2.8 所示。

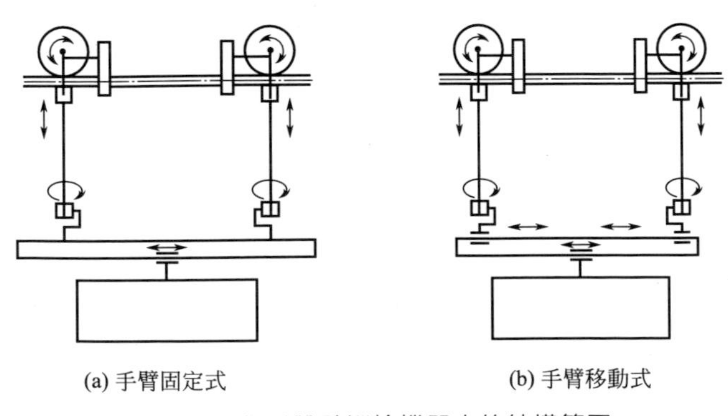

圖 2.8 典型雙臂巡檢機器人的結構簡圖

按照機器人的質心調節方式，可將帶質心調節機構的雙臂巡檢機器人分為手臂固定式雙臂巡檢機器人［圖 2.8(a)］和手臂移動式雙臂巡檢機器人［圖 2.8(b)］。

中國科學院沈陽自動化研究所研製的雙臂巡檢機器人[24,25]屬於手臂固定式雙臂巡檢機器人，兩隻手臂間隔一定距離固定於導軌上，每隻手臂具有伸縮自由度和旋轉自由度，箱體具有沿導軌移動自由度，用於調節機器人重心位置。

武漢大學研製的雙臂巡檢機器人[26,27]和上海大學研製的雙臂巡檢機器人均屬於手臂移動式雙臂巡檢機器人，兩隻手臂可以伸縮、旋轉，也可以沿導軌移動，箱體可以沿導軌移動以調節機器人重心位置。其中武漢大學研製的雙臂巡檢機器人的兩隻手臂上半部分還具有小幅手臂俯仰自由度，越障時可使手臂避開障礙物，對越障距離沒有明顯影響。

雙臂巡檢機器人結構簡單、質心調節方便，單臂懸掛越障時，為保持平衡穩定，箱體應保持水平狀態，由於手臂與導軌和箱體始終保持垂直，因此越障時不能充分利用手臂的長度來增大越障距離。

為了在機器人越障時能夠充分利用手臂長度以提高機器人越障能力，根據巡檢機器人本體結構設計的功能要求，筆者研製的雙臂巡檢機器人既可以在輸電線路的導線上行走，也可以在地線上行走（需更換行走輪）；採用帶柔索的關節型仿人雙臂結構，既可以方便調節手臂長度，又可以使手臂大幅擺動，增強越障能力。機器人結構簡圖如圖 2.9 所示。

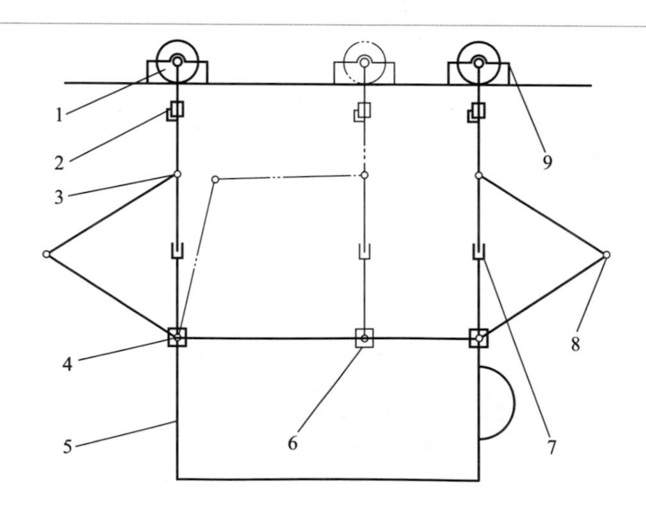

圖 2.9 機器人結構簡圖

1—行走輪；2—水平旋轉關節；3—腕關節；4—肩關節；5—箱體；6—滾筒移動平臺；7—柔索；8—肘關節；9—夾持機構

巡檢機器人每隻手臂設計了三個回轉關節（肩關節 4、肘關節 8、腕關節 3）和一個旋轉關節（水平旋轉關節 2），為了減小手臂的結構尺寸和質量，在腕關節 3 與箱體 5 之間引入了一條柔索 7，用於承擔機器人的自重。機器人正常行走巡檢時，手臂各關節處於鬆弛狀態，由兩隻手臂的兩條柔索承擔機器人的質量。機器人越障過程中，由掛線手臂的柔索 7 承擔機器人的質量；越障手臂的肩關節 4、肘關節 8 和腕關節 3 用於調節手臂的伸出姿態，確定行走輪的位置；掛線手臂的腕關節 3 和水平旋轉關節 2 用於調節箱體 5 的姿態，並使越障手臂繞開障礙物行進。無論機器人正常行走巡檢還是跨越障礙物，兩隻手臂的柔索主要承擔機器人的質量，其長度可以透過滾筒調節，滾筒安裝於滾筒移動平臺 6 上，滾筒移動平臺 6 可以沿箱體 5 前後移動。機器人透過兩隻手臂上各個關節及柔索的協調運動跨越輸電線路上的各類障礙物，為了增大機器人越障距離，還可以利用箱體內的供電電源作配重，使其可以沿箱體長度方向移動，增大手臂伸出距離。

機器人正常行走巡檢時，夾持機構 9 處於放鬆狀態，行走電機驅動行走輪 1 在輸電線路上行進；機器人遇到障礙物時，夾持機構 9 將一隻手臂的行走輪鎖緊在輸電線路上，以保持另一隻手臂的穩定。夾持機構 9 安裝於行走輪 1 的軸上並能繞其自由轉動，使其能夠很好地適應輸電線路坡度的變化，夾緊方便可靠。

2.1.3 機器人運動學模型

將機器人前後兩隻手臂分別表示為 F 和 B，每隻手臂均具有四個自由度，分別為肩關節回轉 θ_1、肘關節回轉 θ_2、腕關節回轉 θ_3 及水平旋轉關節旋轉 θ_4。每隻手臂上的柔索具有一個伸縮自由度 l_s，柔索滾筒移動平臺具有一個沿箱體前後移動的自由度 d_s。機器人的運動參數和結構參數如圖 2.10 所示，圖中 l_0 表示機器人箱體長度，l_1、l_2、l_3 分別表示手臂各段長度，r 表示行走輪半徑。

巡檢機器人在輸電線路上進行正常的巡檢作業時，透過行走輪的滾動實現快速行進，各個關節均處於放鬆狀態。機器人遇到接續管、防震錘等可通過型障礙時，可採用直接式越障方式，減速通過障礙物而無需停車，雖然越過障礙物時機器人姿態會出現小幅變化，但不影響其巡檢作業且越障後的姿態能夠自動恢復。因此，機器人在越過可通過型障礙時不需要調整姿態。

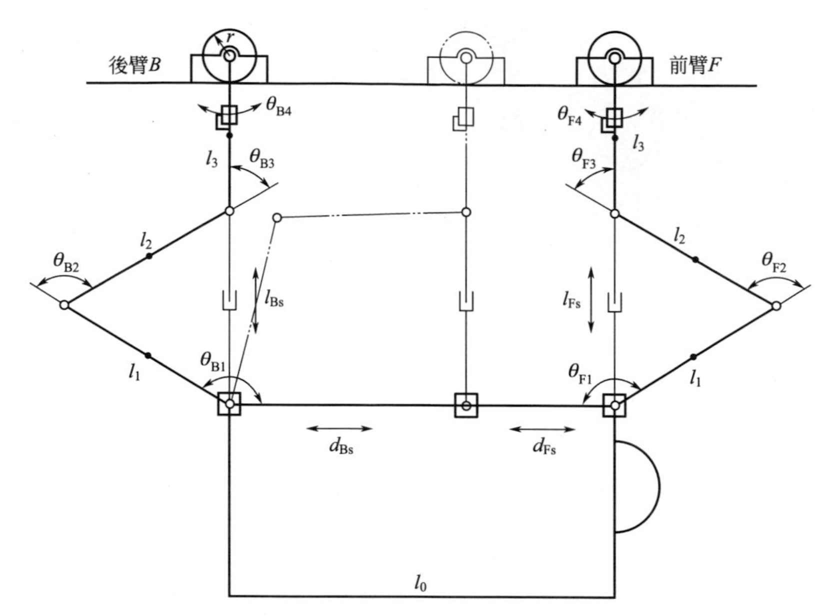

圖 2.10 機器人的運動參數和結構參數

機器人遇到單懸垂金具、雙懸垂金具等受限通過型障礙物時，需要採用蠕動式或旋轉式越障方式，可以透過以下基本動作的組合來實現：①手臂肩關節繞軸線的轉動；②手臂肘關節繞軸線的轉動；③手臂腕關節繞軸線的轉動；④手臂水平旋轉關節繞軸線的轉動；⑤手臂柔索的伸縮；⑥滾筒移動平臺的移動。

（1）機器人的 D-H 參數

機器人遇到受限通過型障礙物時，一隻手臂上的夾緊機構夾緊線路，使機器人懸掛於該手臂之下，該手臂稱為懸掛臂；另一隻手臂根據作業任務進行越障，稱為操作臂。

根據圖 2.9 所示的機器人結構簡圖可知，手臂有肩關節、肘關節、腕關節及水平旋轉關節，且在腕關節與箱體之間引入了一條柔索。雖然從形式上看柔索與手臂的肩關節、肘關節是並聯關係，但實際上並非並聯關係，而是相互獨立的分支串聯關係[28,29]。

機器人在調節質心的過程中，其姿態是透過懸掛臂柔索的伸縮、滾筒移動平臺的移動、操作臂滾筒移動平臺的移動、柔索的伸縮等動作來進行調整的；機器人越障過程中，操作臂末端行走輪的位置是透過懸掛臂水平旋轉關節的轉動、柔索的伸縮、滾筒移動平臺的移動、操作臂肩關節的轉動、肘關節的轉動、腕關節的轉動、水平旋轉關節的轉動等動作來調整的。

透過以上分析可知，機器人越障過程中以懸掛臂的夾緊機構為基座，以操作臂的行走輪質心為末端，形成了兩個分支的多連桿串聯結構，即懸掛臂柔索-操作臂柔索串聯結構和懸掛臂柔索-操作臂關節串聯結構。此外，機器人在越障之前或越障之後，兩臂行走輪之間的距離難免會出現一定的誤差，因此在越障之前或越障之後，機器人要進行復位操作，其姿態是透過懸掛臂水平旋轉關節的轉動、腕關節的轉動、肘關節的轉動、肩關節的轉動以及操作臂肩關節的轉動、肘關節的轉動、腕關節的轉動、水平旋轉關節的轉動等動作來調整的，故形成了懸掛臂關節-操作臂關節串聯結構。

① 懸掛臂關節-操作臂關節串聯結構的 D-H 參數　採用 Denavit-Hartenberg 法[30,31] 設置懸掛臂關節-操作臂關節串聯結構中各個關節的座標系，如圖 2.11 所示，圖中座標系 $\{O\}$ 為機器人的基座標系，基座為懸掛臂夾緊機構，末端為操作臂行走輪質心。

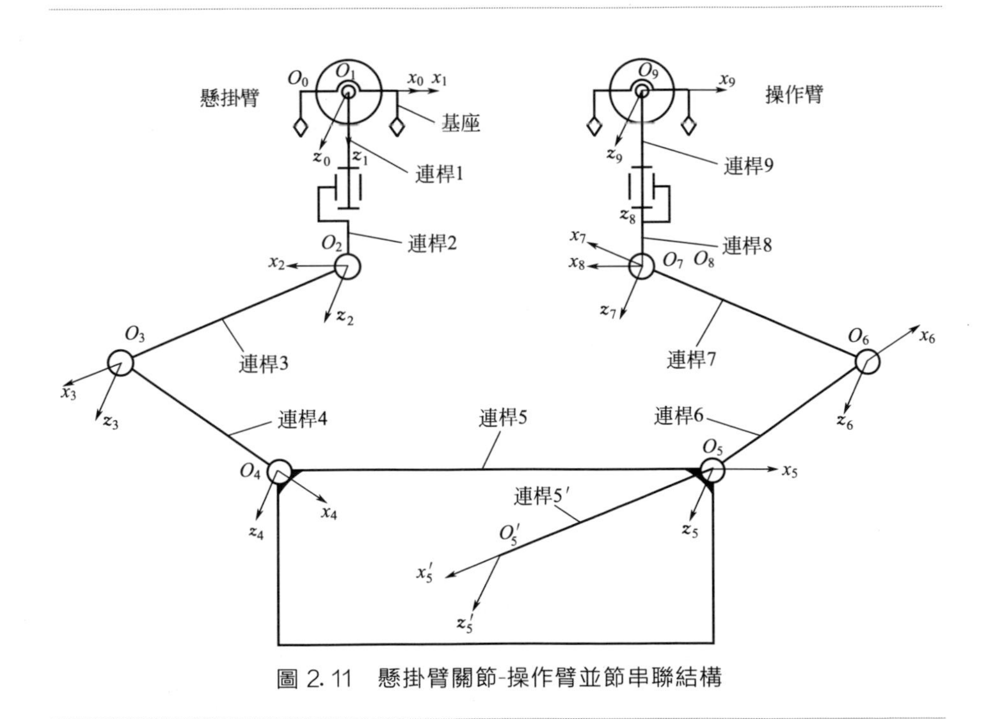

圖 2.11　懸掛臂關節-操作臂並節串聯結構

表 2.1 為懸掛臂關節-操作臂關節串聯結構從懸掛臂基座（夾緊機構）經連桿 1～連桿 9 到操作臂末端（行走輪質心）的 D-H 參數；表 2.2

給出了懸掛臂關節-操作臂關節串聯結構從懸掛臂基座（夾緊機構）經連桿1～連桿5、連桿5′到箱體中心的D-H參數。表2.1～表2.6中，a_i 表示連桿 i 的長度，α_i 表示連桿 i 的扭轉角，d_i 表示相鄰連桿的距離，θ_i 表示相鄰連桿的夾角，q_i 表示關節 i 的變量。

表 2.1 懸掛臂關節-操作臂關節串聯結構從懸掛臂基座經連桿1～連桿9到操作臂末端的D-H參數

連桿 i	a_i	α_i	d_i	θ_i	變量 q_i
1	0	90°	0	$\theta_1(0°)$	θ_1
2	0	90°	l_3	$\theta_2(180°)$	θ_2
3	l_2	0°	0	$\theta_3(30°)$	θ_3
4	l_1	0°	0	$\theta_4(120°)$	θ_4
5	l_0	0°	0	$\theta_5(30°)$	θ_5
6	l_1	0°	0	$\theta_6(30°)$	θ_6
7	l_2	0°	0	$\theta_7(120°)$	θ_7
8	0	90°	0	$\theta_8(30°)$	θ_8
9	0	90°	l_3	$\theta_9(180°)$	θ_9

表 2.2 懸掛臂關節-操作臂關節串聯結構從懸掛臂基座經連桿1～連桿5、連桿5′到箱體中心的D-H參數

連桿 i	a_i	α_i	d_i	θ_i	變量 q_i
1	0	90°	0	$\theta_1(0°)$	θ_1
2	0	90°	l_3	$\theta_2(180°)$	θ_2
3	l_2	0°	0	$\theta_3(30°)$	θ_3
4	l_1	0°	0	$\theta_4(120°)$	θ_4
5	l_0	0°	0	$\theta_5(30°)$	θ_5
5′	$l_{xt}(\sqrt{l_0^2+h_0^2}/2)$	0°	0	$\theta_{5'}[180°+\arctan(h_0/l_0)]$	—

② 懸掛臂柔索-操作臂關節串聯結構的D-H參數　採用Denavit-Hartenberg法設置懸掛臂柔索-操作臂關節串聯結構中各個關節的座標系，如圖2.12所示，圖中座標系 $\{O\}$ 為機器人的基座標系，基座為懸掛臂夾緊機構，末端為操作臂行走輪質心，懸掛臂柔索由於受到機器人重力作用處於直線狀態，其伸縮運動可以看作直線運動，由於柔索長度較短、直徑較大，因此柔索可以採用剛性連桿3′和連桿4′表示[32]。

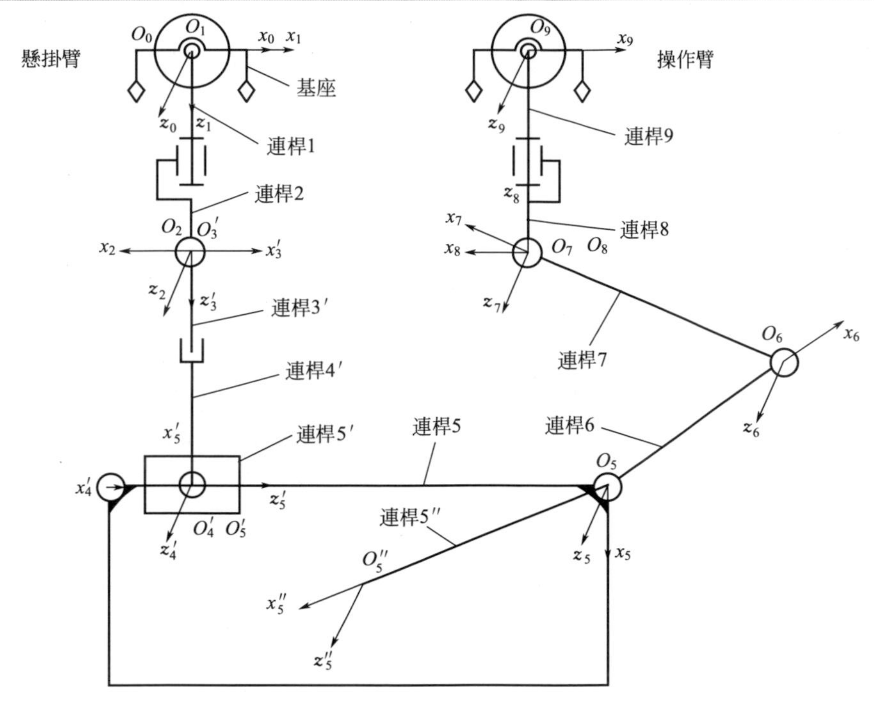

圖 2.12 懸掛臂柔索-操作臂關節串聯結構

表 2.3 為懸掛臂柔索-操作臂關節串聯結構從懸掛臂基座（夾緊機構）經連桿 1、連桿 2、連桿 3′、連桿 4′、連桿 5′、連桿 5、連桿 6、連桿 7、連桿 8、連桿 9 到操作臂末端（行走輪質心）的 D-H 參數；表 2.4 給出了懸掛臂柔索-操作臂關節串聯結構從懸掛臂基座（夾緊機構）經連桿 1、連桿 2、連桿 3′、連桿 4′、連桿 5′、連桿 5、連桿 5″到箱體中心的 D-H 參數，其中 q_i 表示關節 i 的變量。

表 2.3 懸掛臂柔索-操作臂關節串聯結構從懸掛臂基座經連桿 1、連桿 2、連桿 3′、連桿 4′、連桿 5′、連桿 5、連桿 6、連桿 7、連桿 8、連桿 9 到操作臂末端的 D-H 參數

連桿 i	a_i	α_i	d_i	θ_i	變量 q_i
1	0	90°	0	θ_1(0°)	θ_1
2	0	90°	l_3	θ_2(180°)	θ_2
3′	0	90°	0	θ_3'(180°)	θ_3'
4′	0	90°	d_4'(300)	180°	d_4'
5′	0	90°	0	θ_5'(−90°)	θ_5'
5	0	90°	d_5(600)	180°	d_5
6	l_1	0°	0	θ_6(120°)	θ_6
7	l_2	0°	0	θ_7(120°)	θ_7
8	0	90°	0	θ_8(30°)	θ_8
9	0	90°	l_3	θ_8(180°)	θ_9

表 2.4 懸掛臂柔索-操作臂關節串聯結構從懸掛臂基座經連桿 1、連桿 2、連桿 3′、連桿 4′、連桿 5′、連桿 5、連桿 5″到箱體中心的 D-H 參數

連桿 i	a_i	α_i	d_i	θ_i	變量 q_i
1	0	90°	0	$\theta_1(0°)$	θ_1
2	0	90°	l_3	$\theta_2(180°)$	θ_2
3′	0	90°	0	$\theta_3'(180°)$	θ_3'
4′	0	90°	$d_4'(300)$	180°	d_4'
5′	0	90°	0	$\theta_5'(-90°)$	θ_5'
5	0	90°	$d_5(600)$	180°	d_5
5″	$l_{xt}(\sqrt{l_0^2+h_0^2}/2)$	0°	0	$\theta_{5''}[180°+\arctan(h_0/l_0)]$	—

③ 懸掛臂柔索-操作臂柔索串聯結構的 D-H 參數　採用 Denavit-Hartenberg 法設置懸掛臂柔索-操作臂柔索串聯結構中各個關節的座標系，如圖 2.13 所示，圖中座標系 $\{O\}$ 為機器人的基座標系，基座為懸掛臂夾緊機構，末端為操作臂行走輪質心，柔索的伸縮運動可以看作是直線運動，懸掛臂柔索用連桿 3′和連桿 4′表示，操作臂柔索用連桿 8′和連桿 9′表示。

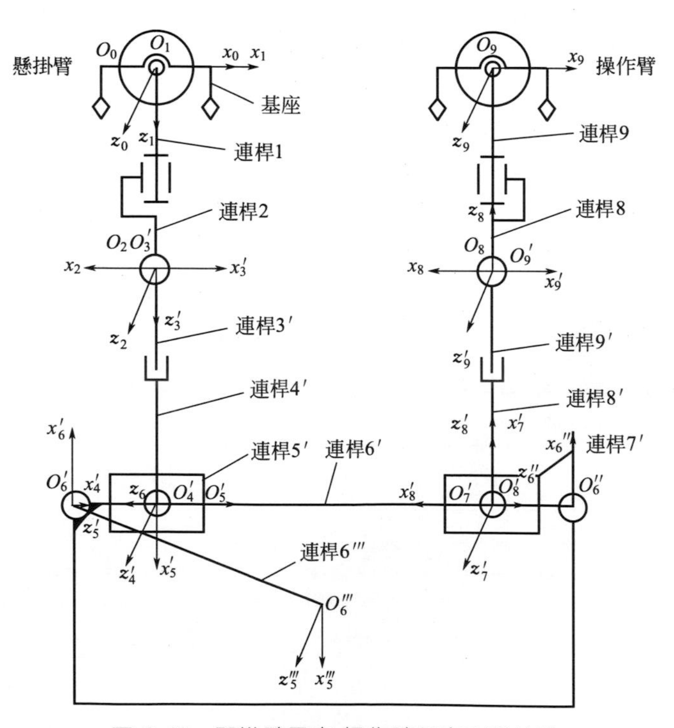

圖 2.13 懸掛臂柔索-操作臂柔索串聯結構

表 2.5 為懸掛臂柔索-操作臂柔索串聯結構從懸掛臂基座（夾緊機構）經連桿 1～連桿 9 到操作臂末端（行走輪質心）的 D-H 參數；表 2.6 給出了懸掛臂柔索-操作臂柔索串聯結構從懸掛臂基座（夾緊機構）經連桿 1～連桿 5、連桿 5′到箱體中心的 D-H 參數。

表 2.5 懸掛臂柔索-操作臂柔索串聯結構從懸掛臂基座經連桿 1～連桿 9 到操作臂末端的 D-H 參數

連桿 i	a_i	α_i	d_i	θ_i	變量 q_i
1	0	90°	0	$\theta_1(0°)$	θ_1
2	0	90°	l_3	$\theta_2(180°)$	θ_2
3′	0	90°	0	$\theta'_3(180°)$	θ'_3
4′	0	90°	$d'_4(300)$	180°	d'_4
5′	0	90°	0	$\theta'_5(90°)$	θ'_5
6′	0	180°	$d'_6(0)$	180°	d'_6
6″	0	180°	l_0	0°	—
7′	0	90°	$d'_7(0)$	0°	d'_7
8′	0	90°	0	$\theta'_8(90°)$	θ'_8
9′	0	90°	$d'_9(300)$	180°	d'_9
8	0	90°	0	$\theta_8(180°)$	θ_8
9	0	90°	l_3	$\theta_9(180°)$	θ_9

表 2.6 懸掛臂柔索-操作臂柔索串聯結構從懸掛臂基座經連桿 1～連桿 5、連桿 5′到箱體中心的 D-H 參數

連桿 i	a_i	α_i	d_i	θ_i	變量 q_i
1	0	90°	0	$\theta_1(0°)$	θ_1
2	0	90°	l_3	$\theta_2(180°)$	θ_2
3′	0	90°	0	$\theta'_3(180°)$	θ'_3
4′	0	90°	$d'_4(300)$	180°	d'_4
5′	0	90°	0	$\theta'_5(90°)$	θ'_5
6′	0	180°	$d'_6(0)$	180°	d'_6
6‴	$h_0/2$	90°	$l_0/2$	180°	—

(2) 機器人運動學方程

建立了機器人全部連桿固連座標系之後，可按照下列順序由兩個旋轉和兩個平移來建立相鄰兩連桿 $i-1$ 與 i 之間的相對關係[30,31]：①繞 z_{i-1} 軸轉動 θ_i 角；②沿 z_{i-1} 軸平移 d_i 距離；③沿 x_i 軸平移 a_i 距離；④繞 x_i 軸旋轉 α_i 角。

此關係可用一個表示連桿 i 對連桿 $i-1$ 相對位置的 4×4 齊次變換矩陣來描述：

$$ {}^{i-1}\boldsymbol{T}_i=\begin{Bmatrix} \cos\theta_i & -\sin\theta_i\cos\alpha_i & \sin\theta_i\sin\alpha_i & a_i\cos\theta_i \\ \sin\theta_i & \cos\theta_i\cos\alpha_i & -\cos\theta_i\sin\alpha_i & a_i\sin\theta_i \\ 0 & \sin\alpha_i & \cos\alpha_i & d_i \\ 0 & 0 & 0 & 1 \end{Bmatrix} \tag{2.1} $$

若關節 i 是平移關節，則式中 d_i 是關節變量，其他參數是不隨連桿運動變化的結構參數；若關節 i 是回轉關節，則式中 θ_i 是關節變量，其他參數是不隨連桿運動變化的結構參數。

根據機器人連桿固連座標系及 D-H 參數，可以得到機器人相鄰連桿座標變換矩陣，進而求出機器人運動學方程。

1）懸掛臂關節-操作臂關節串聯結構的運動學方程

① 懸掛臂基座至操作臂行走輪的運動學方程。根據圖 2.11 所示的機器人懸掛臂關節-操作臂關節串聯結構座標系，以及表 2.1 列出的從基座至末端的 D-H 參數，按照式(2.1) 可以計算得到機器人從基座到末端（行走輪質心）相鄰連桿的座標變換矩陣：${}^0\boldsymbol{T}_1$、${}^1\boldsymbol{T}_2$、${}^2\boldsymbol{T}_3$、${}^3\boldsymbol{T}_4$、${}^4\boldsymbol{T}_5$、${}^5\boldsymbol{T}_6$、${}^6\boldsymbol{T}_7$、${}^7\boldsymbol{T}_8$、${}^8\boldsymbol{T}_9$。求出所有座標變換矩陣以後，機器人操作臂末端的行走輪質心的位姿矩陣${}^0\boldsymbol{T}_9$ 與機器人兩臂各個關節變量 q_i（$i=1,2,3,\cdots,9$）之間便有了明確的函數關係。根據齊次變換矩陣運算原理，可得到懸掛臂關節-操作臂關節串聯結構從基座到末端（行走輪質心）的運動學方程：

$$ {}^0\boldsymbol{T}_9={}^0\boldsymbol{T}_1{}^1\boldsymbol{T}_2{}^2\boldsymbol{T}_3{}^3\boldsymbol{T}_4{}^4\boldsymbol{T}_5{}^5\boldsymbol{T}_6{}^6\boldsymbol{T}_7{}^7\boldsymbol{T}_8{}^8\boldsymbol{T}_9=\begin{Bmatrix} n_x & o_x & a_x & p_x \\ n_y & o_y & a_y & p_y \\ n_z & o_z & a_z & p_z \\ 0 & 0 & 0 & 1 \end{Bmatrix} \tag{2.2} $$

式中：

$$ n_x=c\theta_9(s\theta_1 s\theta_{345678}+c\theta_1 c\theta_2 c\theta_{345678})+c\theta_1 s\theta_2 s\theta_9 $$
$$ n_y=c\theta_9(s\theta_1 c\theta_2 c\theta_{345678}-c\theta_1 s\theta_{345678})+s\theta_1 s\theta_2 s\theta_9 $$
$$ n_z=c\theta_9(s\theta_2 c\theta_3 c\theta_{45678}-s\theta_2 s\theta_3 s\theta_{45678})-c\theta_2 s\theta_9 $$
$$ o_x=c\theta_1 c\theta_2 s\theta_{345678}-s\theta_1 c\theta_{345678} $$
$$ o_y=s\theta_1 c\theta_2 s\theta_{345678}+c\theta_1 c\theta_{345678} $$
$$ o_z=s\theta_2 s\theta_3 c\theta_{45678}+s\theta_2 c\theta_3 s\theta_{45678} $$
$$ a_x=s\theta_9(s\theta_1 s\theta_{345678}+c\theta_1 c\theta_2 c\theta_{345678})-c\theta_1 s\theta_2 c\theta_9 $$
$$ a_y=s\theta_9(s\theta_1 c\theta_2 c\theta_{345678}-c\theta_1 s\theta_{345678})-s\theta_1 s\theta_2 c\theta_9 $$
$$ a_z=s\theta_9(s\theta_2 c\theta_3 c\theta_{45678}-s\theta_2 s\theta_3 s\theta_{45678})+c\theta_2 c\theta_9 $$
$$ p_x=l_3(s\theta_1-s\theta_1 c\theta_{345678}+c\theta_1 c\theta_2 s\theta_{345678})+l_2(s\theta_1 s\theta_3+c\theta_1 c\theta_2 c\theta_3+ $$
$$ s\theta_1 s\theta_{34567}+c\theta_1 c\theta_2 c\theta_{34567})+l_1(s\theta_1 s\theta_{34}+c\theta_1 c\theta_2 c\theta_{34}+ $$

$$s\theta_1 s\theta_{3456}+c\theta_1 c\theta_2 c\theta_{3456})+l_0(s\theta_1 s\theta_{345}+c\theta_1 c\theta_2 c\theta_{345})$$

$$p_y=l_3(s\theta_1 c\theta_2 s\theta_{345678}+c\theta_1 c\theta_{345678}-c\theta_1)+l_2(s\theta_1 c\theta_2 c\theta_{34567}-c\theta_1 s\theta_{34567}+s\theta_1 c\theta_2 c\theta_3-c\theta_1 s\theta_3)+l_1(s\theta_1 c\theta_2 c\theta_{3456}-c\theta_1 s\theta_{3456})+l_0(s\theta_1 c\theta_2 c\theta_{345}-c\theta_1 s\theta_{345})$$

$$p_z=l_3(s\theta_2 s\theta_3 c\theta_{45678}+s\theta_2 c\theta_3 s\theta_{45678})+l_2(s\theta_2 c\theta_3 c\theta_{4567}-s\theta_2 s\theta_3 s\theta_{4567}+s\theta_2 c\theta_3)+l_1(s\theta_2 c\theta_3 c\theta_{456}-s\theta_2 s\theta_3 s\theta_{456}+s\theta_2 c\theta_3 c\theta_4-s\theta_2 s\theta_3 s\theta_4)+l_0(s\theta_2 c\theta_3 c\theta_{45}-s\theta_2 s\theta_3 s\theta_{45})$$

其中：$\left.\begin{array}{l} s\theta_i=\sin\theta_i \\ c\theta_i=\cos\theta_i \end{array},\ i=1,2,\cdots,9\right\}$（以後各式含義同此）

$\left.\begin{array}{l} s\theta_{i(i+1)(i+2)\cdots}=\sin(\theta_i+\theta_{i+1}+\theta_{i+2}+\cdots) \\ c\theta_{i(i+1)(i+2)\cdots}=\cos(\theta_i+\theta_{i+1}+\theta_{i+2}+\cdots) \end{array},\ i=3,4,\cdots,8\right\}$（以後各式含義同此）

② 懸掛臂基座至箱體中心的運動學方程。根據圖 2.11 所示的機器人懸掛臂關節-操作臂關節串聯結構座標系，以及表 2.2 列出的從基座到箱體中心的 D-H 參數，按照式(2.1) 可以計算得到機器人從基座到箱體中心相鄰連桿的座標變換矩陣：${}^0\boldsymbol{T}_1$、${}^1\boldsymbol{T}_2$、${}^2\boldsymbol{T}_3$、${}^3\boldsymbol{T}_4$、${}^4\boldsymbol{T}_5$、${}^5\boldsymbol{T}_{5'}$。求出所有座標變換矩陣以後，機器人箱體中心的位姿矩陣${}^0\boldsymbol{T}_{5'}$與機器人懸掛臂各個關節變量 $q_i(i=1,2,\cdots,5,5')$ 之間便有了明確的函數關係。根據齊次變換矩陣運算原理，可得到機器人懸掛臂關節-操作臂關節串聯結構從基座到箱體中心的運動學方程：

$${}^0\boldsymbol{T}_{5'}={}^0\boldsymbol{T}_1\,{}^1\boldsymbol{T}_2\,{}^2\boldsymbol{T}_3\,{}^3\boldsymbol{T}_4\,{}^4\boldsymbol{T}_5\,{}^5\boldsymbol{T}_{5'}=\begin{Bmatrix} n_x & o_x & a_x & p_x \\ n_y & o_y & a_y & p_y \\ n_z & o_z & a_z & p_z \\ 0 & 0 & 0 & 1 \end{Bmatrix} \tag{2.3}$$

式中：

$$n_x=s\theta_1 s\theta_{3455'}+c\theta_1 c\theta_2 c\theta_{3455'}$$
$$n_y=s\theta_1 c\theta_2 c\theta_{3455'}-c\theta_1 s\theta_{3455'}$$
$$n_z=s\theta_2 c\theta_{3455'}$$
$$o_x=s\theta_1 c\theta_{3455'}-c\theta_1 c\theta_2 s\theta_{3455'}$$
$$o_y=-s\theta_1 c\theta_2 s\theta_{3455'}-c\theta_1 c\theta_{3455'}$$
$$o_z=-s\theta_2 s\theta_{3455'}$$
$$a_x=c\theta_1 s\theta_2$$
$$a_y=s\theta_1 s\theta_2$$
$$a_z=-c\theta_2$$

$$p_x = l_3 s\theta_1 + l_2(s\theta_1 s\theta_3 + c\theta_1 c\theta_2 c\theta_3) + l_1(s\theta_1 s\theta_{34} + c\theta_1 c\theta_2 c\theta_{34}) + l_0(s\theta_1 s\theta_{345} + c\theta_1 c\theta_2 c\theta_{345}) + l_{xt}(s\theta_1 s\theta_{3455'} + c\theta_1 c\theta_2 c\theta_{3455'})$$

$$p_y = -l_3 c\theta_1 - l_2(c\theta_1 s\theta_3 - s\theta_1 c\theta_2 c\theta_3) - l_1(c\theta_1 s\theta_{34} - s\theta_1 c\theta_2 c\theta_{34}) - l_0(c\theta_1 s\theta_{345} - s\theta_1 c\theta_2 c\theta_{345}) - l_{xt}(c\theta_1 s\theta_{3455'} - s\theta_1 c\theta_2 c\theta_{3455'})$$

$$p_z = l_2 s\theta_2 c\theta_3 + l_1 s\theta_2 c\theta_{34} + l_0 s\theta_2 c\theta_{345} + l_{xt} s\theta_2 c\theta_{3455'}$$

2）懸掛臂柔索-操作臂關節串聯結構的運動學方程

① 懸掛臂基座至操作臂行走輪的運動學方程。根據圖 2.12 所示的機器人懸掛臂柔索-操作臂關節串聯結構座標系，以及表 2.3 列出的從基座至末端的 D-H 參數，按照式(2.1) 可以計算得到機器人從基座至末端(行走輪質心) 相鄰連桿的座標變換矩陣：${}^0\boldsymbol{T}_1$、${}^1\boldsymbol{T}_2$、${}^2\boldsymbol{T}_{3'}$、${}^{3'}\boldsymbol{T}_{4'}$、${}^{4'}\boldsymbol{T}_{5'}$、${}^{5'}\boldsymbol{T}_5$、${}^5\boldsymbol{T}_6$、${}^6\boldsymbol{T}_7$、${}^7\boldsymbol{T}_8$、${}^8\boldsymbol{T}_9$。求出所有座標變換矩陣以後，機器人行走輪質心的位姿矩陣${}^0\boldsymbol{T}_9$ 與各個關節變量 q_i（$i=1,2,3',4',5',5,6,\cdots,9$）之間便有了明確的函數關係。根據齊次變換矩陣運算原理，可得到機器人懸掛臂柔索-操作臂關節串聯結構從基座到末端（行走輪質心）的運動學方程：

$${}^0\boldsymbol{T}_9 = {}^0\boldsymbol{T}_1\,{}^1\boldsymbol{T}_2\,{}^2\boldsymbol{T}_{3'}\,{}^{3'}\boldsymbol{T}_{4'}\,{}^{4'}\boldsymbol{T}_{5'}\,{}^{5'}\boldsymbol{T}_5\,{}^5\boldsymbol{T}_6\,{}^6\boldsymbol{T}_7\,{}^7\boldsymbol{T}_8\,{}^8\boldsymbol{T}_9 = \begin{Bmatrix} n_x & o_x & a_x & p_x \\ n_y & o_y & a_y & p_y \\ n_z & o_z & a_z & p_z \\ 0 & 0 & 0 & 1 \end{Bmatrix} \tag{2.4}$$

式中：

$$n_x = c\theta_9(s\theta_1 s\theta_{3'5'678} + c\theta_1 c\theta_2 c\theta_{3'5'678}) + c\theta_1 s\theta_2 s\theta_9$$

$$n_y = c\theta_9(s\theta_1 c\theta_2 c\theta_{3'5'678} - c\theta_1 s\theta_{3'5'678}) + s\theta_1 s\theta_2 s\theta_9$$

$$n_z = c\theta_9(s\theta_2 c\theta_3' c\theta_{5'678} - s\theta_2 s\theta_3' s\theta_{5'678}) - c\theta_2 s\theta_9$$

$$o_x = c\theta_1 c\theta_2 s\theta_{3'5'678} - s\theta_1 c\theta_{3'5'678}$$

$$o_y = s\theta_1 c\theta_2 s\theta_{3'5'678} + c\theta_1 c\theta_{3'5'678}$$

$$o_z = s\theta_2 s\theta_3' c\theta_{5'678} + s\theta_2 c\theta_3' s\theta_{5'678}$$

$$a_x = s\theta_9(s\theta_1 s\theta_{3'5'678} + c\theta_1 c\theta_2 c\theta_{3'5'678}) - c\theta_1 s\theta_2 c\theta_9$$

$$a_y = s\theta_9(s\theta_1 c\theta_2 c\theta_{3'5'678} - c\theta_1 s\theta_{3'5'678}) - s\theta_1 s\theta_2 c\theta_9$$

$$a_z = s\theta_9(s\theta_2 c\theta_3' c\theta_{5'678} - s\theta_2 s\theta_3' s\theta_{5'678}) + c\theta_2 c\theta_9$$

$$p_x = l_3(c\theta_1 c\theta_2 s\theta_{3'5'678} - s\theta_1 c\theta_{3'5'678} + s\theta_1) + l_2(c\theta_1 c\theta_2 c\theta_{3'5'67} + s\theta_1 s\theta_{3'5'67}) + l_1(c\theta_1 c\theta_2 c\theta_{3'5'6} + s\theta_1 s\theta_{3'5'6}) + d_4'(c\theta_1 c\theta_2 s\theta_3' - s\theta_1 c\theta_3') + d_5(s\theta_1 c\theta_{3'5'} - c\theta_1 c\theta_2 s\theta_{3'5'})$$

$$p_y = l_3(s\theta_1 c\theta_2 s\theta_{3'5'678} + c\theta_1 c\theta_{3'5'678} - c\theta_1) + l_2(s\theta_1 c\theta_2 c\theta_{3'5'67} - c\theta_1 s\theta_{3'5'67}) + l_1(s\theta_1 c\theta_2 c\theta_{3'5'6} - c\theta_1 s\theta_{3'5'6}) + d_4'(c\theta_1 c\theta_3' + s\theta_1 c\theta_2 s\theta_3') - d_5(c\theta_1 c\theta_{3'5'} + s\theta_1 c\theta_2 s\theta_{3'5'})$$

$$p_z = l_3(s\theta_2 s\theta'_3 c\theta_{5'678} + s\theta_2 c\theta'_3 s\theta_{5'678}) + l_2(s\theta_2 c\theta'_3 c\theta_{5'67} - s\theta_2 s\theta'_3 s\theta_{5'67}) + l_1(s\theta_2 c\theta'_3 c\theta_{5'6} - s\theta_2 s\theta'_3 s\theta_{5'6}) + d'_4 s\theta_2 s\theta'_3 - d_5(s\theta_2 c\theta'_3 s\theta_{5'} + s\theta_2 s\theta'_3 c\theta_{5'})$$

② 懸掛臂基座至箱體中心的運動學方程。根據圖 2.12 所示的機器人懸掛臂柔索-操作臂關節串聯結構座標系，以及表 2.4 列出的從基座到箱體中心的 D-H 參數，按照式(2.1) 可以計算得到機器人從基座到箱體中心相鄰連桿的座標變換矩陣：${}^0\boldsymbol{T}_1$、${}^1\boldsymbol{T}_2$、${}^2\boldsymbol{T}_{3'}$、${}^{3'}\boldsymbol{T}_{4'}$、${}^{4'}\boldsymbol{T}_{5'}$、${}^{5'}\boldsymbol{T}_5$、${}^5\boldsymbol{T}_{5''}$。求出所有座標變換矩陣以後，機器人行走輪質心的位姿矩陣${}^0\boldsymbol{T}_{5''}$與各個關節變量 q_i （$i=1,2,3',4',5',5,5''$）之間便有了明確的函數關係。根據齊次變換矩陣運算原理，可得到機器人懸掛臂柔索-操作臂關節串聯結構從基座到箱體中心的運動學方程：

$$
{}^0\boldsymbol{T}_{5''} = {}^0\boldsymbol{T}_1 {}^1\boldsymbol{T}_2 {}^2\boldsymbol{T}_{3'} {}^{3'}\boldsymbol{T}_{4'} {}^{4'}\boldsymbol{T}_{5'} {}^{5'}\boldsymbol{T}_5 {}^5\boldsymbol{T}_{5''} = \begin{Bmatrix} n_x & o_x & a_x & p_x \\ n_y & o_y & a_y & p_y \\ n_z & o_z & a_z & p_z \\ 0 & 0 & 0 & 1 \end{Bmatrix} \quad (2.5)
$$

式中：

$$n_x = s\theta_1 s\theta_{3'5'5''} + c\theta_1 c\theta_2 c\theta_{3'5'5''}$$
$$n_y = s\theta_1 c\theta_2 c\theta_{3'5'5''} - c\theta_1 s\theta_{3'5'5''}$$
$$n_z = s\theta_2 c\theta'_3 c\theta_{5'5''} - s\theta_2 s\theta'_3 s\theta_{5'5''}$$
$$o_x = s\theta_1 c\theta_{3'5'5''} - c\theta_1 c\theta_2 s\theta_{3'5'5''}$$
$$o_y = -s\theta_1 c\theta_2 s\theta_{3'5'5''} - c\theta_1 c\theta_{3'5'5''}$$
$$o_z = -s\theta_2 s\theta'_3 c\theta_{5'5''} - s\theta_2 c\theta'_3 s\theta_{5'5''}$$
$$a_x = c\theta_1 s\theta_2$$
$$a_y = s\theta_1 s\theta_2$$
$$a_z = -c\theta_2$$
$$p_x = l_3 s\theta_1 + d'_4(c\theta_1 c\theta_2 s\theta'_3 - s\theta_1 c\theta'_3) + d_5(s\theta_1 c\theta_{3'5'} - c\theta_1 c\theta_2 s\theta_{3'5'}) + l_{xt}(s\theta_1 s\theta_{3'5'5''} + c\theta_1 c\theta_2 c\theta_{3'5'5''})$$
$$p_y = -l_3 c\theta_1 + d'_4(c\theta_1 c\theta'_3 + s\theta_1 c\theta_2 s\theta'_3) - d_5(c\theta_1 c\theta_{3'5'} + s\theta_1 c\theta_2 s\theta_{3'5'}) - l_{xt}(c\theta_1 s\theta_{3'5'5''} - s\theta_1 c\theta_2 c\theta_{3'5'5''})$$
$$p_z = d'_4 s\theta_2 s\theta'_3 - d_5(s\theta_2 c\theta'_3 s\theta'_5 + s\theta_2 s\theta'_3 c\theta'_5) - l_{xt}(s\theta_2 s\theta'_3 s\theta_{5'5''} - s\theta_2 c\theta'_3 c\theta_{5'5''})$$

3）懸掛臂柔索-操作臂柔索串聯結構的運動學方程

① 懸掛臂基座至操作臂行走輪的運動學方程。根據圖 2.13 所示的機器人懸掛臂柔索-操作臂柔索串聯結構座標系，以及表 2.5 列出的從基座至末端的 D-H 參數，按照式(2.1) 可以計算得到機器人從基座至末端（行走

輪質心）相鄰連桿的座標變換矩陣：${}^{0}\boldsymbol{T}_{1}$、${}^{1}\boldsymbol{T}_{2}$、${}^{2}\boldsymbol{T}_{3'}$、${}^{3'}\boldsymbol{T}_{4'}$、${}^{4'}\boldsymbol{T}_{5'}$、${}^{5'}\boldsymbol{T}_{6'}$、${}^{6'}\boldsymbol{T}_{6''}$、${}^{6''}\boldsymbol{T}_{7'}$、${}^{7'}\boldsymbol{T}_{8'}$、${}^{8'}\boldsymbol{T}_{9'}$、${}^{9'}\boldsymbol{T}_{8}$、${}^{8}\boldsymbol{T}_{9}$。求出所有座標變換矩陣以後，機器人行走輪質心的位姿矩陣${}^{0}\boldsymbol{T}_{9}$與各個關節變量q_i（$i=1,2,3',4',5',6',6'',7',8',9',8,9$）之間便有了明確的函數關係。根據齊次變換矩陣運算原理，可得到機器人懸掛臂柔索-操作臂柔索串聯結構從基座到末端（行走輪質心）的運動學方程：

$$
{}^{0}\boldsymbol{T}_{9}={}^{0}\boldsymbol{T}_{1}{}^{1}\boldsymbol{T}_{2}{}^{2}\boldsymbol{T}_{3'}{}^{3'}\boldsymbol{T}_{4'}{}^{4'}\boldsymbol{T}_{5'}{}^{5'}\boldsymbol{T}_{6'}{}^{6'}\boldsymbol{T}_{6''}{}^{6''}\boldsymbol{T}_{7'}{}^{7'}\boldsymbol{T}_{8'}{}^{8'}\boldsymbol{T}_{9'}{}^{9'}\boldsymbol{T}_{8}{}^{8}\boldsymbol{T}_{9}=\begin{Bmatrix} n_x & o_x & a_x & p_x \\ n_y & o_y & a_y & p_y \\ n_z & o_z & a_z & p_z \\ 0 & 0 & 0 & 1 \end{Bmatrix} \tag{2.6}
$$

式中：

$$n_x=c\theta_9[s\theta_{8'8}(c\theta_1 c\theta_2 s\theta_{3'5'}-s\theta_1 c\theta_{3'5'})-c\theta_{8'8}(c\theta_1 c\theta_2 c\theta_{3'5'}+s\theta_1 s\theta_{3'5'})]+c\theta_1 s\theta_2 s\theta_9$$

$$n_y=c\theta_9[c\theta_{8'8}(c\theta_1 s\theta_{3'5'}-s\theta_1 c\theta_2 c\theta_{3'5'})+s\theta_{8'8}(c\theta_1 c\theta_{3'5'}+s\theta_1 c\theta_2 s\theta_{3'5'})]+s\theta_1 s\theta_2 s\theta_9$$

$$n_z=c\theta_9[s\theta_{8'8}(s\theta_2 c\theta_3' s\theta_5'+s\theta_2 s\theta_3' c\theta_5')+c\theta_{8'8}(s\theta_2 s\theta_3' s\theta_5'-s\theta_2 c\theta_3' c\theta_5')]-c\theta_2 s\theta_9$$

$$o_x=-c\theta_{8'8}(c\theta_1 c\theta_2 s\theta_{3'5'}-s\theta_1 c\theta_{3'5'})-s\theta_{8'8}(c\theta_1 c\theta_2 c\theta_{3'5'}+s\theta_1 s\theta_{3'5'})$$

$$o_y=s\theta_{8'8}(c\theta_1 s\theta_{3'5'}-s\theta_1 c\theta_2 c\theta_{3'5'})-c\theta_{8'8}(c\theta_1 c\theta_{3'5'}+s\theta_1 c\theta_2 s\theta_{3'5'})$$

$$o_z=s\theta_{8'8}(s\theta_2 s\theta_3' s\theta_5'-s\theta_2 c\theta_3' c\theta_5')-c\theta_{8'8}(s\theta_2 c\theta_3' s\theta_5'+s\theta_2 s\theta_3' c\theta_5')$$

$$a_x=s\theta_9[s\theta_{8'8}(c\theta_1 c\theta_2 s\theta_{3'5'}-s\theta_1 c\theta_{3'5'})-c\theta_{8'8}(c\theta_1 c\theta_2 c\theta_{3'5'}+s\theta_1 s\theta_{3'5'})]-c\theta_1 s\theta_2 c\theta_9$$

$$a_y=s\theta_9[c\theta_{8'8}(c\theta_1 s\theta_{3'5'}-s\theta_1 c\theta_2 c\theta_{3'5'})+s\theta_{8'8}(c\theta_1 c\theta_{3'5'}+s\theta_1 c\theta_2 s\theta_{3'5'})]-s\theta_1 s\theta_2 c\theta_9$$

$$a_z=s\theta_9[s\theta_{8'8}(s\theta_2 c\theta_3' s\theta_5'+s\theta_2 s\theta_3' c\theta_5')+c\theta_{8'8}(s\theta_2 s\theta_3' s\theta_5'-s\theta_2 c\theta_3' c\theta_5')]+c\theta_2 c\theta_9$$

$$\begin{aligned} p_x=&l_3[-c\theta_{8'8}(c\theta_1 c\theta_2 s\theta_{3'5'}-s\theta_1 c\theta_{3'5'})-s\theta_{8'8}(c\theta_1 c\theta_2 c\theta_{3'5'}+s\theta_1 s\theta_{3'5'})+s\theta_1]+\\ &d_9'[c\theta_8'(c\theta_1 c\theta_2 s\theta_{3'5'}-s\theta_1 c\theta_{3'5'})+s\theta_8'(c\theta_1 c\theta_2 c\theta_{3'5'}+s\theta_1 s\theta_{3'5'})]+\\ &(l_0-d_6'-d_7')(c\theta_1 c\theta_2 s\theta_{3'5'}-s\theta_1 c\theta_{3'5'})-d_4'(s\theta_1 c\theta_3'-c\theta_1 c\theta_2 s\theta_3') \end{aligned}$$

$$\begin{aligned} p_y=&l_3[s\theta_{8'8}(c\theta_1 s\theta_{3'5'}-s\theta_1 c\theta_2 c\theta_{3'5'})-c\theta_{8'8}(c\theta_1 c\theta_{3'5'}+s\theta_1 c\theta_2 s\theta_{3'5'})+c\theta_1]-\\ &d_9'[s\theta_8'(c\theta_1 s\theta_{3'5'}-s\theta_1 c\theta_2 c\theta_{3'5'})-c\theta_8'(c\theta_1 c\theta_{3'5'}+s\theta_1 c\theta_2 s\theta_{3'5'})]+\\ &(l_0-d_6'-d_7')(c\theta_1 c\theta_{3'5'}+s\theta_1 c\theta_2 s\theta_{3'5'})+d_4'(c\theta_1 c\theta_3'+s\theta_1 c\theta_2 s\theta_3') \end{aligned}$$

$$\begin{aligned} p_z=&-l_3[c\theta_{8'8}(s\theta_2 c\theta_3' s\theta_5'+s\theta_2 s\theta_3' c\theta_5')-s\theta_{8'8}(s\theta_2 s\theta_3' s\theta_5'-s\theta_2 c\theta_3' c\theta_5')]+\\ &d_9'[c\theta_8'(s\theta_2 c\theta_3' s\theta_5'+s\theta_2 s\theta_3' c\theta_5')-s\theta_8'(s\theta_2 s\theta_3' s\theta_5'-s\theta_2 c\theta_3' c\theta_5')]+\\ &(l_0-d_6'-d_7')(s\theta_2 c\theta_3' s\theta_5'+s\theta_1 s\theta_3' c\theta_5')+d_4' s\theta_2 s\theta_3' \end{aligned}$$

② 懸掛臂基座至箱體中心的運動學方程。根據圖 2.13 所示的機器人懸掛臂柔索-操作臂柔索串聯結構座標系，以及表 2.6 列出的從基座到箱體中心的 D-H 參數，按照式(2.1) 可以計算得到機器人從基座到箱體中心相鄰連桿的座標變換矩陣：${}^{0}\boldsymbol{T}_{1}$、${}^{1}\boldsymbol{T}_{2}$、${}^{2}\boldsymbol{T}_{3'}$、${}^{3'}\boldsymbol{T}_{4'}$、${}^{4'}\boldsymbol{T}_{5'}$、${}^{5'}\boldsymbol{T}_{6'}$、${}^{6'}\boldsymbol{T}_{6'''}$。求出所有座標變換矩陣以後，機器人行走輪質心的位姿矩陣${}^{0}\boldsymbol{T}_{6'''}$與各個關節變量$q_i$

$(i=1,2,3',\cdots,6',6''')$ 之間便有了明確的函數關係。根據齊次變換矩陣運算原理，可得到機器人懸掛臂柔索-操作臂柔索串聯結構從基座到箱體中心的運動學方程：

$$^{0}\boldsymbol{T}_{6'''}={}^{0}\boldsymbol{T}_{1}\,{}^{1}\boldsymbol{T}_{2}\,{}^{2}\boldsymbol{T}_{3'}\,{}^{3'}\boldsymbol{T}_{4'}\,{}^{4'}\boldsymbol{T}_{5'}\,{}^{5'}\boldsymbol{T}_{6'}\,{}^{6'}\boldsymbol{T}_{6'''}=\begin{Bmatrix} n_x & o_x & a_x & p_x \\ n_y & o_y & a_y & p_y \\ n_z & o_z & a_z & p_z \\ 0 & 0 & 0 & 1 \end{Bmatrix} \tag{2.7}$$

式中：

$$n_x=-s\theta_1 s\theta_{3'5'}-c\theta_1 c\theta_2 c\theta_{3'5'}$$
$$n_y=c\theta_1 s\theta_{3'5'}-s\theta_1 c\theta_2 c\theta_{3'5'}$$
$$n_z=-s\theta_2 c\theta_{3'5'}$$
$$o_x=-s\theta_1 c\theta_{3'5'}+c\theta_1 c\theta_2 s\theta_{3'5'}$$
$$o_y=c\theta_1 c\theta_{3'5'}+s\theta_1 c\theta_2 s\theta_{3'5'}$$
$$o_z=s\theta_2 s\theta_{3'5'}$$
$$a_x=c\theta_1 s\theta_2$$
$$a_y=s\theta_1 s\theta_2$$
$$a_z=-c\theta_2$$
$$p_x=0.5l_0(-s\theta_1 c\theta_{3'5'}+c\theta_1 c\theta_2 s\theta_{3'5'})-d'_4(s\theta_1 c\theta_3{}'-c\theta_1 c\theta_2 s\theta_3{}')-$$
$$0.5h_0(s\theta_1 s\theta_{3'5'}+c\theta_1 c\theta_2 c\theta_{3'5'})+l_3 s\theta_1+d'_6(s\theta_1 c\theta_{3'5'}-c\theta_1 c\theta_2 s\theta_{3'5'})$$
$$p_y=0.5l_0(c\theta_1 c\theta_{3'5'}+s\theta_1 c\theta_2 s\theta_{3'5'})-d'_6(c\theta_1 c\theta_{3'5'}+s\theta_1 c\theta_2 s\theta_{3'5'})+$$
$$d'_4(c\theta_1 c\theta'_3+s\theta_1 c\theta_2 s\theta'_3)+0.5h_0(c\theta_1 s\theta_{3'5'}-s\theta_1 c\theta_2 c\theta_{3'5'})-l_3 c\theta_1$$
$$p_z=-0.5h_0 s\theta_2 c\theta_{3'5'}-d'_6 s\theta_2 s\theta_{3'5'}+0.5l_0 s\theta_2 s\theta_{3'5'}+d'_4 s\theta_2 s\theta'_3$$

2.2 機器人結構設計

巡檢機器人的設計重點：一是可靠的質心調節機構，以保證機器人的承載能力及越障過程的穩定性；二是可調節的越障距離，以提高機器人越障的靈活性；三是多功能夾持機構，以實現機器人跨越鐵塔的能力，並提高機器人的爬坡能力。

2.2.1 手臂結構

考慮 500kV 超高壓輸電線路導線和地線的障礙物類型及其尺寸，以及機器人行走空間大小，初步確定機器人的結構參數及運動參數。

(1) 手臂長度及關節角度

考慮機器人在線路上行走時的高度空間大小，並參照其他巡檢機器人的結構尺寸，手臂各段長度 $l_1=300\text{mm}$、$l_2=300\text{mm}$、$l_3=270\text{mm}$，其中，手臂末端的 l_3 段為 L 形，以方便機器人直接通過接續管、防震錘等障礙物。水平旋轉關節上表面與行走輪中心距離為 160mm。

根據手臂運動的範圍，確定各關節旋轉角度取值如下：肩關節回轉角度 $\theta_1=10°\sim180°$，肘關節回轉角度 $\theta_2=0°\sim170°$，腕關節回轉角度 $\theta_3=-150°\sim150°$，水平旋轉關節旋轉角度 $\theta_4=-180°\sim180°$。

(2) 柔索長度及滾筒位移

柔索長度可以調節，配合手臂關節轉動，完成機器人越障過程，其長度 $l_s=0\sim700\text{mm}$。用於纏繞柔索的滾筒隨滾筒移動平臺沿箱體移動範圍 $d=0\sim550\text{mm}$。

(3) 行走輪直徑

根據 500kV 高壓輸電線路的導線與地線直徑，以及相應接續管、防震錘結構尺寸，為了使機器人的行走輪能夠直接通過接續管、防震錘，機器人行走輪半徑 $r=40\text{mm}$。

綜合上述巡檢機器人結構參數和運動參數的取值，機器人相關參數如表 2.7 所示。

表 2.7 機器人相關參數

機器人結構參數	長度值	機器人運動參數	運動範圍
l_0	650mm	θ_{B1}、θ_{F1}	10°～180°
b_0	300mm	θ_{B2}、θ_{F2}	0°～170°
h_0	300mm	θ_{B3}、θ_{F3}	－150°～150°
l_1	300mm	θ_{B4}、θ_{F4}	－180°～180°
l_2	300mm	l_{Bs}、l_{Fs}	0～700mm
l_3	270mm	d_{Bs}、d_{Fs}	0～550mm
r	40mm		

2.2.2 輪爪複合機構

巡檢機器人依靠行走輪與線路之間的摩擦力行走，當線路坡度較大時，機器人行走容易出現因摩擦力不足而打滑的現象，此時需要夾持機構有一定的夾緊力以增大行走輪與線路之間的摩擦力，保證機器人正常巡檢。

由於線路呈懸垂鏈形，故機器人巡檢過程中相對於高壓線的姿態會不斷發生變化，這不僅要求夾持機構能夠提供可靠的夾緊力，而且要求夾持機構能夠適應線路角度的變化，即保證夾持機構相對於輸電線的姿態保持不變。

巡檢機器人越障過程中，也需要夾持機構能夠夾緊線路，保證越障過程中機器人的整體穩定性。此外，在機器人出現故障或遇到突發狀況（如大風、雷雨等惡劣天氣）時，能夠夾緊線路，防止機器人從線路上掉落。

因此，巡檢機器人的夾持機構是保證機器人完成巡檢任務的關鍵部件，夾持機構的功能包括：①能夠保持機器人越障時的穩定性；②能夠為機器人爬坡提供足夠的動力；③能夠適應線路角度的變化，保證夾爪相對於輸電線的姿態保持不變；④能夠有效地夾緊線路，防止機器人從線路上掉落。

目前，海內外巡檢機器人的夾持機構一般設計為行走輪、夾爪、手臂做成一體的複合輪爪結構，其設計重點和難點在於如何使夾持機構既能夠適應線路角度的變化，又具有邊夾持邊行走的能力[33,34]。

根據夾持機構的設計要求，並借鑑現有巡檢機器人的夾持機構的優點，將夾持機構設計為複合輪爪結構，夾持機構長度為140mm，寬度為100mm，複合輪爪夾持機構的結構簡圖如圖2.14所示。傳動部分採用了蝸輪蝸桿結構，結構體積小，且具有自鎖功能；一對夾爪間採用齒輪傳動，保證兩個夾爪同步轉動。

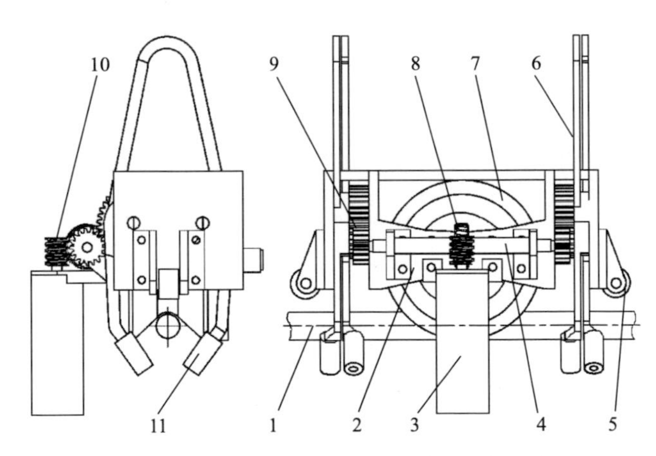

圖2.14 複合輪爪夾持機構的結構簡圖

1—線路；2—支架；3—電動機；4—傳動軸；5—支撐輪；6—夾爪；7—行走輪；8—蝸輪；9—齒輪；10—蝸桿；11—夾緊輪

該複合輪爪夾持機構的行走輪採用包膠輪結構，以增大其與線路的摩擦係數，提高機器人的爬坡能力；夾持機構的支架浮動安裝於行走輪的輪軸上，夾爪的驅動電動機位於行走輪輪軸以下，以保證複合輪爪不掛線時，在重力作用下使夾持機構處於水平狀態；夾緊機構前後設計有兩個安裝於支架上的支撐輪，保證夾持機構能夠隨線路坡度的變化轉動；夾爪上安裝有夾緊輪，其主要作用是當夾爪產生一定夾緊力時夾緊輪相對線路滾動，增大行走輪與線路之間的摩擦力，提高機器人的爬坡能力，實現邊夾緊邊行走的功能；夾爪正轉可以夾緊線路，反轉可以夾緊絕緣子串、鐵塔等障礙物。

機器人在無障礙路段行走時，夾爪處於打開或半抱緊狀態，起到安全保護作用，防止大風引起線路晃動使機器人從線路上掉落；當輸電線路角度發生變化時，支架上的支撐輪與線路接觸，帶動支架繞行走輪軸旋轉，從而調節夾持機構被動地適應輸電線路角度的變化。

機器人在障礙路段行走時，遇到接續管、防震錘、懸垂金具等障礙物時，越障手臂的夾爪張開進行越障，越障完成後行走輪重新掛於線路上，夾爪復位，夾緊線路；當遇到耐張絕緣子串、鐵塔等不能使用行走輪掛線的障礙物時，夾爪反向轉動，夾爪上半部分可以夾持絕緣子串頭部或鐵塔角鐵進行越障，越障完成後行走輪重新掛於線路上，夾爪下半部分夾緊線路。

2.2.3 機器人箱體

考慮機器人在線路上行走時距離鐵塔的空間，並參照其他比較成熟的巡檢機器人的結構尺寸，確定機器人箱體的長度 $l_0=650\text{mm}$，寬度 $b_0=300\text{mm}$，高度 $h_0=300\text{mm}$。機器人箱體上表面需要安裝肩關節驅動機構、柔索滾筒移動平臺及驅動機構等零部件。

2.2.4 機器人實體模型

根據前面確定的機器人結構參數以及作業環境的障礙物類型和尺寸，利用三維建模軟體 SolidWorks 建立機器人的實體模型。

(1) 夾持機構實體模型

根據已經確定的行走輪的尺寸，以及夾持機構的結構形式和傳動方式，建立巡檢機器人夾持機構實體模型，如圖 2.15 所示。

夾持機構的行走輪、支撐輪、支架等零件的材料採用鋁合金，傳動軸、齒輪、蝸輪蝸桿等零件的材料採用碳素鋼，透過實體模型可計算出夾持機構質量約為 0.9kg，電動機質量約為 0.1kg，夾持機構總質量約為 1kg。

(2) 機器人實體模型

根據圖 2.9 所示的機器人結構簡圖及表 2.7 所示的機器人尺寸參數，建立機器人實體模型，如圖 2.16 所示。

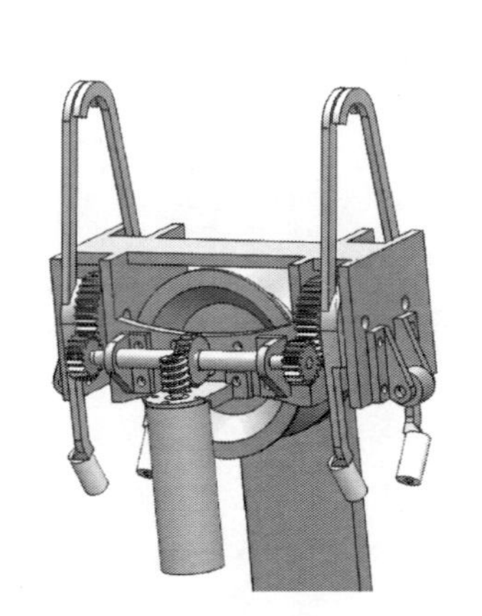

圖 2.15 夾持機構實體模型

圖 2.16 機器人實體模型

機器人箱體內包括電源、檢測設備、驅動設備等，參照現有巡檢機器人的箱體質量，機器人箱體總質量約為 25kg。機器人的結構件（如箱體、各段手臂、各種支架等支撐零件）的材料採用鋁合金，傳動軸、齒輪、螺桿等傳動零件的材料採用碳素鋼，透過實體模型可計算出機器人總質量（包括夾持機構）約為 38kg，手臂各段質量約為 1.3kg，滾筒移動平臺質量約為 1kg。

2.3 機器人越障動作規劃與控制

巡檢機器人正常巡檢行走時，前後手臂的柔索承擔了機器人的質量，各關節均處於放鬆狀態，故其行走時可以很好地適應線路坡度變化。機器人巡檢行走過程中，如果需要調整巡檢視角，可以透過調節柔索長度來調整機器人姿態，手臂其他關節隨著變化，使得機器人控制更簡單。機器人巡檢行走過程中的姿態調節如圖 2.17 所示。

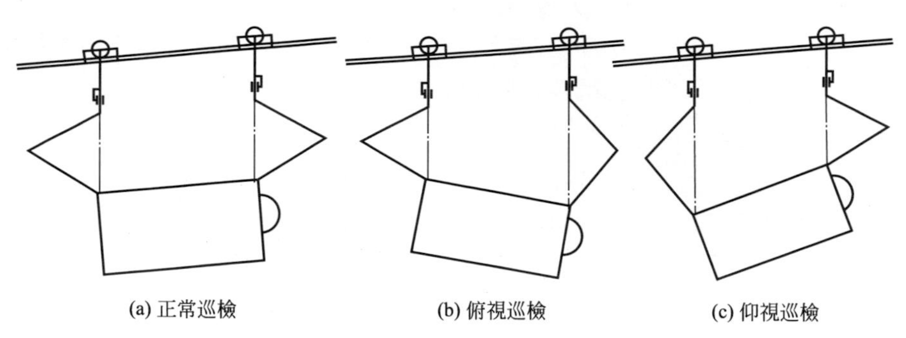

圖 2.17　機器人巡檢行走過程中的姿態調節

機器人遇到障礙物時，透過調整滾筒移動平臺的位置可以將機器人質心調至某一手臂行走輪下方，而另一手臂的肩關節、肘關節和腕關節協調運動，完成其行走輪脫線、越障、掛線等動作。前後手臂上的水平旋轉關節用於調整行走輪的姿態，以避開障礙物；調整手臂柔索的長度，可以調節機器人的越障距離。以上動作可以組合成機器人直接式越障、蠕動式越障、旋轉式越障三種越障方式。

2.3.1 機器人質心調節與平衡

(1) 蠕動式越障質心調節

當機器人在線路上遇到受限通過型障礙時，無法採用直接式越障方式越過障礙物。如果障礙的尺寸較小，如單懸垂金具等，機器人可採用蠕動式越障方式，越障能力相對較弱，但越障速度較快。蠕動式越障過程如圖 2.18 所示。

機器人遇到障礙物時停止運動，發生以下動作：

① 手臂 F 行走輪鎖緊 [圖 2.18(a)]。

② 手臂 B 行走輪和滾筒移動平臺同時右移，逐漸將機器人的質心調整到行走輪下方 [圖 2.18(b)]。

③ 手臂 F 脫線，手臂 B 水平回轉關節微微轉動，使手臂 F 伸出到障礙物右側，水平回轉關節復位，手臂 F 行走輪掛在障礙物右側線上 [圖 2.18(c)]。

④ 兩側行走輪同時鎖緊，手臂 B 滾筒移動平臺左移復位，同時調整柔索長度，逐漸將機器人質心調整至中間位置 [圖 2.18(d)]。

⑤ 手臂 F 滾筒移動平臺左移，同時調整柔索長度，逐漸將機器人質心調整到手臂 F 行走輪下方 [圖 2.18(e)]。

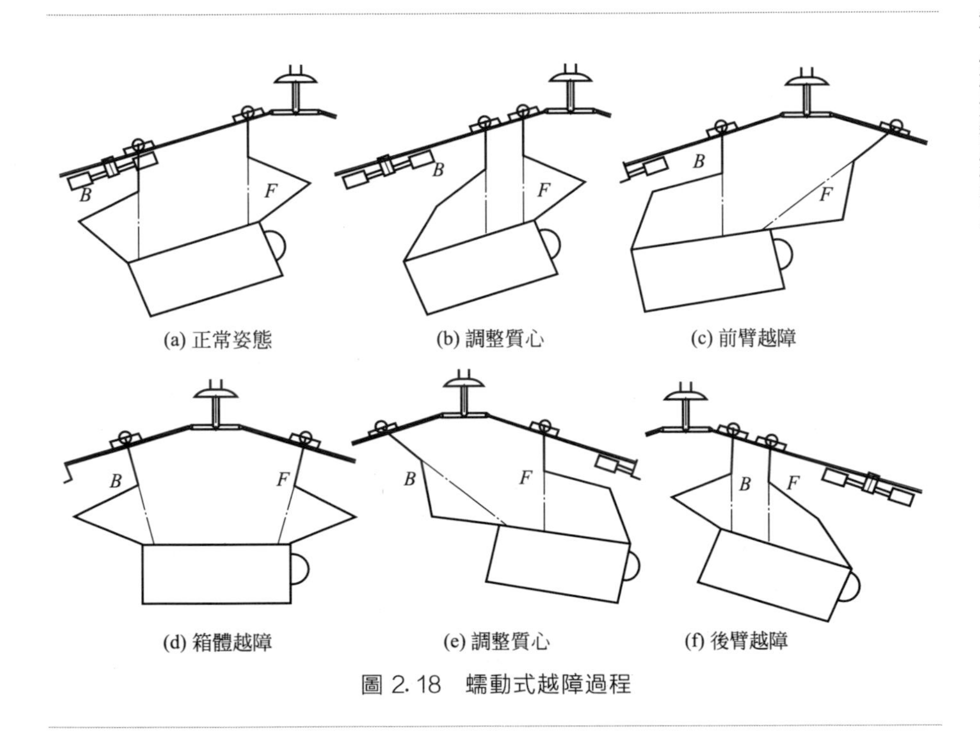

圖 2.18　蠕動式越障過程

⑥ 手臂 B 脫線，手臂 F 水平回轉關節微微轉動，使手臂 B 收縮到障礙物右側，水平回轉關節復位，手臂 B 行走輪掛在障礙物右側線上［圖 2.18(f)］。

⑦ 手臂 F 行走輪與滾筒移動平臺右移，還原機器人原始狀態，完成越障過程。

(2) 旋轉式越障質心調節

當機器人在線路上遇到的受限通過型障礙尺寸較大時，如雙懸垂金具等，可採用旋轉式越障方式，其越障能力較強，但速度較慢。旋轉式越障過程如圖 2.19 所示。

機器人遇到障礙物時停止運動，發生以下動作：

① 手臂 F 行走輪鎖緊［圖 2.19(a)］。

② 手臂 B 行走輪右移，同時手臂 F 滾筒移動平臺左移，逐漸將機器人的質心調整到手臂 F 行走輪下方［圖 2.19(b)］。

③ 手臂 B 脫線，手臂 F 水平回轉關節轉動，使手臂 B 伸出到障礙物右側，並使手臂 B 行走輪掛在障礙物右側線上［圖 2.19(c)］。

④ 兩側行走輪同時鎖緊，手臂 F 滾筒移動平臺左移復位，同時調整柔索長度，逐漸將機器人質心調整至中間位置［圖 2.19(d)］。

⑤ 手臂 B 滾筒移動平臺左移，同時調整柔索長度，逐漸將機器人質心調整到手臂 B 行走輪下方［圖 2.19(e)］。

⑥ 手臂 F 脫線，手臂 B 水平回轉關節轉動，使手臂 F 收縮到障礙物右側，並使手臂 F 行走輪掛在障礙物右側線上［圖 2.19(a)］。

⑦ 手臂 F 行走輪右移，手臂 B 滾筒移動平臺左移，還原機器人原始狀態［圖 2.19(f)］，完成越障過程。

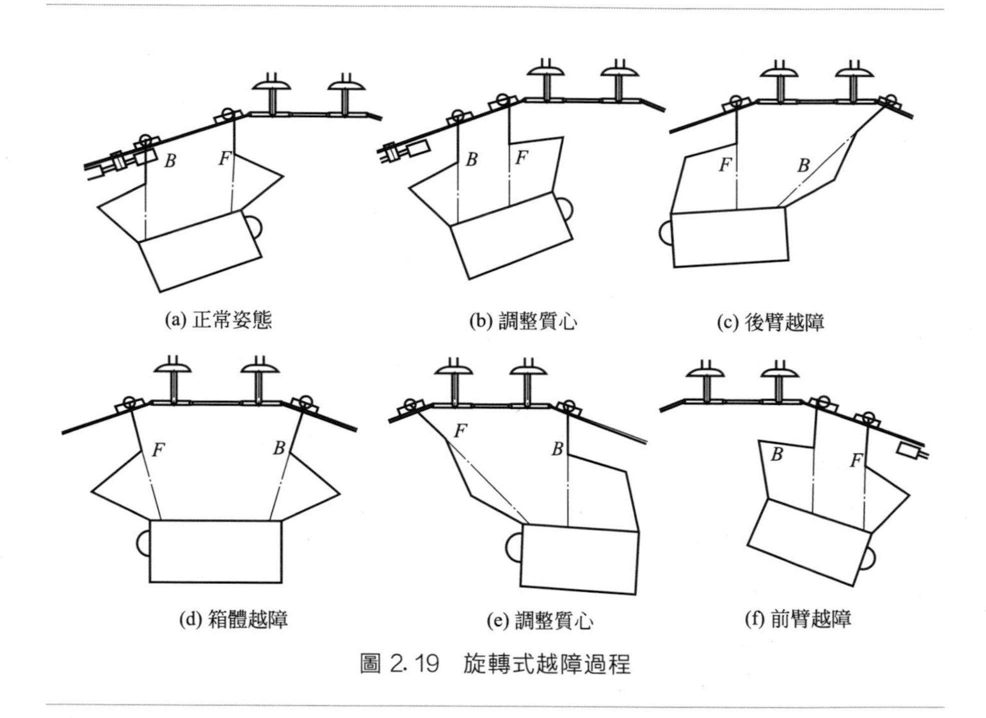

圖 2.19　旋轉式越障過程

由圖 2.18 和圖 2.19 可以看出，機器人旋轉式越障與蠕動式越障的基本動作類似，只是動作順序不同，主要區別在於蠕動式越障的機器人的箱體始終向前，而旋轉式越障的機器人的箱體需要做 360°轉動。

2.3.2 機器人跨越一般障礙物

機器人越障方式是結合輸電線路的障礙環境來設計的，對於線路上的間隔棒、單懸垂絕緣子串、雙懸垂絕緣子串等較容易越過的一般障礙物，機器人採用蠕動式越障或旋轉式越障，通過雙臂協調運動跨越障礙物。

下面以機器人跨越導線間隔棒、導線雙懸垂絕緣子串為例，分析機器人採用蠕動式越障、旋轉式越障方式跨越障礙物的動作過程。

(1) 跨越導線間隔棒

機器人在導線上進行巡檢作業時，必須在四分裂導線的下面兩根導線上行走，導線間隔棒為受限通過型障礙物，可採用蠕動式越障方式跨越間隔棒，越障動作過程如圖 2.20 所示。由於間隔棒比較薄，機器人只需蠕動一次即可越過間隔棒。

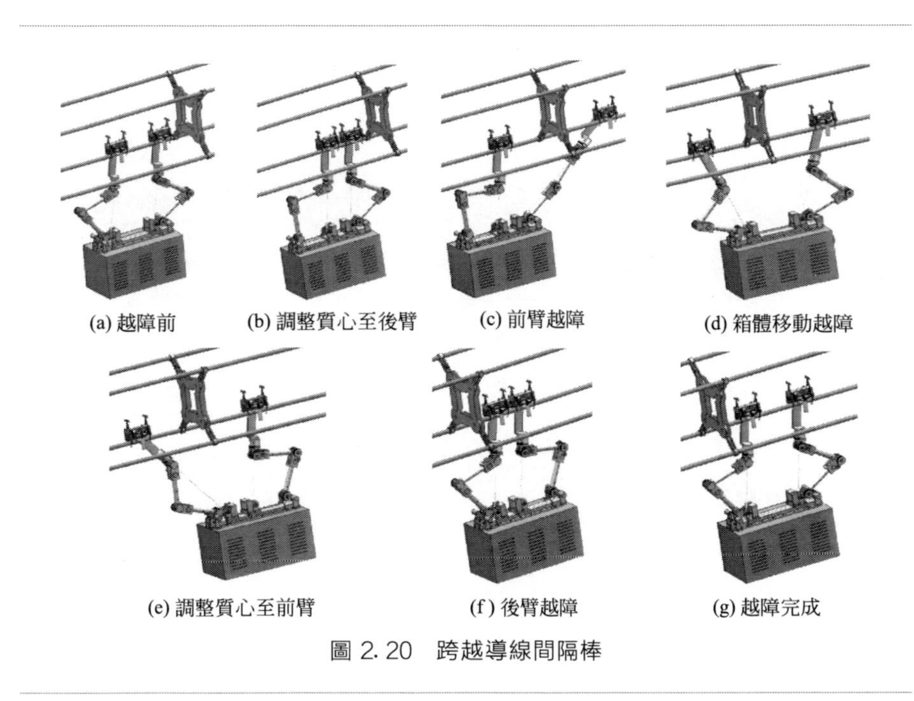

圖 2.20　跨越導線間隔棒

機器人在導線上行走巡檢時，行走輪始終位於線路之上，越障過程中夾持機構需要夾緊線路和鬆開線路與手臂協調動作完成越障，夾持機構夾緊線路和鬆開線路示意如圖 2.21 所示。

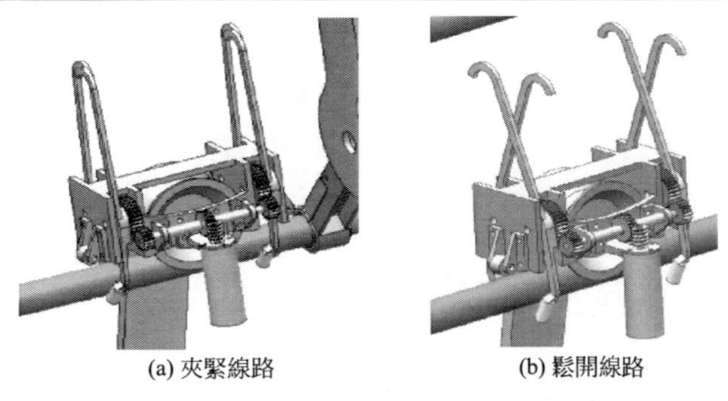

圖 2.21　夾持機構夾緊線路和鬆開線路示意

（2）跨越導線雙懸垂絕緣子串

機器人跨越導線雙懸垂絕緣子串時，由於雙懸垂絕緣子串間距較大，機器人可採用旋轉式越障方式跨越雙懸垂絕緣子串，越障動作過程如圖 2.22 所示。越障後機器人再恢復行走狀態，繼續進行行走巡檢作業。

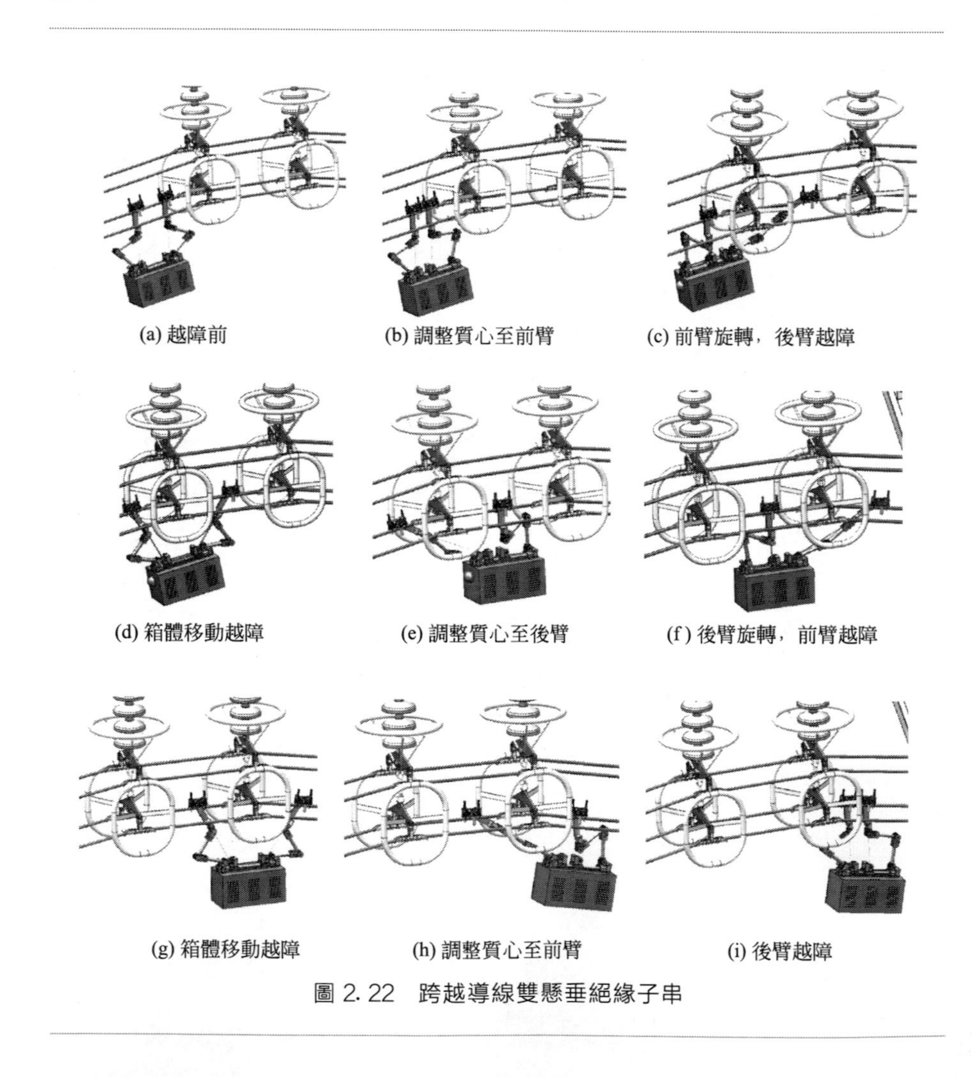

(a) 越障前　(b) 調整質心至前臂　(c) 前臂旋轉，後臂越障

(d) 箱體移動越障　(e) 調整質心至後臂　(f) 後臂旋轉，前臂越障

(g) 箱體移動越障　(h) 調整質心至前臂　(i) 後臂越障

圖 2.22　跨越導線雙懸垂絕緣子串

2.3.3 跨越導線引流線

機器人跨越導線引流線時，可蠕動式越障，也可旋轉式越障，機器人以旋轉式越障方式跨越導線引流線的動作過程如圖 2.23 所示。由於引

流線坡度很大、張力較小、易變形，因此越障後機器人行走較困難，可採用蠕動式越障方式繼續前進。

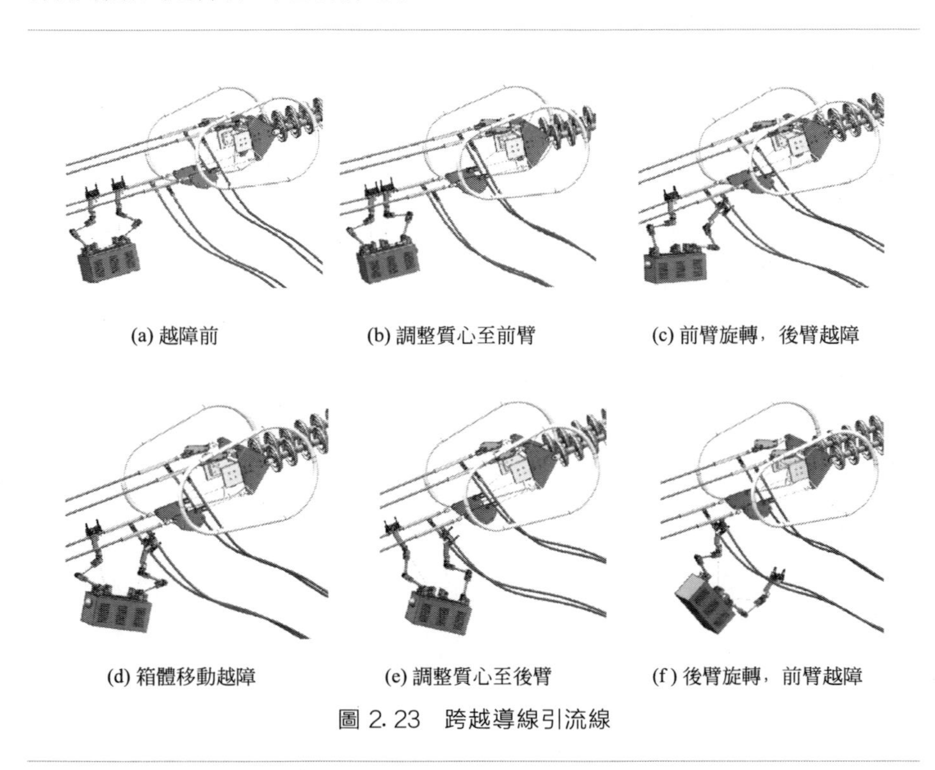

(a) 越障前　(b) 調整質心至前臂　(c) 前臂旋轉，後臂越障

(d) 箱體移動越障　(e) 調整質心至後臂　(f) 後臂旋轉，前臂越障

圖 2.23　跨越導線引流線

2.3.4 跨越地線耐張絕緣子串和鐵塔

機器人在地線上進行巡檢作業時，跨越防震錘、懸垂絕緣子串等障礙物時較容易，但跨越耐張絕緣子串和鐵塔時較困難。機器人跨越地線耐張絕緣子串和鐵塔時，由於鐵塔多為轉角鐵塔，故線路內側與外側有所不同。針對鐵塔地線障礙物環境，機器人可根據線路空間大小採用蠕動式越障或旋轉式越障方式。以跨越地線外側障礙物為例，因線路空間較小，機器人採用蠕動式越障方式跨越耐張絕緣子串和鐵塔的動作過程如圖 2.24 所示。由於障礙物很長，需要多次蠕動才能完成越障。越障後恢復行走狀態，繼續進行巡檢作業。

機器人跨越地線耐張絕緣子串和鐵塔時，夾持機構需要利用夾爪上半部分夾緊地線絕緣子串和鐵塔，與手臂協調動作完成越障。夾持機構夾緊耐張絕緣子串和鐵塔示意如圖 2.25 所示。

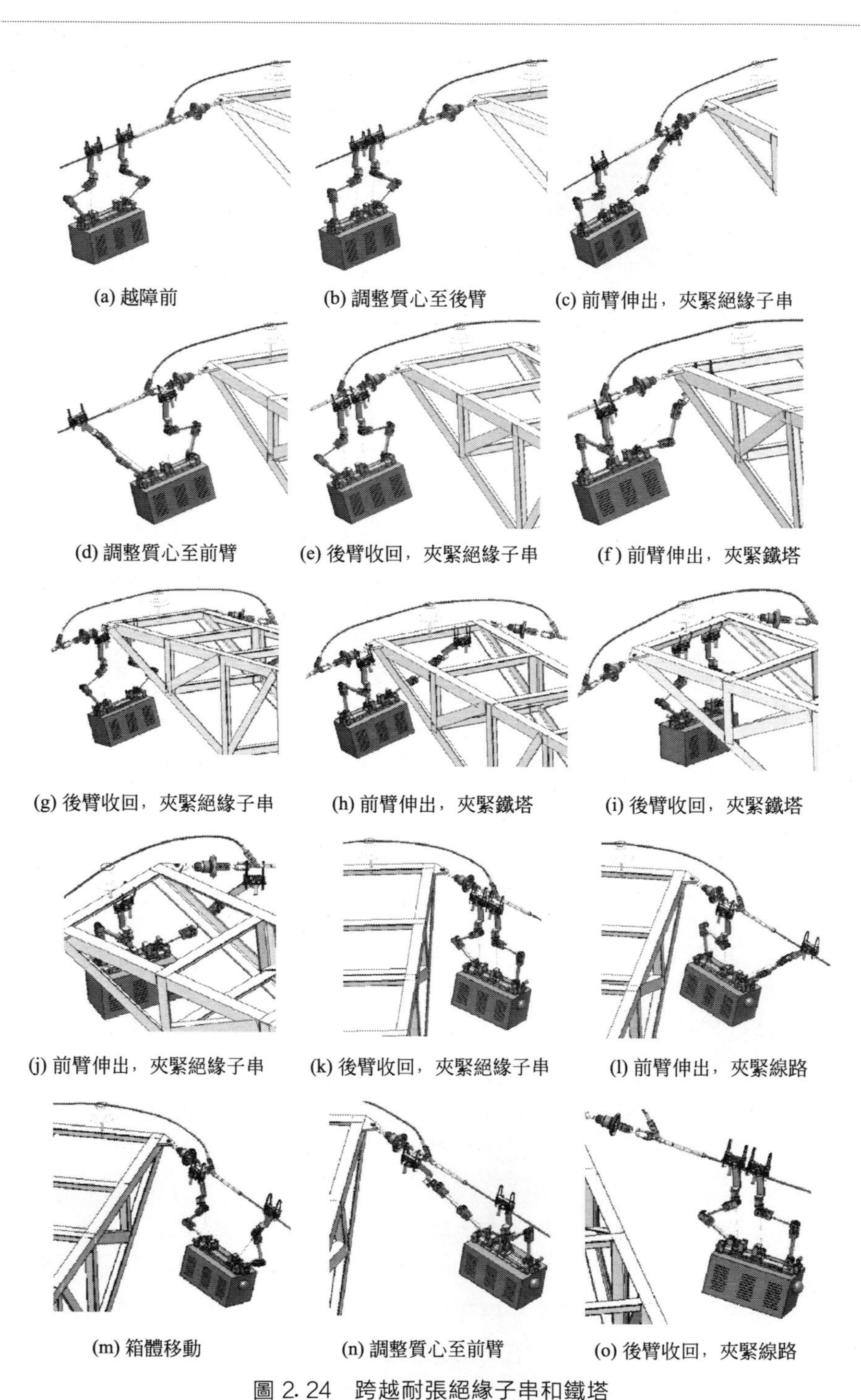
(a) 越障前
(b) 調整質心至後臂
(c) 前臂伸出，夾緊絕緣子串
(d) 調整質心至前臂
(e) 後臂收回，夾緊絕緣子串
(f) 前臂伸出，夾緊鐵塔
(g) 後臂收回，夾緊絕緣子串
(h) 前臂伸出，夾緊鐵塔
(i) 後臂收回，夾緊鐵塔
(j) 前臂伸出，夾緊絕緣子串
(k) 後臂收回，夾緊絕緣子串
(l) 前臂伸出，夾緊線路
(m) 箱體移動
(n) 調整質心至前臂
(o) 後臂收回，夾緊線路

圖 2.24 跨越耐張絕緣子串和鐵塔

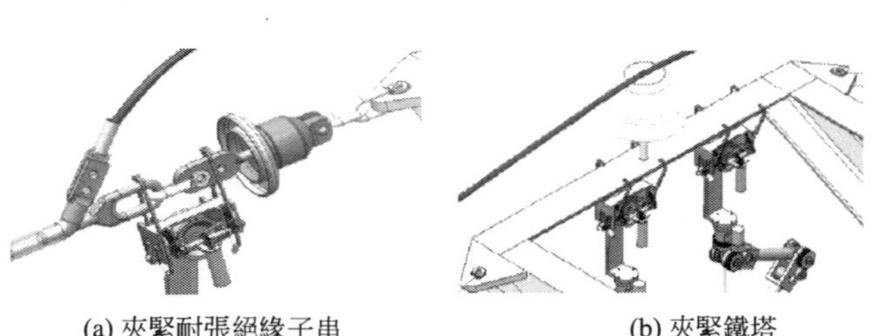

(a) 夾緊耐張絕緣子串　　(b) 夾緊鐵塔

圖 2.25　夾持機構夾緊耐張絕緣子串和鐵塔示意

2.3.5 機器人線路行走力學特性分析

由於架空輸電線路自重的作用，線路自然形成了懸垂線狀，線路與水平線之間的夾角 α 是不斷變化的，目前有些研究人員提出的雙臂巡檢機器人結構[24-27] 在線路適應方面存在某種不足。如圖 2.26 所示的手臂軸線與導軌垂直的雙臂巡檢機器人，在線路上行走時隨著線路夾角 α 的變化，需要隨時調整兩臂長度以使箱體水平，如圖 2.26(a)、(b) 所示，從而保證兩臂行走輪受力一致；否則，箱體傾斜將使前臂行走輪受力明顯大於後臂行走輪受力，線路角度較大時會出現後臂行走輪脫線現象，如圖 2.26(c) 所示。

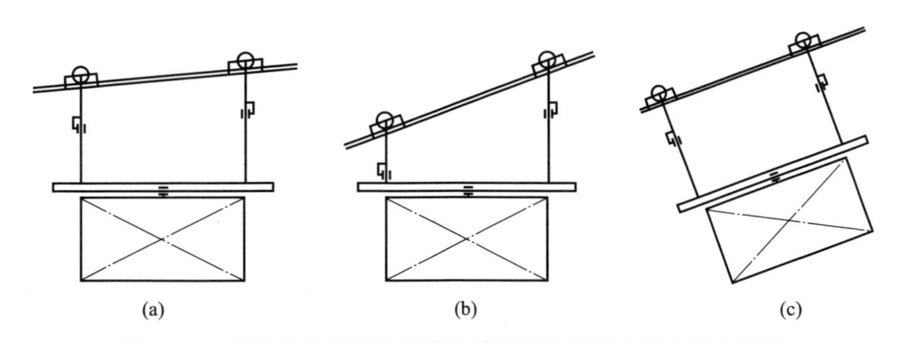

(a)　(b)　(c)

圖 2.26　手臂軸線與導軌垂直的雙臂巡檢機器人行走受力分析

雙臂巡檢機器人進行正常巡檢作業時，其手臂各關節處於放鬆狀態，兩臂透過肩關節與箱體鉸接，在線路上行走時，隨著線路夾角 α 的變化，由於肩關節與箱體鉸接且處於放鬆狀態，箱體傾斜而手臂保持垂直狀態，從而保證兩臂行走輪受力基本一致，如圖 2.27 所示，使得該機器人無須進行任何調整，就能夠很好地適應線路坡度的變化，簡化了機器人行走時的控制。

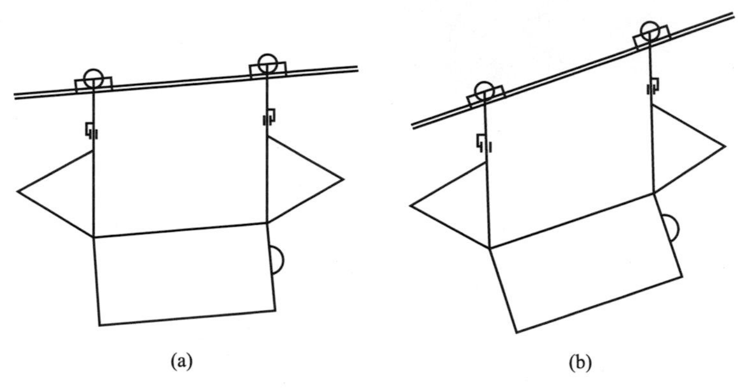

圖 2.27 雙臂巡檢機器人行走受力分析

由於輸電線路呈懸垂線狀，因此機器人在巡檢過程中，會出現上坡和下坡兩種情況。另外，機器人在輸電線路上行走時，會出現加速行走、勻速行走、減速行走和停止四種狀態，其中停止狀態時行走輪可不提供轉矩或提供較小的制動轉矩；加速行走、勻速行走和減速行走狀態時行走輪需要提供驅動轉矩或制動轉矩。由於線路懸垂形成的曲率半徑遠遠大於機器人兩臂之間的距離，因此可以認為兩臂之間的線路為直線。

(1) 機器人勻速行走

當巡檢機器人在輸電線路上勻速行走時，機器人行走輪驅動電動機提供轉矩，使機器人勻速行走，機器人各部分處於受力平衡狀態。

1) 機器人在上坡路段勻速行走

機器人在輸電線路的上坡路段勻速行走時，處於受力平衡狀態，兩隻手臂在機器人重力作用下自然下垂，此時機器人的受力狀態如圖 2.28(a) 所示，與停止在輸電線路上坡路段的受力狀態一致，因此可分析得到機器人前後手臂行走輪軸處的作用力為

$$\left.\begin{aligned} F_{\mathrm{F}}&=(m_1+m_2+m_3+m_5)g+m_0 g\frac{\sqrt{l^2+h^2}\cos(\theta-\alpha)}{2l\cos\alpha} \\ F_{\mathrm{B}}&=(m_1+m_2+m_3+m_5+m_0)g-m_0 g\frac{\sqrt{l^2+h^2}\cos(\theta-\alpha)}{2l\cos\alpha} \end{aligned}\right\} \tag{2.8}$$

式中，F_{F} 為機器人前手臂行走輪軸處的作用力，N；F_{B} 為機器人後手臂行走輪軸處的作用力，N；α 為輸電線路與水平面的夾角，(°)；θ

為 $\overline{O_{B1}G}$ 與箱體上表面的夾角，(°)；l 為箱體質心沿箱體上表面與肩關節的距離，mm；h 為箱體質心與箱體上表面的垂直距離，mm；O_{B1} 為機器人肩關節的中心；G 為機器人箱體的質心。

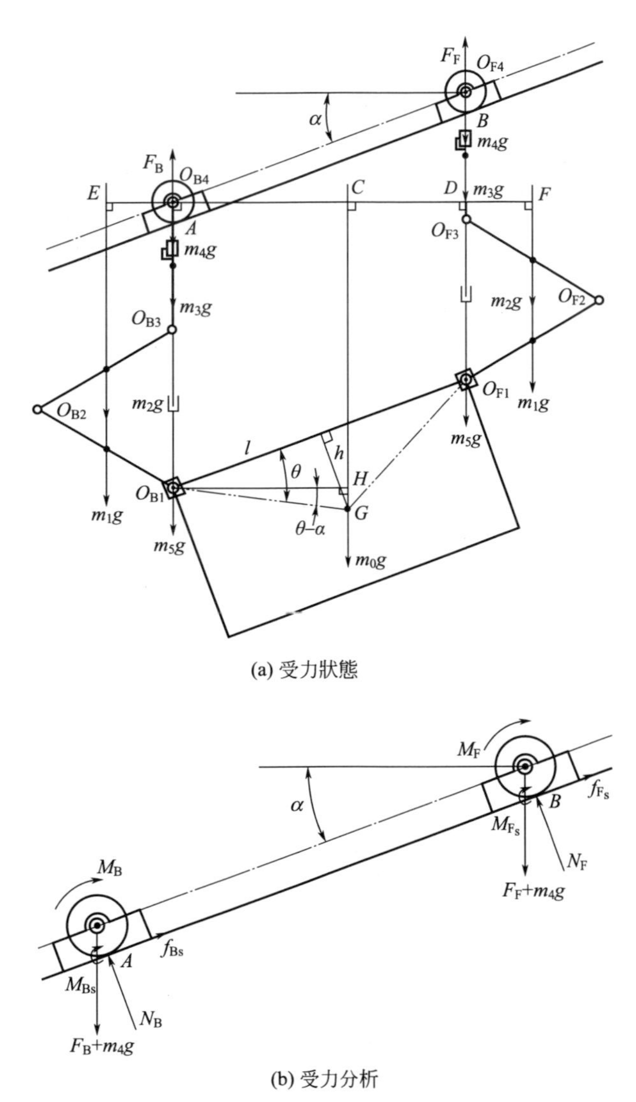

(a) 受力狀態

(b) 受力分析

圖 2.28　機器人勻速上坡時的受力狀態和受力分析

機器人在輸電線路的上坡路段勻速行走時，行走輪的驅動電動機提供上坡行走的驅動轉矩[35]，行走輪也處於受力平衡狀態，如圖 2.28(b) 所示，行走輪在驅動轉矩作用下勻速向前滾動。機器人前後手臂行走輪驅動電動機提供的驅動轉矩大小應滿足以下條件：

$$\left.\begin{aligned}&N_{F}=(F_{F}+m_{4}g)\cos\alpha\\&M_{Fc}=N_{F}\delta\\&f_{Fc}=(F_{F}+m_{4}g)\sin\alpha\\&M_{F}-M_{Fc}-f_{Fc}r=0\end{aligned}\right\}\tag{2.9}$$

$$\left.\begin{aligned}&N_{B}=(F_{B}+m_{4}g)\cos\alpha\\&M_{Bc}=N_{B}\delta\\&f_{Bc}=(F_{B}+m_{4}g)\sin\alpha\\&M_{B}-M_{Bc}-f_{Bc}r=0\end{aligned}\right\}\tag{2.10}$$

式中，N_F 為輸電線路對前臂行走輪的正壓力，N；N_B 為輸電線路對後臂行走輪的正壓力，N；f_{Fs} 為輸電線路對前臂行走輪的摩擦力，N；f_{Bs} 為輸電線路對後臂行走輪的摩擦力，N；M_{Fs} 為輸電線路對前臂行走輪的滾動摩阻力偶，N・m；M_{Bs} 為輸電線路對後臂行走輪的滾動摩阻力偶，N・m；M_F 為前臂行走輪驅動電動機的力矩，N・m；M_B 為後臂行走輪驅動電動機的力矩，N・m；δ 為輸電線路對行走輪的滾動摩阻係數；r 為行走輪的半徑，mm。

根據式(2.9) 和式(2.10) 可以求出機器人前後手臂行走輪驅動電動機提供的驅動轉矩分別為

$$\left.\begin{aligned}&M_{F}=(F_{F}+m_{4}g)(r\sin\alpha+\delta\cos\alpha)\\&M_{B}=(F_{B}+m_{4}g)(r\sin\alpha+\delta\cos\alpha)\end{aligned}\right\}\tag{2.11}$$

2）機器人在下坡路段勻速行走

機器人在輸電線路的下坡路段勻速行走時，處於受力平衡狀態，兩隻手臂在機器人重力作用下自然下垂，其機器人的受力狀態如圖 2.29(a) 所示，與機器人停止在輸電線路下坡路段的受力狀態一致，因此可分析得到機器人前後手臂行走輪軸處的作用力［式中參數含義同式(2.8)］：

$$\left.\begin{aligned}&F_{B}=(m_{1}+m_{2}+m_{3}+m_{5})g+m_{0}g\frac{\sqrt{l^{2}+h^{2}}\cos(\theta-\alpha)}{2l\cos\alpha}\\&F_{F}=(m_{1}+m_{2}+m_{3}+m_{5}+m_{0})g-m_{0}g\frac{\sqrt{l^{2}+h^{2}}\cos(\theta-\alpha)}{2l\cos\alpha}\end{aligned}\right\}\tag{2.12}$$

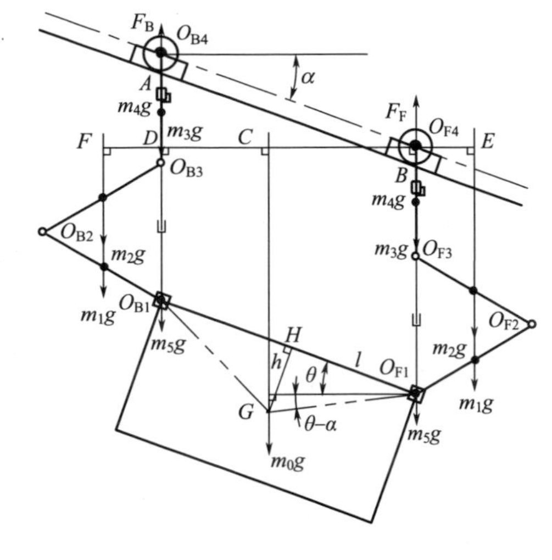

(a) 受力狀態

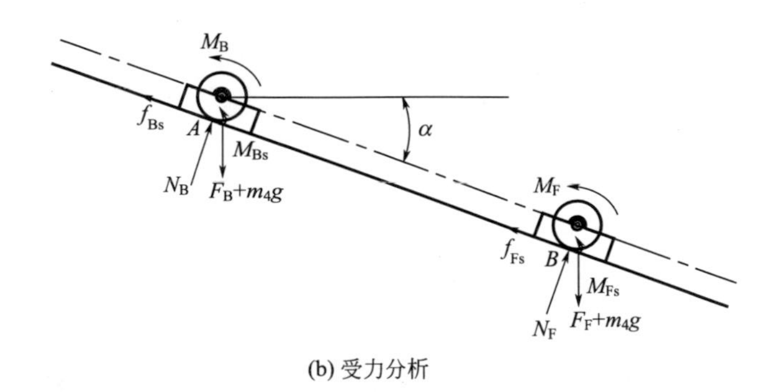

(b) 受力分析

圖 2.29 機器人勻速下坡時的受力狀態和受力分析

機器人在輸電線路的下坡路段勻速行走時，行走輪電動機提供阻礙機器人下滑的轉矩，行走輪也處於受力平衡狀態，如圖 2.29(b) 所示，行走輪勻速向前滾動，機器人前後手臂行走輪驅動電動機提供的驅動轉矩大小應滿足以下條件［式中參數含義同式(2.9) 和式(2.10)］：

$$\left.\begin{aligned} N_F &= (F_F + m_4 g)\cos\alpha \\ M_{Fc} &= N_F \delta \\ f_{Fc} &= (F_F + m_4 g)\sin\alpha \\ M_F + M_{Fc} - f_{Fc} r &= 0 \end{aligned}\right\} \tag{2.13}$$

$$\left.\begin{aligned}&N_{B}=(F_{B}+m_{4}g)\cos\alpha\\&M_{Bc}=N_{B}\delta\\&f_{Bc}=(F_{B}+m_{4}g)\sin\alpha\\&M_{B}+M_{Bc}-f_{Bc}r=0\end{aligned}\right\}\tag{2.14}$$

根據式(2.13) 和式(2.14) 可以求出機器人前後手臂行走輪驅動電動機提供的阻礙機器人下滑的轉矩分別為

$$\left.\begin{aligned}&M_{F}=(F_{F}+m_{4}g)(r\sin\alpha-\delta\cos\alpha)\\&M_{B}=(F_{B}+m_{4}g)(r\sin\alpha-\delta\cos\alpha)\end{aligned}\right\}\tag{2.15}$$

(2) 機器人加速行走

機器人在輸電線路上加速行走時，行走輪驅動電動機提供加速行走轉矩，機器人處於受力不平衡狀態，無論是上坡路段還是下坡路段，由於各關節均處於鬆弛狀態，在慣性作用下兩隻手臂均會向後傾斜一定角度，機器人的質量由兩臂柔索承擔。

1) 機器人在上坡路段加速行走

機器人在輸電線路的上坡路段加速行走時，由於慣性作用，手臂向後產生一定的傾角 β，傾角 β 的大小與機器人加速行走的加速度 a 的大小有關，加速度 a 越大，傾角 β 越大，此時受力狀態如圖 2.30(a) 所示。

根據圖 2.30(a) 所示的機器人在輸電線路上坡路段加速行走時的姿態，過後臂行走輪中心 O_{B4} 作一條垂直於手臂的直線，再過機器人各部分質心沿手臂傾斜方向作該直線的垂線，與該直線的垂足分別為 E、O_{B4}、C、D、F。

建立機器人在上坡路段加速行走時各部分質心的幾何關係表達式：

$$\left.\begin{aligned}&\overline{O_{B1}G}=\sqrt{l^{2}+h^{2}}\\&\overline{O_{B4}C}=\overline{O_{B1}H}=\overline{O_{B1}G}\cos\varphi\\&\overline{O_{B4}D}=2l\cos(\alpha+\beta)\\&\overline{O_{B4}E}=\overline{DF}\\&\theta=\arctan\frac{h}{l}\\&\beta=\arcsin\left[\frac{a}{g_{e}}\sin\left(\frac{\pi}{2}+\alpha\right)\right]\\&g_{e}=\sqrt{a^{2}+g^{2}-2ag\cos\left(\frac{\pi}{2}+\alpha\right)}\\&\varphi=\theta-\alpha-\beta\end{aligned}\right\}\tag{2.16}$$

式中，β 為機器人手臂傾斜角，(°)；a 為機器人沿線路前進加速度，m/s^2；g 為重力加速度，m/s^2；g_e 為機器人沿手臂方向的向下加速度，m/s^2。其餘參數含義同式(2.8)。

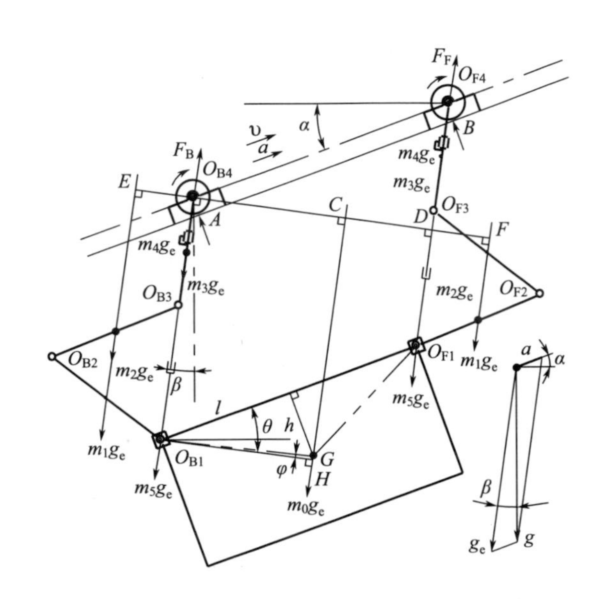

(a) 受力狀態

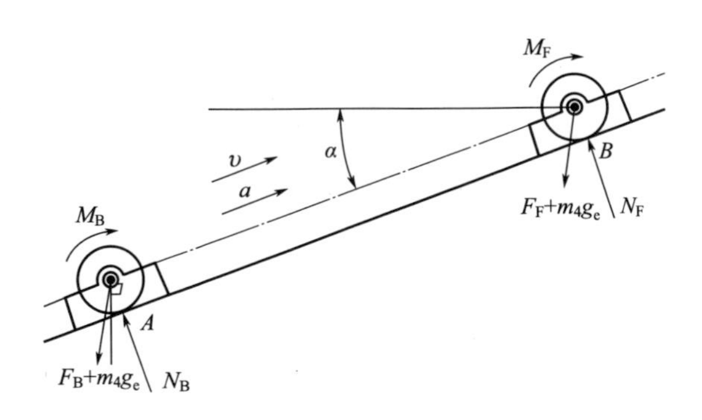

(b) 受力分析

圖 2.30　機器人在上坡路段加速行走時的受力狀態和受力分析

根據圖 2.30(a) 所示的機器人在線路上的姿態和受力情況，以及式(2.16) 所示的各部分質心的幾何關係表達式，建立機器人在上坡路段加速行走時兩臂行走輪輪軸受力平衡方程［式中參數含義同式(2.8)、式(2.9) 和式(2.16)］：

$$\left.\begin{array}{l}F_{\mathrm{F}}+F_{\mathrm{B}}=m_0 g_{\mathrm{e}}+2(m_1+m_2+m_3+m_5)g_{\mathrm{e}} \\ F_{\mathrm{F}}\overline{O_{\mathrm{B4}}D}-m_3 g_{\mathrm{e}}\overline{O_{\mathrm{B4}}D}-(m_1+m_2)g_{\mathrm{e}}(\overline{O_{\mathrm{B4}}D}+\overline{DF}) \\ -m_5 g_{\mathrm{e}}\overline{O_{\mathrm{B4}}D}-m_0 g_{\mathrm{e}}\overline{O_{\mathrm{B4}}C}+(m_1+m_2)g_{\mathrm{e}}\overline{O_{\mathrm{B4}}E}=0\end{array}\right\} \quad (2.17)$$

根據式(2.16)和式(2.17)，可以求出由機器人（不包含夾持機構）沿傾角β方向，前後手臂行走輪輪軸處產生的作用力分別為

$$\left.\begin{array}{l}F_{\mathrm{F}}=(m_1+m_2+m_3+m_5)g_{\mathrm{e}}+m_0 g_{\mathrm{e}}\dfrac{\sqrt{l^2+h^2}\cos(\theta-\alpha-\beta)}{2l\cos(\alpha+\beta)} \\ F_{\mathrm{B}}=(m_1+m_2+m_3+m_5+m_0)g_{\mathrm{e}}-m_0 g_{\mathrm{e}}\dfrac{\sqrt{l^2+h^2}\cos(\theta-\alpha-\beta)}{2l\cos(\alpha+\beta)}\end{array}\right\} \quad (2.18)$$

機器人在上坡路段加速行走時，行走輪電動機提供向上加速行走的轉矩，如圖2.30(b)所示，機器人前後手臂行走輪驅動電動機提供的驅動轉矩大小應滿足以下條件［式中參數含義同式(2.9)、式(2.10)和式(2.16)］：

$$\left.\begin{array}{l}N_{\mathrm{F}}=(F_{\mathrm{F}}+m_4 g_{\mathrm{e}})\cos(\alpha+\beta) \\ M_{\mathrm{Fa}}=N_{\mathrm{F}}\delta \\ f_{\mathrm{Fa}}=(F_{\mathrm{F}}+m_4 g_{\mathrm{e}})\sin(\alpha+\beta) \\ M_{\mathrm{F}}-M_{\mathrm{Fa}}-f_{\mathrm{Fa}}r=0\end{array}\right\} \quad (2.19)$$

$$\left.\begin{array}{l}N_{\mathrm{B}}=(F_{\mathrm{B}}+m_4 g_{\mathrm{e}})\cos(\alpha+\beta) \\ M_{\mathrm{Ba}}=N_{\mathrm{B}}\delta \\ f_{\mathrm{Ba}}=(F_{\mathrm{B}}+m_4 g_{\mathrm{e}})\sin(\alpha+\beta) \\ M_{\mathrm{B}}-M_{\mathrm{Ba}}-f_{\mathrm{Ba}}r=0\end{array}\right\} \quad (2.20)$$

根據式(2.19)和式(2.20)可以求出機器人前後手臂行走輪驅動電動機提供的驅動轉矩分別為

$$\left.\begin{array}{l}M_{\mathrm{F}}=(F_{\mathrm{F}}+m_4 g_{\mathrm{e}})[r\sin(\alpha+\beta)+\delta\cos(\alpha+\beta)] \\ M_{\mathrm{B}}=(F_{\mathrm{B}}+m_4 g_{\mathrm{e}})[r\sin(\alpha+\beta)+\delta\cos(\alpha+\beta)]\end{array}\right\} \quad (2.21)$$

2）機器人在下坡路段加速行走

機器人在輸電線路的下坡路段加速行走時，行走輪電動機提供加速

行走轉矩，由於慣性作用，手臂也會向後產生一定的傾角 β，且加速度 a 越大，傾角 β 越大，此時的受力狀態如圖 2.31(a) 所示。

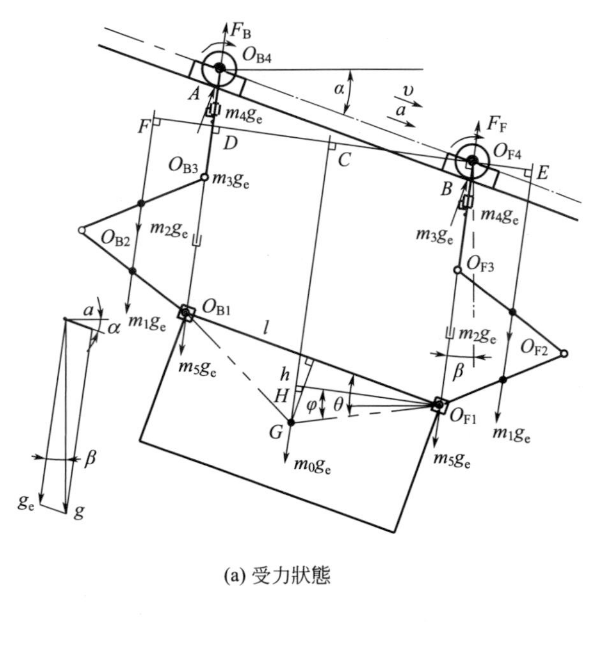

(a) 受力狀態

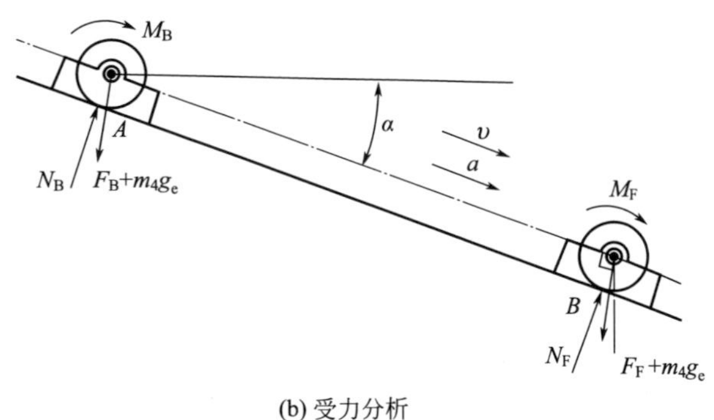

(b) 受力分析

圖 2.31　機器人在下坡路段加速行走時的受力狀態和受力分析

根據圖 2.31(a) 所示的機器人在輸電線路下坡路段加速行走時的姿態，過前臂行走輪中心 O_{F4} 作一條垂直於手臂的直線，再過機器人各部分質心沿手臂傾斜方向作該直線的垂線，與該直線的垂足分別為 E、O_{F4}、C、D、F，據此建立機器人在上坡路段加速行走時各部分質心的幾何關係表達式［式中參數含義同式(2.16)］：

$$\left.\begin{aligned}
&\overline{O_{F1}G}=\sqrt{l^2+h^2}\\
&\overline{O_{F4}C}=\overline{O_{F1}H}=\overline{O_{F1}G}\cos\varphi\\
&\overline{O_{F4}D}=2l\cos(\alpha-\beta)\\
&\overline{O_{F4}E}=\overline{DF}\\
&\theta=\arctan\frac{h}{l}\\
&\beta=\arcsin\left[\frac{a}{g_e}\sin\left(\frac{\pi}{2}-\alpha\right)\right]\\
&g_e=\sqrt{a^2+g^2-2ag\cos\left(\frac{\pi}{2}-\alpha\right)}\\
&\varphi=\theta-\alpha+\beta
\end{aligned}\right\}\tag{2.22}$$

根據圖 2.31(a) 所示的機器人在線路上的姿態和受力情況，以及式(2.22) 所示的各部分質心的幾何關係表達式，建立機器人在上坡路段加速行走時兩臂行走輪輪軸受力平衡方程［式中參數含義同式(2.17)］：

$$\left.\begin{aligned}
&F_F+F_B=m_0g_e+2(m_1+m_2+m_3+m_5)g_e\\
&F_B\overline{O_{F4}D}-m_3g_e\overline{O_{F4}D}-(m_1+m_2)g_e(\overline{O_{F4}D}+\overline{DF})\\
&-m_5g_e\overline{O_{F4}D}-m_0g_e\overline{O_{F4}C}+(m_1+m_2)g_e\overline{O_{F4}E}=0
\end{aligned}\right\}\tag{2.23}$$

根據式(2.22) 和式(2.23)，可以求出由機器人（不包含夾持機構）沿傾角 β 方向，前後手臂行走輪輪軸處產生的作用力分別為

$$\left.\begin{aligned}
&F_B=(m_1+m_2+m_3+m_5)g_e+m_0g_e\frac{\sqrt{l^2+h^2}\cos(\theta-\alpha+\beta)}{2l\cos(\alpha-\beta)}\\
&F_F=(m_1+m_2+m_3+m_5+m_0)g_e-m_0g_e\frac{\sqrt{l^2+h^2}\cos(\theta-\alpha+\beta)}{2l\cos(\alpha-\beta)}
\end{aligned}\right\}\tag{2.24}$$

機器人在下坡路段加速行走時，行走輪電動機提供向下加速行走的轉矩，如圖 2.31(b) 所示，機器人前後手臂行走輪驅動電動機提供的驅動轉矩大小應滿足以下條件［式中參數含義同式(2.19) 和式(2.20)］：

$$\left.\begin{aligned}
&N_F=(F_F+m_4g_e)\cos(\alpha-\beta)\\
&M_{Fa}=N_F\delta\\
&f_{Fa}=(F_F+m_4g_e)\sin(\alpha-\beta)\\
&M_F-M_{Fa}-f_{Fa}r=0
\end{aligned}\right\}\tag{2.25}$$

$$
\left.\begin{aligned}
&N_{B}=(F_{B}+m_{4}g_{e})\cos(\alpha-\beta)\\
&M_{Ba}=N_{B}\delta\\
&f_{Ba}=(F_{B}+m_{4}g_{e})\sin(\alpha-\beta)\\
&M_{B}-M_{Ba}-f_{Ba}r=0
\end{aligned}\right\}\tag{2.26}
$$

根據式(2.25)和式(2.26)可以求出機器人前後手臂行走輪驅動電動機提供的驅動轉矩分別為

$$
\left.\begin{aligned}
&M_{F}=(F_{F}+m_{4}g_{e})[r\sin(\alpha-\beta)+\delta\cos(\alpha-\beta)]\\
&M_{B}=(F_{B}+m_{4}g_{e})[r\sin(\alpha-\beta)+\delta\cos(\alpha-\beta)]
\end{aligned}\right\}\tag{2.27}
$$

(3) 機器人減速行走

機器人在輸電線路上減速行走時，行走輪驅動電動機提供制動行走轉矩，機器人處於受力不平衡狀態，無論是上坡路段還是下坡路段，由於各關節均處於鬆弛狀態，在慣性作用下，兩隻手臂均會向前傾斜一定的角度，機器人的質量由兩臂柔索承擔。

1) 機器人在上坡路段減速行走

機器人在輸電線路的上坡路段減速行走時，由於慣性作用，手臂向前產生一定的傾角 β，傾角 β 的大小與機器人減速行走的加速度 a 的大小有關，加速度 a 越大，傾角 β 越大，此時的受力狀態如圖 2.32(a) 所示。

根據圖 2.32(a) 所示的機器人在輸電線路上坡路段減速行走時的姿態，過後臂行走輪中心 O_{B4} 作一條垂直於手臂的直線，再過機器人各部分質心沿手臂傾斜方向作該直線的垂線，與該直線的垂足分別為 E、O_{B4}、C、D、F，據此建立機器人在上坡路段減速行走時各部分質心的幾何關係表達式［式中參數含義同式(2.16)］：

$$
\left.\begin{aligned}
&\overline{O_{B1}G}=\sqrt{l^{2}+h^{2}}\\
&\overline{O_{B4}C}=\overline{O_{B1}H}=\overline{O_{B1}G}\cos\varphi\\
&\overline{O_{B4}D}=2l\cos(\alpha-\beta)\\
&\overline{O_{B4}E}=\overline{DF}\\
&\theta=\arctan\frac{h}{l}\\
&\beta=\arcsin\left[\frac{a}{g_{e}}\sin\left(\frac{\pi}{2}-\alpha\right)\right]\\
&g_{e}=\sqrt{a^{2}+g^{2}-2ag\cos\left(\frac{\pi}{2}-\alpha\right)}\\
&\varphi=\theta-\alpha+\beta
\end{aligned}\right\}\tag{2.28}
$$

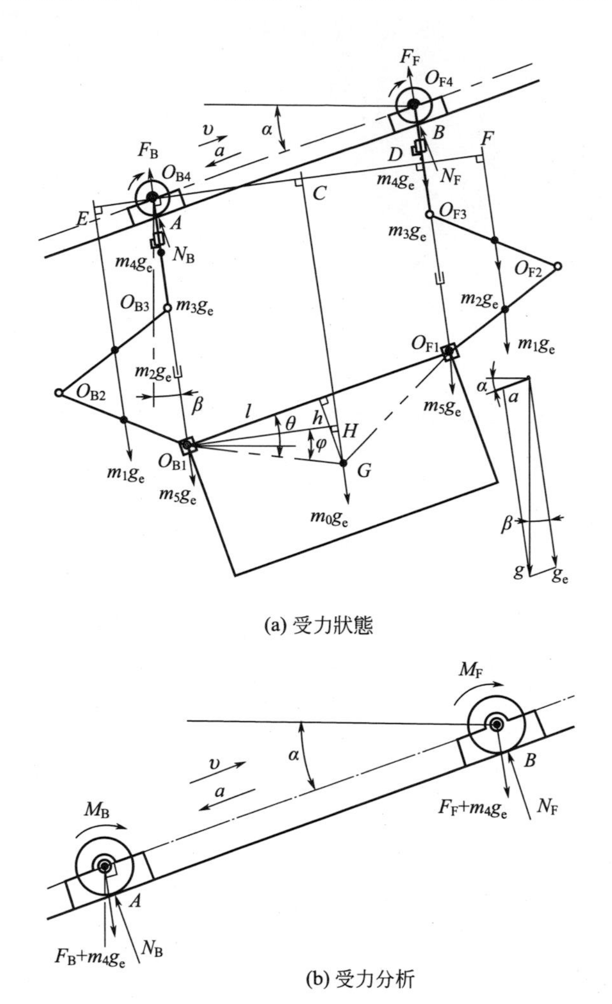

(a) 受力狀態

(b) 受力分析

圖 2.32　機器人在上坡路段減速行走時的受力狀態和受力分析

根據圖 2.32(a) 所示的機器人在線路上的姿態和受力情況，以及式(2.28) 所示的各部分質心的幾何關係表達式，建立機器人在上坡路段加速行走時兩臂行走輪輪軸受力平衡方程［式中參數含義同式(2.17)］：

$$\left.\begin{aligned}&F_F+F_B=m_0g_e+2(m_1+m_2+m_3+m_5)g_e\\&F_F\overline{O_{B4}D}-m_3g_e\overline{O_{B4}D}-(m_1+m_2)g_e(\overline{O_{B4}D}+\overline{DF})\\&-m_5g_e\overline{O_{B4}D}-m_0g_e\overline{O_{B4}C}+(m_1+m_2)g_e\overline{O_{B4}E}=0\end{aligned}\right\}\tag{2.29}$$

根據式(2.28) 和式(2.29)，可以求出由機器人（不包含夾持機構）

沿傾角 β 方向，前後手臂行走輪輪軸處產生的作用力分別為

$$\left.\begin{aligned} F_{\mathrm{F}}&=(m_1+m_2+m_3+m_5)g_{\mathrm{e}}+m_0g_{\mathrm{e}}\frac{\sqrt{l_0^2+h^2}\cos(\theta-\alpha+\beta)}{2l_0\cos(\alpha-\beta)} \\ F_{\mathrm{B}}&=(m_1+m_2+m_3+m_5+m_0)g_{\mathrm{e}}-m_0g_{\mathrm{e}}\frac{\sqrt{l_0^2+h^2}\cos(\theta-\alpha+\beta)}{2l_0\cos(\alpha-\beta)} \end{aligned}\right\} \tag{2.30}$$

機器人在上坡路段減速行走時，行走輪電動機提供向上減速行走的制動轉矩，如圖 2.32(b) 所示，機器人前後手臂行走輪驅動電動機提供的制動轉矩大小應滿足以下條件［式中參數含義同式(2.19) 和式(2.20)］：

$$\left.\begin{aligned} N_{\mathrm{F}}&=(F_{\mathrm{F}}+m_4g_{\mathrm{e}})\cos(\alpha-\beta) \\ M_{\mathrm{Fd}}&=N_{\mathrm{F}}\delta \\ f_{\mathrm{Fd}}&=(F_{\mathrm{F}}+m_4g_{\mathrm{e}})\sin(\alpha-\beta) \\ M_{\mathrm{F}}&-M_{\mathrm{Fd}}-f_{\mathrm{Fd}}r=0 \end{aligned}\right\} \tag{2.31}$$

$$\left.\begin{aligned} N_{\mathrm{B}}&=(F_{\mathrm{B}}+m_4g_{\mathrm{e}})\cos(\alpha-\beta) \\ M_{\mathrm{Bd}}&=N_{\mathrm{B}}\delta \\ f_{\mathrm{Bd}}&=(F_{\mathrm{B}}+m_4g_{\mathrm{e}})\sin(\alpha-\beta) \\ M_{\mathrm{B}}&-M_{\mathrm{Bd}}-f_{\mathrm{Bd}}r=0 \end{aligned}\right\} \tag{2.32}$$

根據式(2.31) 和式(2.32) 可以求出機器人前後手臂行走輪驅動電動機提供的制動轉矩分別為

$$\left.\begin{aligned} M_{\mathrm{F}}&=(F_{\mathrm{F}}+m_4g_{\mathrm{e}})[r\sin(\alpha-\beta)+\delta\cos(\alpha-\beta)] \\ M_{\mathrm{B}}&=(F_{\mathrm{B}}+m_4g_{\mathrm{e}})[r\sin(\alpha-\beta)+\delta\cos(\alpha-\beta)] \end{aligned}\right\} \tag{2.33}$$

2）機器人下坡路段減速行走

機器人在輸電線路的下坡路段減速行走時，行走輪電動機提供減速行走制動轉矩，由於慣性作用，手臂也會向前產生一定的傾角 β，且加速度 a 越大，傾角 β 越大，此時的受力狀態如圖 2.33(a) 所示。

根據圖 2.33(a) 所示的機器人在輸電線路下坡路段減速行走時的姿態，過前臂行走輪中心 O_{F4} 作一條垂直於手臂的直線，再過機器人各部分質心沿手臂傾斜方向作該直線的垂線，與該直線的垂足分別為 E、O_{F4}、C、D、F，據此建立機器人在下坡路段減速行走時各部分質心的幾何關係表達式：

$$\left.\begin{aligned}
&\overline{O_{F1}G}=\sqrt{l^2+h^2}\\
&\overline{O_{F4}C}=\overline{O_{F1}H}=\overline{O_{F1}G}\cos\varphi\\
&\overline{O_{F4}D}=2l\cos(\alpha+\beta)\\
&\overline{O_{F4}E}=\overline{DF}\\
&\theta=\arctan(h/l)\\
&\beta=\arcsin\left[a/g_e\sin(\pi/2+\alpha)\right]\\
&g_e=\sqrt{a^2+g^2-2ag\cos(\pi/2+\alpha)}\\
&\varphi=\theta-\alpha-\beta
\end{aligned}\right\}\tag{2.34}$$

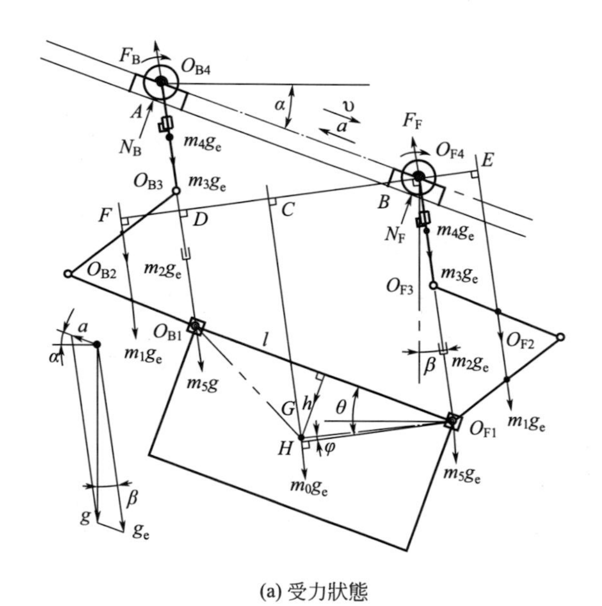

(a) 受力狀態

(b) 受力分析

圖 2.33　機器人在下坡路段減速行走時的受力狀態和受力分析

根據圖 2.33(a) 所示的機器人在線路上的姿態和受力情況，以及式(2.34) 所示的各部分質心的幾何關係表達式，建立機器人在下坡路段減速行走時兩臂行走輪輪軸受力平衡方程［式中參數含義同式(2.17)］：

$$\left.\begin{aligned}&F_F+F_B=m_0g_e+2(m_1+m_2+m_3+m_5)g_e\\&F_B\overline{O_{F4}D}-m_3g_e\overline{O_{F4}D}-(m_1+m_2)g_e(\overline{O_{F4}D}+\overline{DF})\\&-m_5g_e\overline{O_{F4}D}-m_0g_e\overline{O_{F4}C}+(m_1+m_2)g_e\overline{O_{F4}E}=0\end{aligned}\right\}\tag{2.35}$$

根據式(2.34) 和式(2.35)，可以求出由機器人（不包含夾持機構）沿傾角 β 方向，前後手臂行走輪輪軸處產生的作用力分別為

$$\left.\begin{aligned}F_B&=(m_1+m_2+m_3+m_5)g_e+m_0g_e\frac{\sqrt{l^2+h^2}\cos(\theta-\alpha-\beta)}{2l\cos(\alpha+\beta)}\\F_F&=(m_1+m_2+m_3+m_5+m_0)g_e-m_0g_e\frac{\sqrt{l^2+h^2}\cos(\theta-\alpha-\beta)}{2l\cos(\alpha+\beta)}\end{aligned}\right\}\tag{2.36}$$

機器人在下坡路段減速行走時，行走輪電動機提供向下減速行走的制動轉矩，如圖 2.33(b) 所示，機器人前後手臂行走輪驅動電動機提供的制動轉矩大小應滿足以下條件［式中參數含義同式(2.19) 和式(2.20)］：

$$\left.\begin{aligned}&N_F=(F_F+m_4g_e)\cos(\alpha+\beta)\\&M_{Fd}=N_F\delta\\&f_{Fd}=(F_F+m_4g_e)\sin(\alpha+\beta)\\&M_F-M_{Fd}-f_{Fd}r=0\end{aligned}\right\}\tag{2.37}$$

$$\left.\begin{aligned}&N_B=(F_B+m_4g_e)\cos(\alpha+\beta)\\&M_{Bd}=N_B\delta\\&f_{Bd}=(F_B+m_4g_e)\sin(\alpha+\beta)\\&M_B-M_{Bd}-f_{Bd}r=0\end{aligned}\right\}\tag{2.38}$$

根據式(2.37) 和式(2.38) 可以求出機器人前後手臂行走輪驅動電動機提供的制動轉矩分別為

$$\left.\begin{aligned}M_F&=(F_F+m_4g_e)[r\sin(\alpha+\beta)+\delta\cos(\alpha+\beta)]\\M_B&=(F_B+m_4g_e)[r\sin(\alpha+\beta)+\delta\cos(\alpha+\beta)]\end{aligned}\right\}\tag{2.39}$$

參考文獻

[1] 張運楚，梁自澤，譚民. 架空電力線路巡線機器人的研究綜述[J]. 機器人，2004，26（5）：467-473.

[2] Montambault S，Cote J，St.Louis. Preliminary results on the development of a teleoperated compact trolley for live-line working[C]. Proceeding of the 2000 IEEE 9th International Conference on Transmission and Distribution Construction，Operation and Live-line Maintenance. Montreal：Canada，2000：21-27.

[3] Montambault S，Pouliot N.The HQ LineROVer：contributing to innovation in transmission line maintenance [C]. Proceedings of the 2003 IEEE 10th International Conference on Transmission and Distribution Construction，Operation and Live-line Maintenance. Orlando：USA，2003：3-40.

[4] Nicolas Pouliot，Serge Montambault. Line Scout Technology：From Inspection to Robotic Maintenance on Live Transmission Power Lines [C]. 2009 IEEE International Conference on Robotics and Automation Kobe International Conference Center. Kobe，Japan，2009：1034-1040.

[5] Janos Toth，Nicolas Pouliot，Serge Montambault. Field Experiences Using LineScout Technology on Large BC Transmission Crossings[C]. International Conference on Applied Robotics for the Power Industry，2010（12）.

[6] Paulo Debenest，Michele Guarnieri，Kensuke Takita，et al. Expliner-robot for Inspection of Transmission Lines[C]. EEE International Conference on Robotics and Automation Pasadena. CA，USA，2008：3978-3984.

[7] Paulo Debenest，Michele Guarnieri. Expliner-From Prototype Towards a Practical Robot for Inspection of High-Voltage Lines [C]，International Conference on Applied Robotics for the Power Industry，2010（12）：1-6.

[8] Trevor Lorimer，Ed Boje. A Simple Robot Manipulator able to Negotiate Power Line Hardware[C]. 2nd International Conference on Applied Robotics for the Power Industry，ETH Zurich，Switzerland，2012：136-141.

[9] Timothy Rowell，Ed Boje. Obstacle Avoidance for a Power Line Inspection Robot[C]. 2nd International Conference on Applied Robotics for the Power Industry，ETH Zurich，Switzerland，2012.

[10] 吳功平，戴錦春，郭應龍. 具有自動越障功能的高壓巡檢小車[J]. 水利電力機械，1999（1）：46-49.

[11] 吳功平，肖曉暉，郭應龍，等. 架空高壓輸電線自動爬行機器人的研製[J]. 中國機械工程，2006，17（3）：237-240.

[12] 吳功平，曹珩，皮淵，等. 高壓多分裂輸電線路自主巡檢機器人及其應用[J]. 武漢大學學報（工學版），2012，45（1）：96-102.

[13] 趙鳳華. 武漢大學研製自主巡線機器人

[N].中國技術市場報，2011，6(24).

[14] 付雙飛，王洪光，房立金，等.超高壓輸電線路巡檢機器人越障控制問題的研究[J]. 機器人，2005，27(4)：341-346.

[15] 孫翠蓮，王洪光，王魯單，等. 一種改進的超高壓輸電線路巡檢機器人越障方法[J]. 機器人，2006，28（4）：379-384.

[16] Wang Hongguang，Jiang Yong，Liu Aihua，et al. Research of Power Transmission Line Maintenance Robots in SIACAS[C]. 2010 1st International Conference on Applied Robotics for the Power Industry. Canada，2010.

[17] http：//www.cas.cn/ky/kyjz/200604/t20060427_1032421.shtml.

[18] 張廷羽，張國賢，金健. 高壓線巡檢機器人動力學建模及分析[J]. 系統模擬學報 2008，20(18)：4982-4986.

[19] 張維磊，張國賢，林海濱，等. 一種新型巡檢機器人的結構設計與運動學分析[J]. 機械設計，2010，27(12)：50-52.

[20] 任志斌，阮毅. 輸電線路巡檢機器人越障方法的研究與實現[J]. 中北大學學報，2011，32(3)：280-285.

[21] Ludan Wang，Sheng Cheng，Jianwei Zhang. Development of a Line-Walking Mechanism for Power Transmission Line Inspection Purpose[C]. The 2009 IEEE/RSJ International Conference on Intelligent Robots and Systems. St. Louis，USA，2009.

[22] Ludan Wang，Fei Liu，Shaoqiang Xu，et al. Design and Analysis of a Line-Walking Robot for Power Transmission Line Inspection[C]. Proceedings of the 2010 IEEE International Conference on Information and Automation. Haerbin，China，2010.

[23] Ludan Wang，Fei Liu，Zhen Wang，et al. Development of a Novel Power Transmission Line Inspection Robot[C]. 2010 1st International Conference on Applied Robotics for the Power Industry Delta Centre-Ville. Montreal，Canada，2010.

[24] 孫翠蓮，趙明揚，王洪光. 風荷載下越障巡檢機器人結構參數最佳化[J]. 機械工程學報，2010，46(7)：16-21.

[25] Hongguang Wang，Fei Zhang，Yong Jiang. Development of an Inspection Robot for 500kV EHV Power Transmission Lines[C]. The 2010 IEEE/RSJ International Conference on Intelligent Robots and Systems. Taipei，Taiwan，2010：5107-5112.

[26] 嚴宇，吳功平，楊展，等.基於模型的巡線機器人無碰避障方法研究[J]. 武漢大學學報（工學版），2013，46（2）：261-265.

[27] Cheng Li，Gongping Wu，Heng Cao. The Research on Mechanism，Kinematics and Experiment of 220kV Double-Circuit Transmission Line Inspection Robot[C]. ICIRA 2009，LNAI 5928，2009：1146-1155.

[28] 訾斌，朱真才，曹建斌. 混合驅動柔索並聯機器人的設計與分析[J]. 機械工程學報，2011，47(17)：1-8.

[29] 劉傑，寧柯軍，趙明揚. 一種新型柔索驅動並聯機器人的模型樣機[J]. 東北大學學報（自然科學版），2002，23（10）：988-991.

[30] 蔡自興. 機器人學[M].第 2 版. 北京：清華大學出版社，2009.

[31] 於靖軍，劉辛軍，丁希侖，等. 機器人機構學的數學基礎[M]. 北京：機械工業出版社，2009.

[32] 杜敬利，保宏，崔傳貞. 基於等效模型的索牽引並聯機器人的剛度分析[J]. 工程力學，2011，28(5)：194-199.

[33] 房立金，王洪光. 架空線移動機器人行走

越障特點[J]. 智慧系統學報，2010，5（36）：462-497.

[34] 房立金. 架空線移動機器人主被動混合控制[J]. 華中科技大學學報（自然科學版），2011，(39)：5-9.

[35] 封尚，章合滛，薛建彬，等. 線纜巡線機器人機械結構設計及動力學分析[J]. 機械與電子，2013，12(12)：70-74.

第3章

多節式攀爬機器人

3.1 機器人構型及越障原理

多節式機器人是指由多個單元機構串聯所組成的一類機器人，一般情況下，串聯單元個數大於或等於 4 個。具備攀爬能力的多節式機器人稱為多節式攀爬機器人，廣泛應用於各類巡檢及避障作業環境，多採用仿生（蛇、蚯蚓、蜈蚣等）結構形式，在災難救援、架空輸電線路巡檢、極限環境操作等工況中有良好的應用前景。本章主要介紹一種新型的多節式架空輸電線路巡檢機器人的越障機理、結構設計及越障過程規劃與控制。

3.1.1 研究現狀

（1）多節式機器人的分類

多節式機器人按工作方式可以分為尾部支撐首部工作和首尾交替支撐工作兩大類。

① 尾部支撐首部工作的多節式機器人具有固定的支撐基座或可等效為固定基座的移動平臺，尾部與基座連接，首部用來檢測、抓持、越障等，一般不具備攀爬能力。機器人的控制、電源、驅動系統多安裝於尾部平臺，機器人手臂質量小，可以依靠地面或高空固定平臺供電設備直接供電。該類機器人多用於近距離作業或基於移動平臺的移動作業，機器人本身不具備首尾切換互為支撐端作業能力，因此整機攀爬和越障能力差。典型的有 Perrot Yann 等設計的核工業操作長臂機器人[1,2]、Alon Wolf 等設計的救援機器人系統[3]、Zun Wu 等設計的隧道檢測機器人系統[4] 等。

② 首尾交替支撐工作的多節式機器人的首尾兩端可交替作為支撐端進行移動、攀爬、巡檢、越障作業，該類機器人一般採用蠕動式越障方式。機器人的控制、電源及驅動系統均安裝於機器人手臂本體上。該類機器人可用於代替工人實現遠程架空移動、越障、攀爬、檢測、簡單維護等任務。典型的有 Yisheng Guan 等設計的雙足式攀爬機器人[5-7]、Mahmoud Tavakoli 等設計的工業管路檢測機器人[8] 及本章提出的多節式架空線移動攀爬機器人等。

首尾交替支撐工作的多節式攀爬機器人具備較強的攀爬移動能力，與尾部支撐首部工作的結構相比具有更強的環境適應能力和更好的靈活性。根據結構的不同，首尾交替支撐工作的多節式攀爬機器人的越障過程又可分為首尾夾持式越障和多點夾持式越障兩大類。

(2) 多節式架空線攀爬機器人的研究現狀

目前，架空線移動環境是多節式攀爬機器人的主要目標應用場景之一。1989 年，日本 NTT 公司的 Shin-ichi Aoshima 等提出了一種具有轉向越障功能的六臂多節式架空線移動機器人結構[9]。該結構原理上可用於電話線路或輸電線路的巡檢，由 6 個具有升降臂和行走輪的單元串聯組成，單元間由水平轉動關節連接，越障時各個手臂按順序越過障礙。六臂多節式攀爬機器人的越障過程如圖 3.1 所示。機器人採用行進式越障方案，兩手臂在線距離無法改變，越障能力受限，且未考慮側向越障時的重力平衡問題。

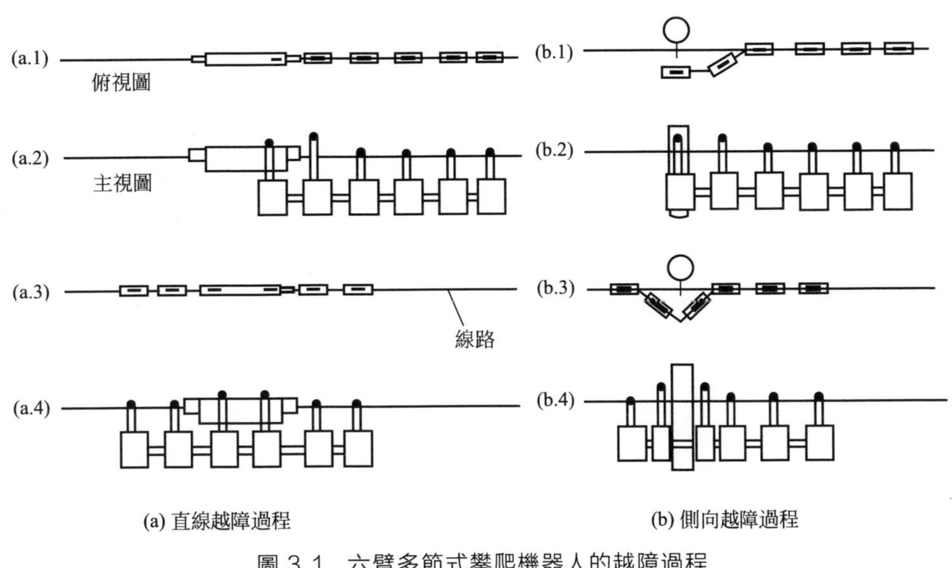

圖 3.1 六臂多節式攀爬機器人的越障過程

1990 年，日本法政大學的 Hideo Nakamura 等研製出了列車電纜巡檢機器人（圖 3.2）[10]。該機器人採用多節分體式結構和「頭部決策、尾部跟隨」的蛇形運動模式，沿電纜的平穩爬行速度可達 0.1m/s。機器人除第一個和最後一個關節外，每個關節都有兩個驅動電動機，一個用來進行機器人的行進驅動，另一個用來調節機器人每個關節之間的角度。該機器人採用磁鎖系統，具有自我保護功能。當遇到障礙物時，小車上的電磁鐵通電，打開磁鎖，驅動電動機同時改變兩側的關節角，使其能夠越過障礙。

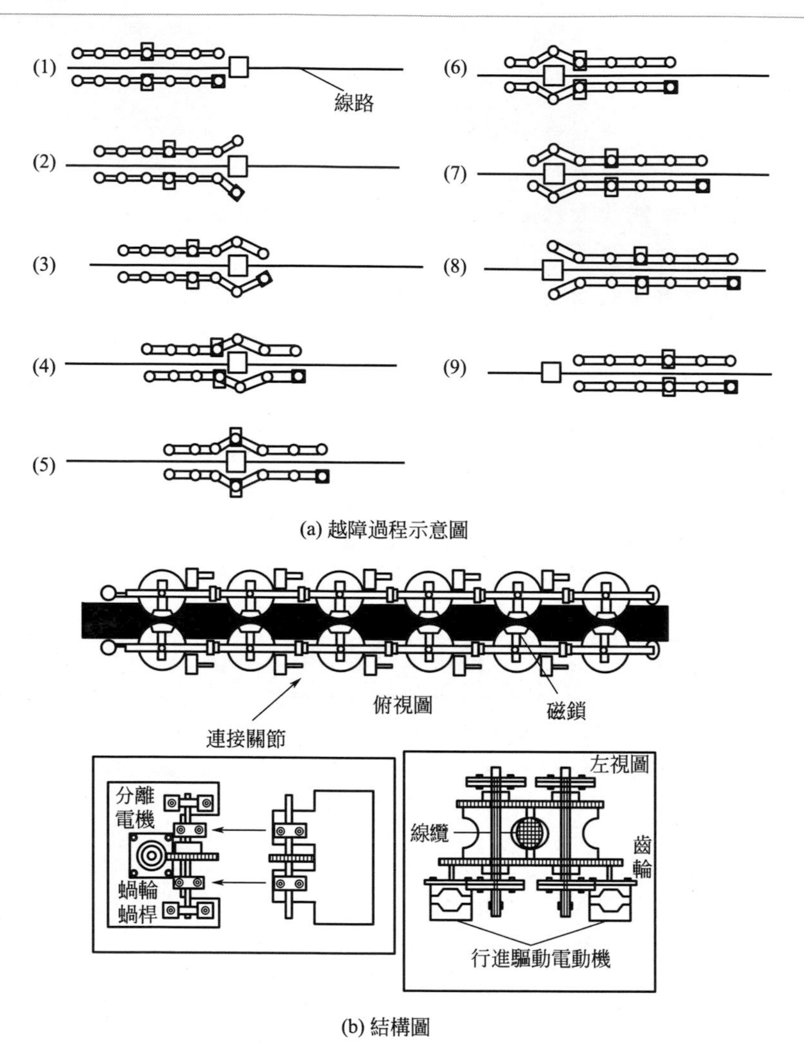

(a) 越障過程示意圖

(b) 結構圖

圖 3.2　列車電纜巡檢機器人

架空線環境可能存在多種障礙，如輸電線路需安裝多種電力金具，同時存在多種俯仰轉角及水平轉角，機器人必須具備跨越典型障礙和適應線路角度的能力。多節式攀爬機器人能很好地解決越障及在線轉向問題，同時不存在單手臂掛線越障情況，越障過程穩定。但同時面臨結構相對複雜、機器人本體質量較大、控制相對複雜等問題，使多單元多節式巡檢機器人構型一直未得到充分重視，以上提及的兩款機器人後續也未見進一步的科學研究及應用報導。如何對多節式攀爬機器人進行結構最佳化研究設計，發揮其重力平衡和轉向越障優勢，簡化結構、規劃越障流程、對機器人本體進行輕量化設計，成為多節式架空線攀爬機器人研究所面臨的主要問題。

3.1.2 越障機理

僅有首尾兩個夾持點的多節式攀爬機器人多採用首尾夾持式越障，該類機器人越障時要求夾持點必須是固定的，環境如電力桿塔、立式管路、牆壁、樹樹幹等，原因是單個夾持點固定時，另一個夾持點需要伸出工作，夾持點附近會產生較大力矩。當夾持點浮動時，會影響機器人末端的位姿精度，甚至難以精準確定末端位姿。以豎直向上攀爬為例，首尾夾持式機器人的攀爬步態如圖 3.3 所示。仿尺蠖步態即上側夾持機構夾緊，機器人向上收縮，隨後下側夾持機構夾緊，上側夾持機構鬆開伸出，如圖 3.3(a) 所示；回轉爬升步態即上側夾持機構夾緊，下側夾持機構鬆開後離開夾持物，上側回轉關節回轉後夾持機構夾緊，完成爬升，如圖 3.3(b) 所示。

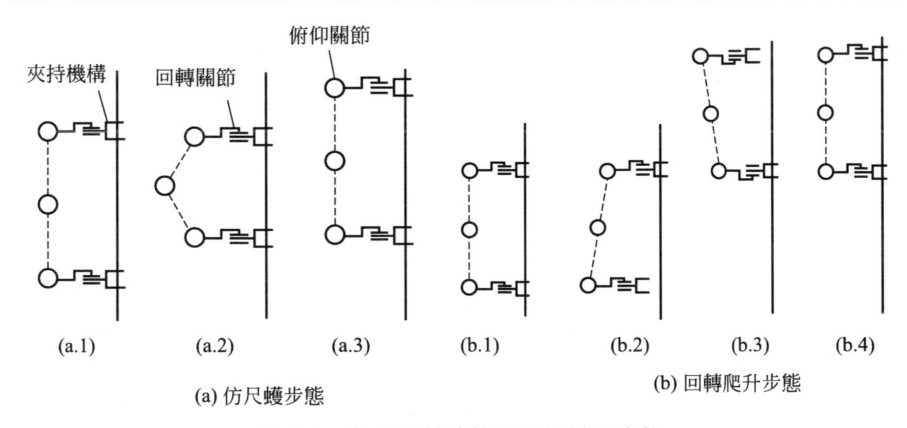

圖 3.3　首尾夾持式機器人的攀爬步態

包含多個夾持機構的多節式攀爬機器人多採用多點夾持式越障，該類機器人一般可以在剛度較低的障礙環境中完成攀爬越障任務。以五夾爪多節式攀爬機器人在架空線移動環境中蠕動行進為例，其越障原理俯視圖如圖 3.4 所示。

多夾爪多節式攀爬機器人越障時，其夾持機構具有多種在線模式，為保持其在柔性線路上的穩定性，要求至少有兩個夾持機構夾緊架空線路。多夾爪多節式攀爬機器人夾持機構的夾線模式如表 3.1 所示。

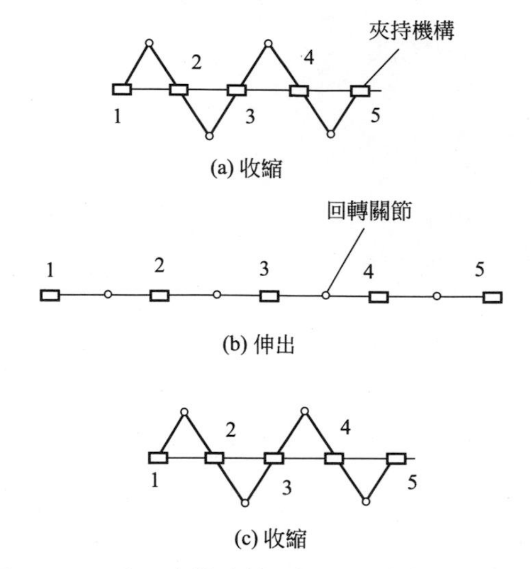

圖 3.4　五夾爪多節式攀爬機器人越障原理俯視圖

表 3.1　多夾爪多節式攀爬機器人夾持機構的夾線模式

夾線夾持機構數量	夾線模式（夾緊線路，鬆開線路）
五夾持機構夾線	
四夾持機構夾線	
三夾持機構夾線	
兩夾持機構夾線	

3.1.3　多節式攀爬機器人構型最佳化

架空線路移動攀爬機器人的機械結構是完成越障任務的載體和基本

框架，機械結構的先天不足直接導致部分機器人移動越障能力受限，具有無法轉向、穩定性差等缺點。機器人需具備根據線路障礙的不同調整自身姿態及步態的能力，以便在越障過程中獲得較高的通過性能及穩定性能。具體構型設計要求如下。

① 要求機器人能夠在無障礙線路檔段內快速行進，遇到障礙時能夠在線路上保持靜止狀態。無障礙移動機構可以分為輪式移動機構和腿式移動機構兩類。輪式移動機構的驅動方式簡單、行走速度快；而腿式移動機構在無障礙檔段行走的穩定性差、速度慢。本章主要介紹採用主流的手臂懸掛於輸電線路的設計，手臂末端裝有輪爪複合機構。無障礙行進時採用行走輪驅動方式行進，以獲得較高的行進速度；在線路上靜止時，夾爪夾緊輸電線路。機器人在行進及越障等所有工作過程中，手臂均保持豎直狀態。

② 要求機器人能夠適應多種障礙環境，遇到障礙時手臂能夠抬升、下降、前後移動、水平旋轉來跨越障礙。本章提出一種基於平行四邊形機構的機器人單元，根據不同的障礙環境，可用該單元機構與機器人手臂組成多種構型，完成架空線移動越障任務。

下面給出兩種新型多節式攀爬機器人構型設計方案，如圖 3.5 所示，重點討論四單元三臂構型和八單元五臂構型的結構設計和越障問題。

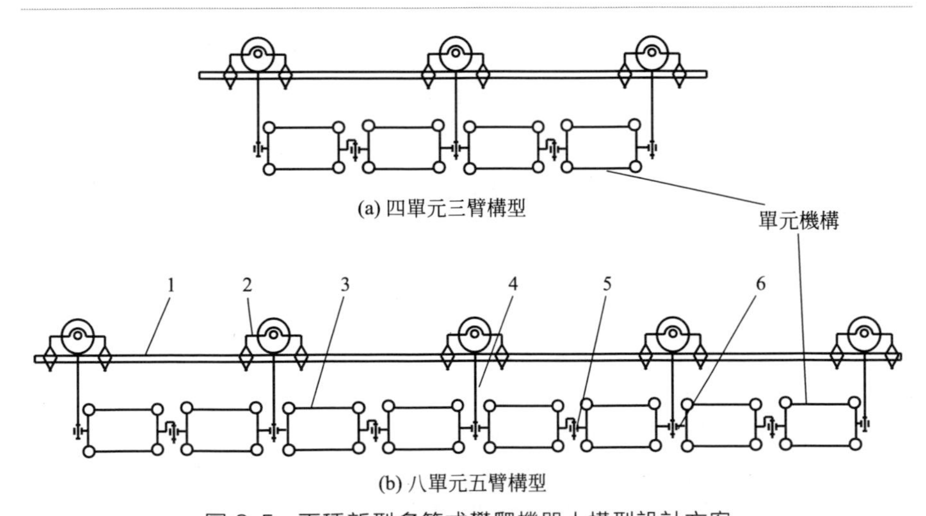

圖 3.5　兩種新型多節式攀爬機器人構型設計方案

1—輸電線路；2—輪爪複合機構；3—單元機構；4—手臂；5—回轉關節；6—複合回轉關節

以每個平行四邊形機構為一個單元，機器人由多個單元機構和手臂串聯組成，手臂上端安裝有由行走輪和夾持機構組成的輪爪複合機構，單元機構和手臂用複合回轉關節連接，保證手臂前後平行四邊形機構及手臂能夠獨立自由轉動；各單元機構間由回轉關節連接；位於最前側和最後側的兩個手臂與相鄰的平行四邊形機構用回轉關節連接；每個平行四邊形機構的桿件採用鉸接形式。

在各應用機構中，平行四邊形機構都起到保證輸出姿態的作用。平行四邊形機構的設計概念早期被普遍應用於空間並聯機構中，如 Delta 機器人使用了首尾相連的空間四桿機構。受 Delta 機器人的啓發，1993 年平行四邊形機構被首次應用於星形機器人的設計中。之後平行四邊形機構被廣泛應用於各類機器人機構中。將平行四邊形機構應用於本書機器人中作為單元機構具有以下優點。

① 平行四邊形機構既能保證輸出桿件上的點運動軌跡為圓弧形軌跡，又能保證輸出桿件與固定桿件始終保持相同的姿態角。在掛線手臂處於豎直狀態時，其他各手臂均處於豎直狀態，易保證機器人各手臂均處於豎直狀態的要求。在進行機器人運動學分析時，越障執行手臂末端姿態與掛線固定手臂末端姿態相同，只計算手臂末端位置變量即可，簡化了運動學分析計算及後續重力平衡分析過程。

② 當掛線固定手臂處於豎直狀態時，平行四邊形機構即可保證機器人水平回轉關節的回轉軸在機器人的任何位姿下均處於豎直狀態，這樣水平回轉關節驅動電動機僅完成水平偏轉角度和克服靜摩擦的驅動任務即可。可選用較小功率的水平回轉驅動電動機，利於減輕機器人整體質量、減小機器人的能源需求、提高機器人在線續航能力。

③ 平行四邊形機構對角驅動時具有低能耗特性。當採用電動推桿或柔索對角驅動平行四邊形機構、透過改變對角線長度來控制其俯仰運動時，對角驅動部件的輸出拉力與負載等效至機構上的扭矩無相關性。與傳統單元機構相比，利用該特性可明顯降低懸臂式機器人工作能耗。

3.1.4 機器人運動學模型

在機器人機構參數已知的情況下，當給出各個關節運動變量時，需討論機器人越障手臂在已抓線手臂基座標系中的位置及姿態，求解出運動學方程位姿矩陣中的各元素值，判斷該位置是否位於障礙另一側及手臂姿態能否滿足抓線需求。該問題即機器人的正向運動學求解問題。在求解正向運動學問題前，首先需建立機器人的運動學模型。1955 年，J. Denavit 和 R. S. Hartenberg 首次提出用齊次矩陣描述連桿間的關係，後來被人們簡稱為 D-H 方法。1972 年，Paul 首次將 D-H 方法應用於機器人運動學計算中，從此該方法在機器人學中得到了廣泛的應用。以三臂四單元機器人構型為例，可將機器人機構原理圖由圖 3.6(a) 簡化成圖 3.6(b)。圖 3.6 中，a 表示手臂與四邊形機構的距離；l_2 表示四邊形機構的長度；b 表示四邊形機構與水平回轉關節軸心的距離。

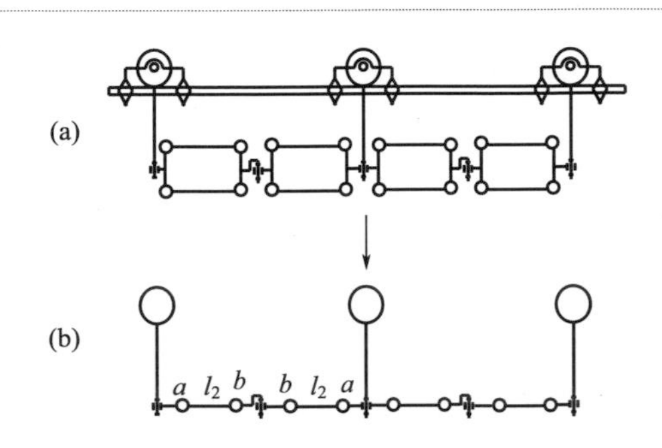

圖 3.6　三臂四單元機器人機構原理圖的簡化

以機器人左側手臂為固定抓線手臂，遵循右手定則，建立機器人 D-H 座標系，如圖 3.7 所示。由於設計的機器人是由平行四邊形機構串聯組成的，各手臂即時處於平行姿態，在已知左側手臂固定為姿態後，末端越障手臂姿態便已固定，只需求出末端位置變量即可完成運動學求解。由於重力作用，機器人越障過程中抓線手臂可即時處於豎直狀態，為簡化運算過程，可將圖 3.7 中的基座標系由左側手臂的（x_{00}, y_{00}, z_{00}）等效至（x_0, y_0, z_0）處，將（$x_{012}, y_{012}, z_{012}$）等效至（$x_{12}, y_{12}, z_{12}$）處。

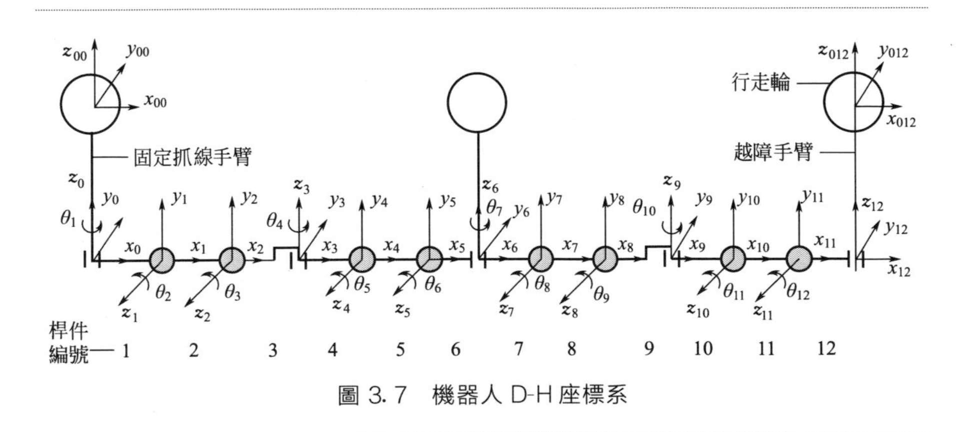

圖 3.7　機器人 D-H 座標系

為區別兩種串聯機構的參數，用 θ_i 表示其關節變量，其中 $i=1,2,3,\cdots,n$；l_i 表示兩關節軸線間的最短距離，即兩軸線間公垂線的長度；

α_i 表示桿件 i 的轉角，即兩端關節軸線沿桿長剛性投影到一個平面上的夾角；d_i 表示關節 i 的平移量，即通過該關節連接的兩個桿件長度在其軸線上相差的距離。四單元三手臂串聯機構的 D-H 參數如表 3.2 所示。由平行四邊形機構的特殊性知，圖 3.7 中機器人的關節變量 $\theta_3=-\theta_2$，$\theta_6=-\theta_5$，$\theta_9=-\theta_8$，$\theta_{12}=-\theta_{11}$。

表 3.2　四單元三手臂串聯機構的 D-H 參數

桿件编號	l_i	α_i	d_i	θ_i	關節變量
1	a	90°	0	θ_1	θ_1
2	l_2	0	0	θ_2	θ_2
3	b	−90°	0	$\theta_3(-\theta_2)$	θ_3
4	b	90°	0	θ_4	θ_4
5	l_2	0	0	θ_5	θ_5
6	a	−90°	0	$\theta_6(-\theta_5)$	θ_6
7	a	90°	0	θ_7	θ_7
8	l_2	0	0	θ_8	θ_8
9	b	−90°	0	$\theta_9(-\theta_8)$	θ_9
10	b	90°	0	θ_{10}	θ_{10}
11	l_2	0	0	θ_{11}	θ_{11}
12	a	−90°	0	$\theta_{12}(-\theta_{11})$	θ_{12}

用 M_{01}，M_{12}，…，$M_{(n-1)n}$ 表示相鄰桿件的位姿矩陣。根據齊次變換的運算規律，相鄰桿件之間的位姿矩陣為

$$\boldsymbol{M}_{(i-1)i}=\begin{bmatrix} c\theta_i & -s\theta_i c\alpha_i & s\theta_i s\alpha_i & l_i c\theta_i \\ s\theta_i & c\theta_i c\alpha_i & -c\theta_i s\alpha_i & l_i s\theta_i \\ 0 & s\alpha_i & c\alpha_i & d_i \\ 0 & 0 & 0 & 1 \end{bmatrix} \tag{3.1}$$

式中，$c\theta_i=\cos\theta_i$，$s\theta_i=\sin\theta_i$，其餘依此類推。

可得出運動學方程為

$$\boldsymbol{M}_{012}=\boldsymbol{M}_{01}\boldsymbol{M}_{12}\cdots\boldsymbol{M}_{1011}\boldsymbol{M}_{1112}=\begin{bmatrix} n_x & o_x & a_x & p_x \\ n_y & o_y & a_y & p_y \\ n_z & o_z & a_z & p_z \\ 0 & 0 & 0 & 1 \end{bmatrix} \tag{3.2}$$

式中，表示機器人末端姿態變量的前三行三列矩陣如下：

$$\begin{bmatrix} n_x & o_x & a_{2x} \\ n_y & o_y & a_{2y} \\ n_z & o_z & a_{2z} \end{bmatrix}=\begin{bmatrix} c_{147(10)} & -s_{147(10)} & 0 \\ s_{147(10)} & c_{147(10)} & 0 \\ 0 & 0 & 1 \end{bmatrix} \tag{3.3}$$

式中，$c_{ij}=\cos(\theta_i+\theta_j)$，$s_{ij}=\sin(\theta_i+\theta_j)$，$c_{ijk}=\cos(\theta_i+\theta_j+\theta_k)$，$s_{ijk}=\sin(\theta_i+\theta_j+\theta_k)$，依此類推。$c_{i\text{-}j}=\cos(\theta_i-\theta_j)$，$s_{i\text{-}j}=\sin(\theta_i-\theta_j)$，$c_{i\text{-}j\text{-}k}=\cos(\theta_i-\theta_j-\theta_k)$，$s_{i\text{-}j\text{-}k}=\sin(\theta_i-\theta_j-\theta_k)$，依此類推。$c_{ij(ij)}=\cos(\theta_i+\theta_j+\theta_{ij})$，$s_{ij(ij)}=\sin(\theta_i+\theta_j+\theta_{ij})$，依此類推。

式(3.2)中表示機器人末端手臂位置的變量 p_x、p_y、p_z 如下：

$$\left.\begin{aligned}p_{2x}&=l_2(c_{147(10)-2(11)}+c_{145}+c_{14-5}+c_{1478}+c_{12}+c_{1-2}+c_{147-8}+c_{147(10)(11)})/2\\&\quad+(a+b)(c_1+c_{14}+c_{147}+c_{147(10)})\\p_{2y}&=l_2(s_{147(10)-(11)}+s_{145}+s_{14-5}+s_{1478}+s_{12}+s_{1-2}+s_{147-8}+s_{147(10)(11)})/2\\&\quad+(a+b)(s_1+s_{14}+s_{147}+s_{147(10)})\\p_{2z}&=l_2 s_{258(11)}\end{aligned}\right\}\tag{3.4}$$

3.2 機器人結構設計

機器人的本體機械結構作為機器人越障和檢測設備的載體，從根本上決定了機器人攀爬及越障能力，因此機器人結構設計尤為重要。

3.2.1 單元驅動方案分析

機器人俯仰方向的運動由基於平行四邊形機構的單元機構提供，平行四邊形機構的驅動方案可以歸納為四種，如圖 3.8 所示。

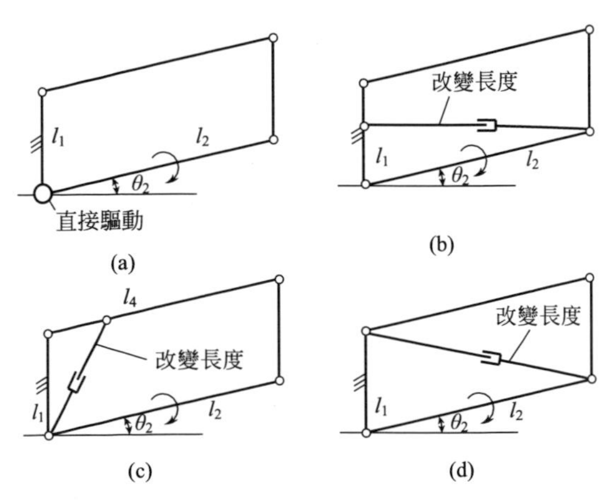

圖 3.8　平行四邊形機構的驅動方案

在忽略重力且桿件材料及長度相同的條件下，細長桿件為二力桿且承受拉力時力學性能最佳，承受壓力時次之；而細長桿件為非二力桿且承受彎矩時變形最大，力學性能最差。圖 3.8(a) 所示驅動方案廣泛應用於工業機器人等領域，用電動機直接驅動兩鉸接桿件回轉，驅動方式簡單，安裝方便，但要求電動機能夠輸出大轉矩，l_2 為非二力桿件，對 l_2 的剛度要求高，需要採用較大質量和體積的構件。圖 3.8(b)、(c) 所示驅動方案應用於一些新型的機器人中，透過改變平行四邊形機構一個頂點與其桿件上一點距離的驅動方式來實現俯仰運動，機構中同樣會出現非二力桿件，需要採用較大質量和體積的構件。圖 3.8(d) 所示的驅動方案，透過改變平行四邊形機構的對角線長度實現俯仰運動。圖 3.8(d) 中包括對角線在內的所有桿件均可等效為二力桿，運動過程中桿件受一對平衡力（受拉或受壓），不承受彎矩，可以改善機構整體受力狀態，在同等條件下可選用較小質量和體積的桿件，滿足輸電線路巡檢機器人的輕質化需求。與電動機直接驅動方案相比，對角驅動方案可以使機構各桿件均等效為二力桿，僅承受桿件方向的拉力或壓力，受力狀態好，同等剛度、材料條件下機器人可以設計得更輕。

3.2.2 單元結構設計

下面給出基於電動推桿剛性驅動、雙電動機柔索對角驅動和單電動機柔索對角驅動三種單元機構對角驅動方案的具體結構。

(1) 電動推桿剛性驅動俯仰單元結構

基於電動推桿剛性驅動單元的三臂四單元攀爬機器人的結構簡圖如圖 3.9 所示，每兩個串聯平行四邊形機構的前後有手臂 6 和安裝在手臂上端、由行走輪 3 和夾持機構 2 構成的輪爪複合機構，手臂與單元機構間用複合水平旋轉關節 9 連接，保證手臂前後平行四邊形機構及手臂能夠獨立自由轉動；單元機構內的平行四邊形機構相互間用水平回轉旋轉關節 8 連接；位於最前側和最後側兩個手臂與相鄰的平行四邊形機構用手臂回轉關節 10 連接；用電動推桿 4 連接平行四邊形機構的兩個頂點，整機模型和單元機構如圖 3.10 所示。機器人越障過程中，電動推桿提供動力，由電動推桿的伸長和縮短來改變平行四邊形機構的姿態，確定行走輪的位置。水平回轉關節用於調整行走輪水平方向的姿態，行走輪的上線、下線及機器人整體機構在水平方向平衡，使機器人能夠成功繞開障礙物。

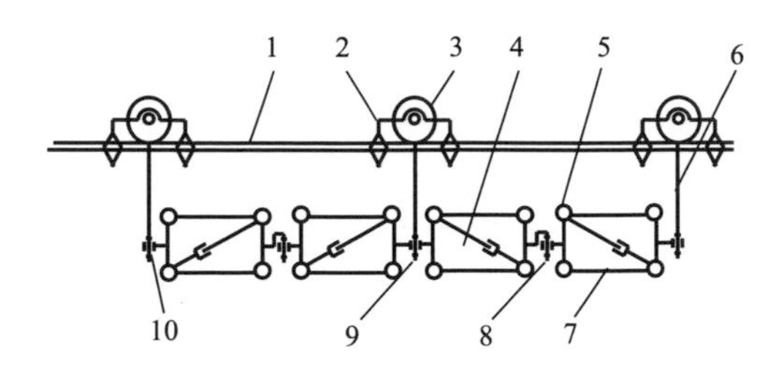

圖 3.9 基於電動推桿剛性驅動單元的三臂四單元攀爬機器人的結構簡圖
1—輸電線路；2—夾持機構；3—行走輪；4—電動推桿；5—平行四邊形機構鉸接關節；6—手臂；7—平行四邊形單元機構；8—水平回轉關節；9—複合水平旋轉關節；10—手臂回轉關節

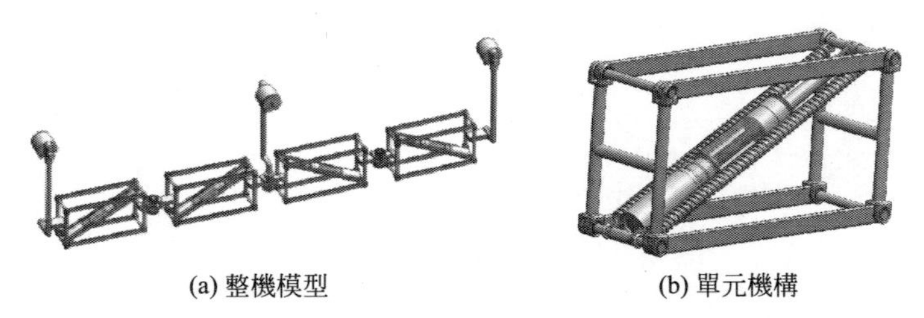

(a) 整機模型　(b) 單元機構

圖 3.10 用電動推桿連接平行四邊形機構兩個頂點的整機模型和單元機構

為減小電動推桿的輸出拉力，設計機器人時擬採用電動推桿與彈簧並聯的結構形式。透過彈簧伸長時產生的拉力來減小電動推桿所需提供的拉力，從而減小電動推桿的輸出功率，簡化電動推桿的選型，節約電能及空間，使機器人在輸電線路上能夠持續運行更長時間。

(2) 雙電動機柔索對角驅動俯仰單元結構

基於雙電動機柔索對角驅動單元的三臂四單元攀爬機器人的結構簡圖如圖 3.11 所示，兩個平行四邊形單元機構串聯且對稱布置。其單元機構的具體結構如圖 3.12(b) 所示，兩個柔索驅動電動機 1 同時安裝在平行四邊形機構機架 2 的一側，滾筒 3、大齒輪 4 與平行四邊形機構的軸 5 鍵連接，滾筒 3 由大齒輪 4 驅動，大齒輪 4 通過齒輪傳動機構由柔索驅動電動機 1 驅動。柔索 6 和柔索 8 交叉布置，柔索 6 的一端與滾筒連接，另一端與掛環 7 連接；柔索 8 繞過安裝在掛環 10 上的小齒輪 9 後，兩端分別與上面兩個滾筒 3 連接。這種對稱交叉設計可以防止柔索出現干涉現象，柔索 8 受力均勻。掛環 7 和掛環 10 分別與平行四邊形機構的上下兩短軸 11 鉸接。

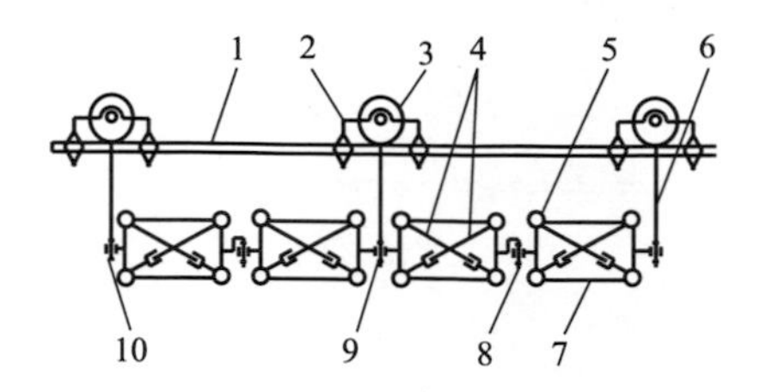

圖 3.11 基於雙電動機柔索對角驅動單元的三臂四單元攀爬機器人的結構簡圖

1—輸電線路；2—夾持機構；3—行走輪；4—驅動柔索；5—平行四邊形機構鉸接關節；
6—手臂；7—雙電動機柔索驅動單元機構；8—水平回轉關節；
9—複合水平旋轉關節；10—手臂回轉關節

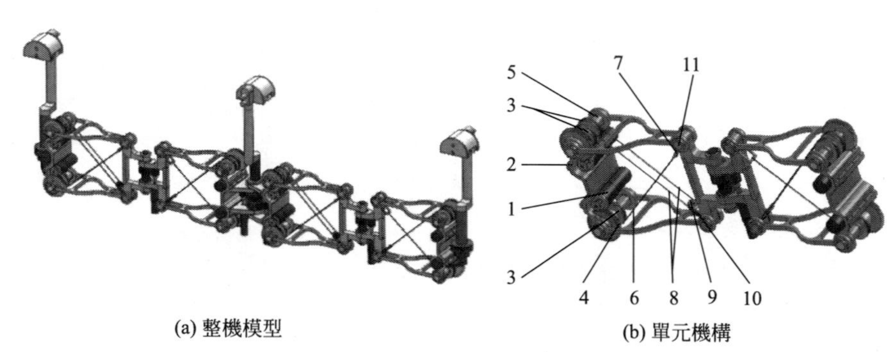

圖 3.12 基於雙電動機柔索對角驅動單元的三臂四單元攀爬機器人的整機模型和單元機構

1—柔索驅動電動機；2—機架；3—滾筒；4—大齒輪；
5—軸；6,8—柔索；7,10—掛環；9—小齒輪；11—短軸

(3) 單電動機柔索對角驅動俯仰單元結構

攀爬移動機器人需具備低功耗、輕質、驅動電動機少的特點。架空線移動攀爬機器人具有遠程攜帶電源的作業需求，相比固定於地面的機器人，輕質節能對輸電線路巡檢機器人具有更大的實際意義。進行機器人的低功耗、輕質設計，減少驅動電動機數量，可以方便機器人運輸、初始上線，降低機器人自帶電源的能量輸出，提高機器人的續航能力，簡化控制系統設計。

雙電動機柔索對角驅動平行四邊形機構雖然可以減小驅動元件電動推桿質量、增大單元機構的俯仰角度範圍，但每個平行四邊形機構需採用兩個電動機驅動以完成機器人支撐端的切換。巡檢機器人由多個單元機構串聯組成，若採用雙電動機驅動方式，則驅動電動機過多，導致機器人質量大、控制系統複雜。為減少電動機數量，提出一種新型的單電

動機柔索對角驅動平行四邊形機構的巡檢機器人單元結構。單電動機柔索對角驅動方案如圖 3.13 所示。

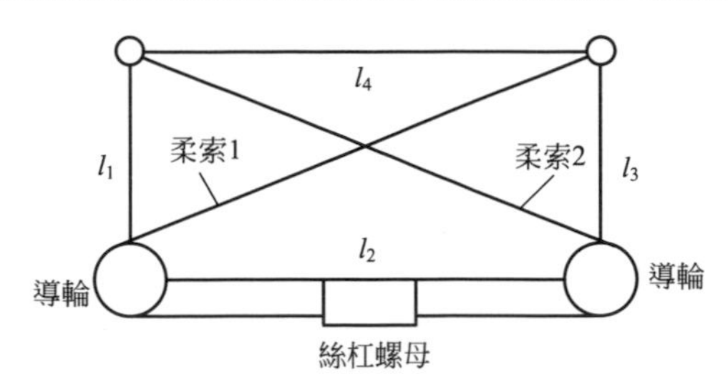

圖 3.13 單電動機柔索對角驅動方案

單電動機柔索對角驅動單元的機構模型如圖 3.14 所示。

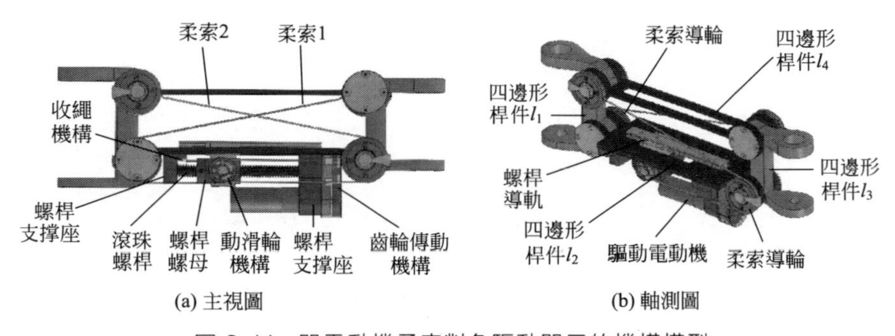

圖 3.14 單電動機柔索對角驅動單元的機構模型

平行四邊形機構的各桿件鉸接。螺桿傳動機構裝於四邊形桿件 l_2 上，柔索 1 和柔索 2 分別與上側導輪固定連接，繞過柔索導輪後再繞過裝於螺桿螺母上的動滑輪機構，最後柔索 2 與裝於螺桿支撐座上的收繩機構固定連接，柔索 1 與裝於螺桿支撐座上的收繩機構固定連接。電動機通過齒輪傳動機構驅動螺桿旋轉，帶動螺桿螺母前後移動，改變四邊形機構的對角線長度，實現機構的俯仰運動。動滑輪的設計可以縮短螺桿螺母行程，收繩機構的設計可以防止柔索產生懸垂現象。在螺桿行程滿足需求且柔索懸垂現象不明顯時，可不安裝動滑輪機構和收繩機構，將柔索直接與螺桿螺母固定連接。

單電動機柔索對角驅動單元機構中的收繩機構如圖 3.15 所示。收繩機構分別安裝在螺桿支撐座上且與柔索固定連接，防止平行四邊形機構變形時，由於平行四邊形機構對角線之和的變化所產生的輔助柔索懸垂現象。如圖 3.15(a) 所示，柔索穿過機構外殼與滑塊固定連接，外殼內部有凹槽，凹槽作為滑塊的滑道，使滑塊可以在機構內滑動；同時滑塊與彈簧固定連接，彈簧通過固定銷固定連接於端板上。當與收繩機構連接的柔索為機器人驅動柔索時，彈簧伸長至滑塊與外殼前端接觸，如圖 3.15(b) 所示；當與收繩機構連接的柔索為輔助懸垂柔索時，彈簧收縮使輔助柔索被拉直而不產生懸垂干涉現象，如圖 3.15 (c) 所示。

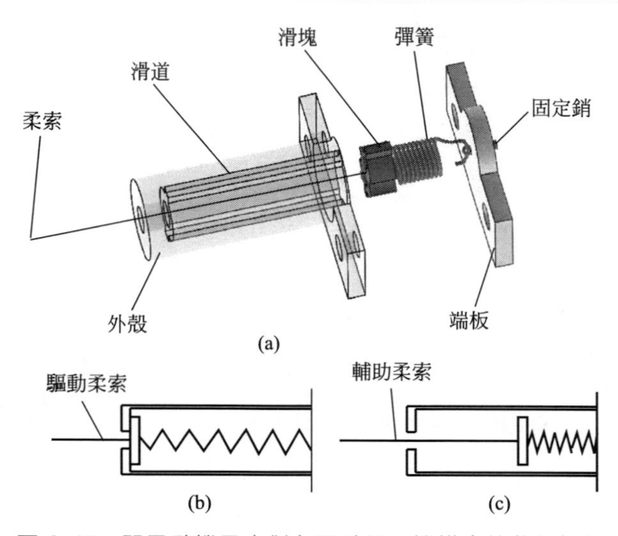

圖 3.15 單電動機柔索對角驅動單元機構中的收繩機構

基於單電動機柔索對角驅動單元的攀爬機器人結構簡圖和整機結構分別如圖 3.16、圖 3.17 所示。

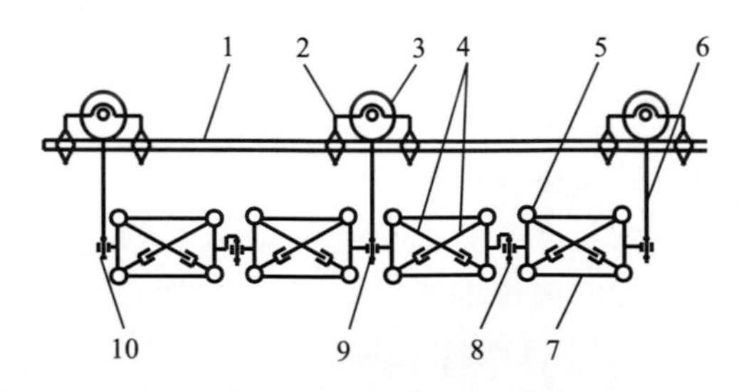

圖 3.16 基於單電動機柔索對角驅動單元的攀爬機器人結構簡圖

1—輸電線路；2—夾持機構；3—行走輪；4—驅動柔索；5—平行四邊形機構鉸接關節；6—手臂；7—單電動機柔索驅動單元機構；8—水平回轉關節；9—複合水平回轉關節；10—手臂回轉關節

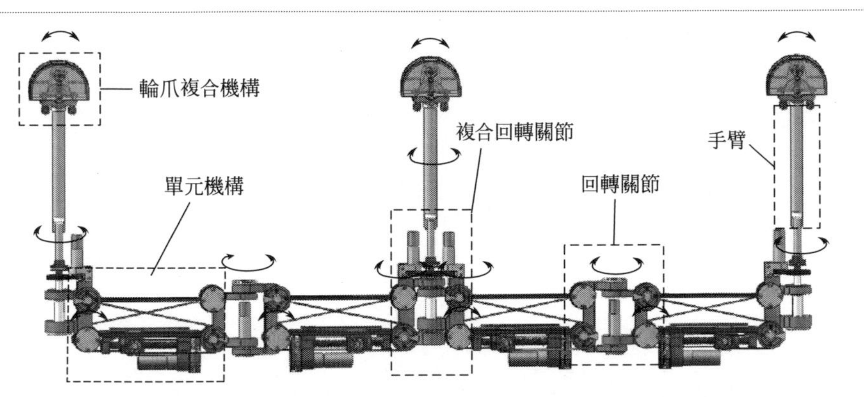

圖 3.17 基於單電動機柔索對角驅動單元的攀爬機器人整機結構

(4) 單元結構對比分析

上述三種攀爬機器人的單元構型在電動機數量、控制系統複雜程度、剛度特性、機器人機構質量和工作空間方面的對比如表 3.3 所示。方案一採用電動推桿剛性驅動平行四邊形機構，每個四邊形機構由 1 個電動機驅動，控制方式簡單，電動推桿為剛性元件，機器人豎直方向剛度大，但電動推桿質量過大，且現有的電動推桿技術無法滿足本書中機構的推程需求，機構工作空間小，同時電動推桿與彈簧並聯的結構設計方式在電動推桿輸出拉力時可以減小輸出，但在電動推桿輸出推力時並聯彈簧起反作用，故該方案更適合單端固定、不需要機器人切換支撐端的串聯式機器人應用。方案二採用雙電動機柔索對角驅動平行四邊形機構，用輕質的柔索代替電動推桿，可以明顯減小機器人質量。雙電動機柔索對角驅動攀爬機器人的整機電動機數量比電動推桿剛性驅動機器人的電動機數量多 $2n$ 個（n 為機器人單元機構數量），導致控制系統複雜，機器人整體質量偏大，雖然透過調整柔索驅動電動機輸出力矩可調整單元豎直方向剛度，但由於其控制複雜及質量相對較大，因此實用性差。單電動機柔索對角驅動攀爬機器人兼具前兩類機器人的優點，電動機數量少，單電動機驅動平行四邊形機構的控制相對簡單，柔索為柔性元件，行走輪落線時為柔性接觸，電動機數量少且質量偏小，故具有較強的實用性。

表 3.3 三種攀爬機器人單元構型對比

方案	電動機數量	控制系統 複雜程度	剛度特性	機器人 質量	工作 空間
電動推桿 剛性驅動	少	簡單	剛性機構,不可調	大	小

續表

方案	電動機數量	控制系統複雜程度	剛度特性	機器人質量	工作空間
雙電動機柔索對角驅動	多	複雜	柔性機構,可調	大	大
單電動機柔索對角驅動	少	簡單	柔性機構,不可調	小	大

3.2.3 其他關鍵結構設計

(1) 回轉關節設計

下面介紹方案三的水平回轉關節設計，單元間的水平回轉關節設計如圖 3.18 所示。

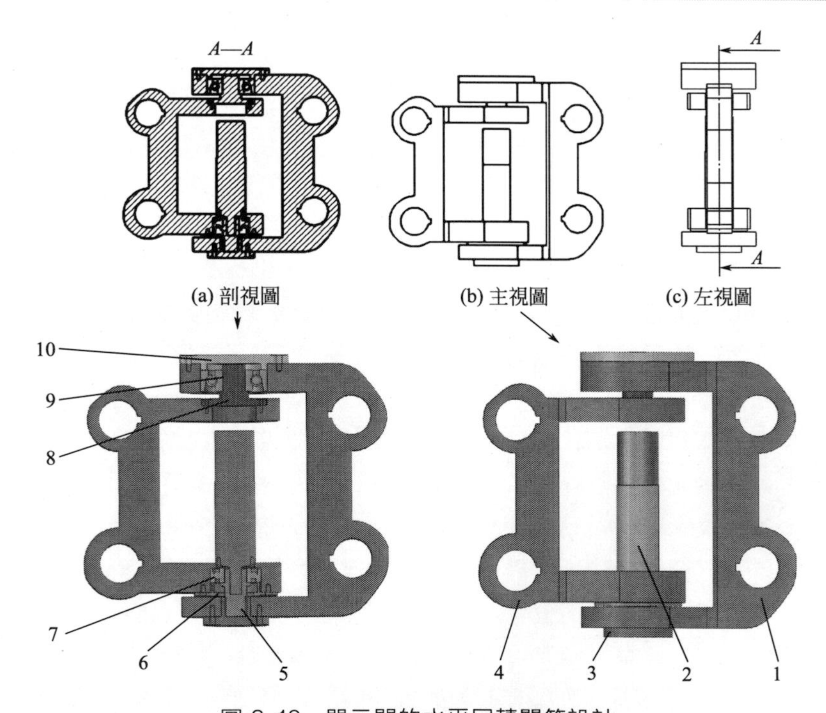

圖 3.18 單元間的水平回轉關節設計
1, 4—豎直桿件；2—驅動電動機；3—下端蓋；5, 8—半軸；6—透蓋；7—軸；9—角接觸球軸承；10—上端蓋

回轉關節兩側的平行四邊形機構兩豎直桿件設計如圖 3.18 中 1、4 所示，採用 U 形結構交叉布置。安裝時將驅動電動機 2 由豎直桿件 4 上

孔裝入，並透過螺釘與下孔固定連接，下孔裝入軸 7 及透蓋 6，透蓋 6 與桿件透過螺釘連接。將兩竪直桿件 1、4 按孔對齊後，由竪直桿件 1 下孔插入與驅動電動機 2 軸通過楔平面連接的下側半軸 5，半軸 5 的下端有花鍵齒與下端蓋 3 的內花鍵齒嚙合，半軸 5 的下平面與下端蓋 3 的內凹面貼合，實現下端竪直方向定位，下端蓋 3 與竪直桿件 1 透過螺釘連接。上側半軸 8 由竪直桿件 1 上側孔裝入，並透過螺釘與竪直桿件 2 固定連接，半軸 8 設計為階梯軸，角接觸球軸承 9 與半軸 8 連接，上端蓋 10 壓緊角接觸球軸承 9，透過螺釘與竪直桿件 1 固定連接，實現上端的竪直方向定位。竪直桿件 1 固定時，電動機旋轉帶動竪直桿件 4 及電動機自身旋轉；竪直桿件 4 固定時，電動機帶動竪直桿件 1 旋轉。

機器人兩端回轉關節如圖 3.19 所示。四邊形機構竪直桿件 8 的設計如圖所示，桿件上側可以安裝電動機 L 形支架 5，驅動電動機 2 安裝在支架 5 上，電動機輸出軸與齒輪 6 固定連接，齒輪 6 與齒輪 4 嚙合，齒輪 4 與軸 7 鍵連接，軸 7 與手臂 1 通過法蘭 3 連接。手臂固定時，電動機軸旋轉，帶動平行四邊形機構及電動機自身繞手臂旋轉。平行四邊形機構固定時，電動機旋轉，透過齒輪傳動驅動手臂旋轉。

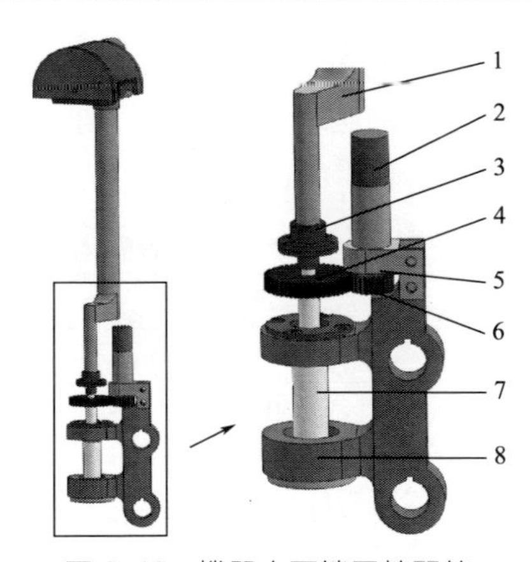

圖 3.19 機器人兩端回轉關節

1—手臂；2—驅動電動機；3—法蘭；4,6—齒輪；5—支架；7—軸；8—竪直桿件

機器人複合回轉關節如圖 3.20 所示。平行四邊形機構兩竪直桿件 5、7 按圖 3.20 中所示方式布置，類似於圖 3.18 中的布置方式，區別在於未採用半軸而採用一根通軸 6 連接，兩竪直桿件 5、7 與軸 6 均具有自由水平回轉能力，採用角接觸球軸承連接。電動機驅動方式與圖 3.18 中類似，兩驅動電動機 2、12 分別通過電動機支架 3、8 與竪直桿件 5、7 固

定連接，大齒輪與通軸 6 鍵連接，通軸 6 通過法蘭 11 與手臂 1 連接。兩驅動電動機 2、12 分別通過傳動齒輪 4、9 與大齒輪 10 嚙合。

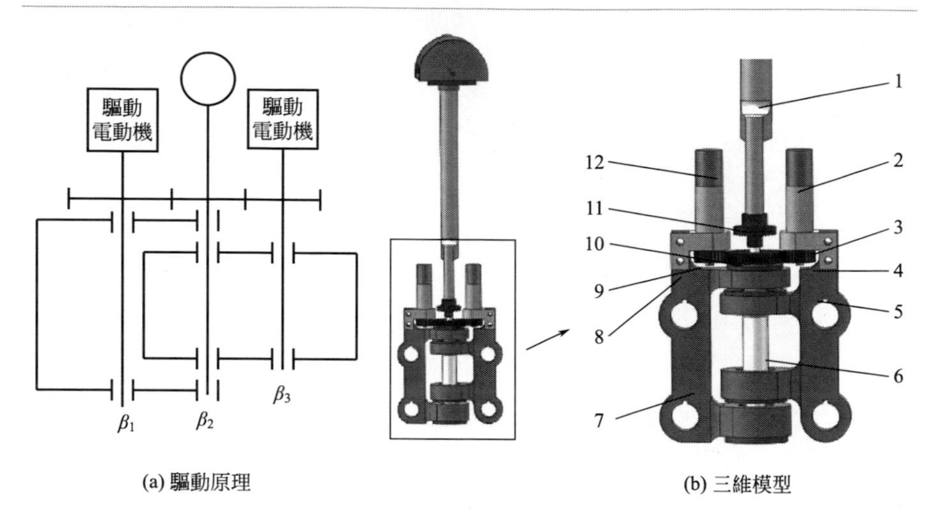

(a) 驅動原理　　(b) 三維模型

圖 3.20　機器人複合回轉關節

1—手臂；2,12—驅動電動機；3,8—電動機支架；4,9—傳動齒輪；5,7—豎直桿件；6—通軸；10—大齒輪；11—法蘭

機器人複合回轉關節透過兩個電動機偶合轉動實現左側單元機構、右側單元機構及手臂的獨立回轉需求，具體驅動方式如表 3.4 所示。該機構能夠滿足機器人越障的運動需求。

表 3.4　機器人複合回轉關節的驅動方式

初始條件	運動要求/(°)	β_1/(°)	β_2/(°)	β_3/(°)
左側單元固定	右側單元機構回轉 x	0	0	x
	右側單元機構回轉 x,手臂回轉 y	$-y$	y	$x-y$
手臂固定	僅左側手臂回轉 x	x	0	0
	僅左側手臂回轉 x	0	0	x
	左右單元分別回轉 x	x	0	x
右側單元固定	僅左側單元機構回轉 x	x	0	0
	左側單元回轉 x,手臂回轉 y	$x-y$	y	$-y$
兩單元機構固定	手臂回轉 y	$-y$	y	$-y$

(2) 輪爪複合機構設計

巡檢機器人在高壓線路無障礙檔段行進可分為手臂交替抓線的蠕動式行進和輪式行進兩種。蠕動式行進速度慢、能耗大、實用性差；輪式行進控制簡單、能耗低、速度快，但行走、爬坡時易出現打滑現象，需要夾持機構有效地夾緊線路。遇到障礙時機器人需要能夠固定在線路上，保證其越障時掛線手臂與線路固定。野外作業時，會遇到颶風、雷雨等惡劣天氣狀況，工作人員無法及時回收機器人，需要夾持機構保證其在線鎖緊不脫落。基於以上任務需求，巡檢機器人手臂末端需裝有一種帶有行走輪和夾持機構的輪爪複合機構。

不同的機器人結構形式，對輪爪複合機構的數量需求不同。雙臂式機器人兩隻手臂交替越障時，每隻手臂都有夾持線路的需求，手臂末端均需裝有輪爪複合機構。三臂式機器人根據越障方式的不同，可在三隻手臂末端均安裝輪爪複合機構，直線行進時可令三隻手臂同時在線或其中兩隻手臂在線直線行進，同時可在其中兩隻手臂上安裝輪爪複合機構，另一隻手臂末端僅安裝夾持機構。無障礙行進時，裝有輪爪複合機構的兩隻手臂在線行進，越障時無行走輪手臂作為夾持輔助機構完成越障任務。多臂式機器人至少在兩隻手臂上安裝行走輪式機構以滿足其直線行進需求。

由以上分析知，輸電線路巡檢機器人手臂末端的夾持機構為必要機構，行走輪式機構可以根據其結構、越障方式及障礙環境，至少安裝在兩隻手臂上。行走輪式機構越多，可提供行進牽引力越大，機器人爬坡能力越強。但輪爪複合機構相比單一的夾持機構具有結構及控制方式複雜、驅動電動機多的不足。

本書設計的機器人工作時手臂始終處於豎直狀態，爬坡過程中相對於高壓線的姿態會發生變化，不僅要求夾爪能夠提供夾緊力，而且要求其能適應線路角度的變化，保證夾爪相對於線路的姿態不變。目前的設計是將行走輪、夾爪、手臂做成一體的複合輪爪結構，設計的重點和難點在於：①夾爪能適應機器人姿態變化；②機構具有夾持和行走的能力。

輪爪複合機構安裝於手臂末端，其三視圖如圖 3.21 所示，圖中 1 為複合機構的上蓋；2 為複合機構基座，與手臂 3 固定連接；4、5 分別為夾爪驅動電動機和行走輪驅動電動機，安裝於複合機構基座 2 上。

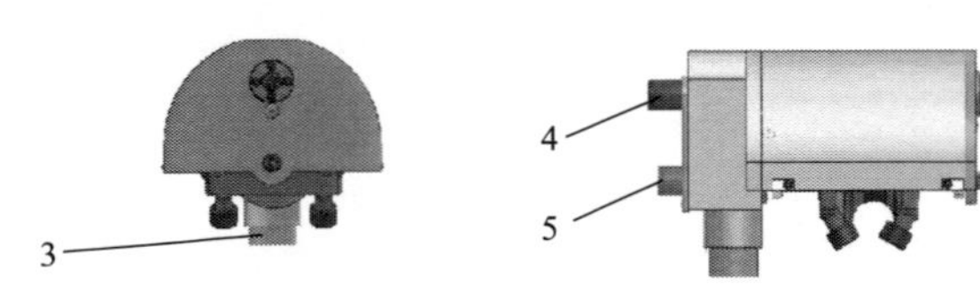

(a) 輪爪複合機構主視圖　(b) 輪爪複合機構左視圖

圖 3.21

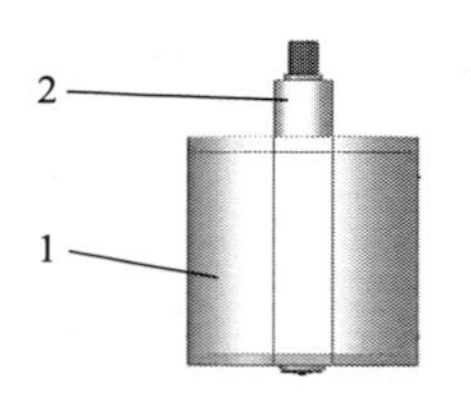

(c) 輪爪複合機構俯視圖

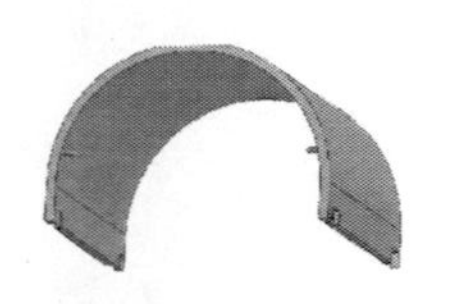

(d) 輪爪複合機構上蓋

圖 3.21 輪爪複合機構三視圖

1—上蓋；2—基座；3—手臂；4—夾爪驅動電動機；5—行走輪驅動電動機

輪爪複合機構如圖 3.22 所示。

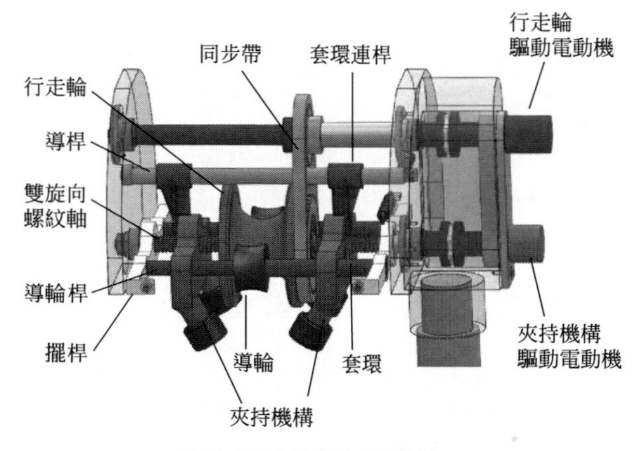

(a) 輪爪複合機構的三維模型

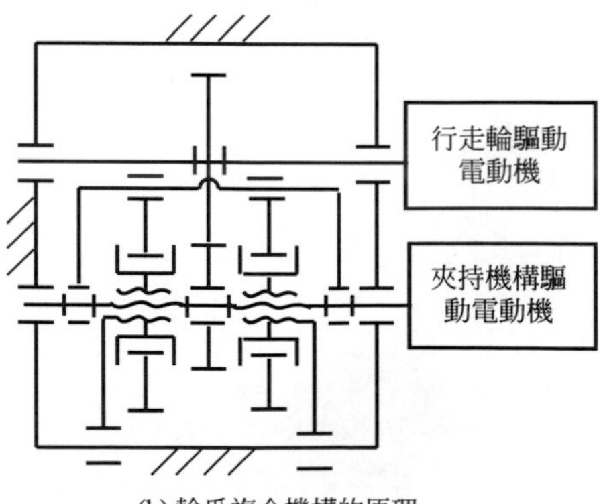

(b) 輪爪複合機構的原理

圖 3.22 輪爪複合機構

為更清晰地說明輪爪複合機構的內部結構及工作原理，將複合機構上蓋隱藏後，其三維模型如圖 3.22(a) 所示。行走輪驅動電動機透過同步帶驅動行走輪，行走輪與雙旋向螺紋軸鉸接且具有軸向定位，行走輪迴轉帶動巡檢機器人行進。雙旋向螺紋軸與套環螺紋連接，行走輪兩側螺紋軸旋向相反，夾持機構與套環鉸接，套環與套環連桿固定連接，套環連桿與導桿圓柱副連接。夾持機構驅動電動機帶動螺紋軸旋轉，透過套環帶動夾持機構前進和後退，從而實現機構夾持和鬆開動作。夾持機構與導輪桿圓柱副連接，導輪桿通過擺桿與雙旋向螺紋軸鉸接，使夾持機構能夠適應線路角度。

複合機構上蓋作為夾爪角度自適應機構與擺桿固定連接，導輪桿與兩擺桿固定連接，兩擺桿分別與兩小壓輪鉸接，小壓輪即時與輸電線路接觸。當輸電線路與機器人手臂不垂直時，機構外蓋自適應線路角度，帶動導軌、夾爪與線路保持垂直，此時手臂依然處於豎直狀態。復位彈簧與上蓋固定連接，使機器人手臂抬升脫離線路時輪爪複合機構能夠由線路俯仰角度狀態恢復至水平狀態，從而更好地適應下一次落線時的線路角度。夾持機構上裝有滾輪，兩夾持機構夾緊時滾輪與線路貼合，透過增大輸電線路與行走輪之間的摩擦力防止其移動，當行走輪電動機驅動行走輪迴轉時，輪爪複合機構仍具備夾持行走能力。

本書設計的輪爪複合機構僅用兩根主軸便實現了夾爪與行走輪的獨立運動，驅動軸少，具備角度自適應能力，滿足輸電線路巡檢機器人行走和越障的要求，具有很好的應用前景。

基於以上機器人單元結構及回轉關節設計內容，建立基於單電動機柔索驅動單元的三臂式四單元多節式攀爬機器人實驗樣機，如圖 3.23 所示。

圖 3.23　基於單電動機柔索驅動單元的三臂式四單元多節式攀爬機器人實驗樣機

3.3 越障過程規劃與控制

3.3.1 單元機構支撐端切換流程規劃

由平行四邊形機構特性可知，當俯仰角度為 0°時，機構兩對角線距離之和最大。

採用電動推桿剛性驅動單元機構，單元始終保持剛性狀態，不需要額外控制其切換支撐端。當採用兩個電動機分別控制兩根柔索驅動時，可通過兩電動機的輸出力矩控制其支撐端切換，如圖 3. 24 所示。

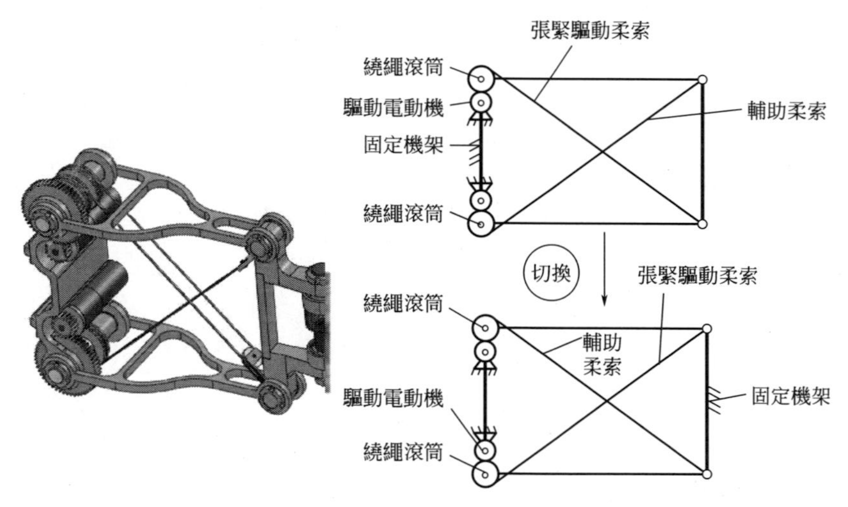

圖 3. 24 平行四邊形機構支撐端切換方式

當要求平行四邊形機構左側桿件支撐時，機構上側驅動電動機作為主動驅動電動機，採用位置控制的方式控制圖中張緊驅動柔索，由於重力作用，平行四邊形機構會隨張緊驅動柔索的長度變化而變化。此時輔助電動機採用力控制，防止輔助柔索出現懸垂現象，並控制平行四邊形機構的剛度。當需要切換固定端時，只需切換兩個電動機的驅動方式，切換過程簡單。

當採用單電動機柔索對角驅動單元機構進行俯仰運動且機構俯仰角度不為 0°時，機構中主動柔索拉直控制單元俯仰角度，與螺桿螺母固定連接的另一根柔索會出現懸垂現象。本節重點分析驅動電動機少的單電動機柔索驅動單元機構的支撐端切換方法及流程。

(1) 螺桿螺母位置與俯仰角度的關係

首先建立螺桿螺母位置與俯仰角度的關係模型，如圖 3.25 所示。

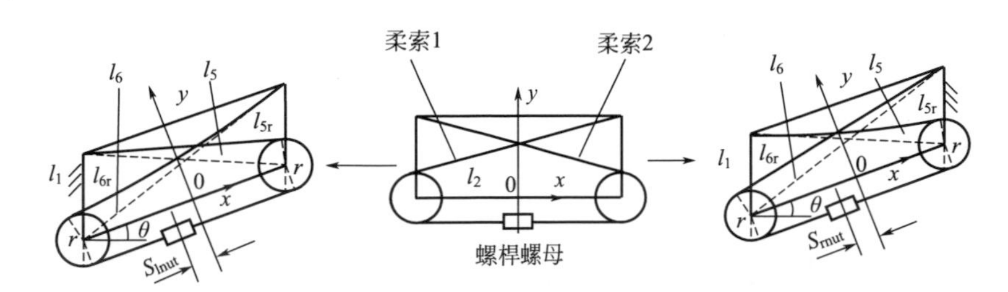

圖 3.25 螺桿螺母位置與俯仰角度的關係模型

機構左側桿件或右側桿件為支撐端時，均以 l_2 左側鉸點所在水平面與 l_2 所成角度定義俯仰角度 θ，逆時針為正。定義笛卡爾座標系 x-y，座標原點位於 l_2 中點，x 軸始終位於桿件 l_2 上。左側桿件為支撐端，柔索 2 為主動控制柔索，柔索 1 出現懸垂現象，俯仰角度為 θ 時，可得螺桿螺母橫座標 $S_{lnut(\theta)}$ 與俯仰角度的關係：

$$S_{lnut(\theta)}=k[l_{5r(\theta)}-l_{5r(0)}+r(\theta_{25(\theta)}-\theta_{25(0)}-\theta_{15(\theta)}+\theta_{15(0)}-\theta)] \tag{3.5}$$

式中，k 為常數（當螺桿螺母上裝有動滑輪時 $k=0.5$，無動滑輪時 $k=1$）；$l_{5r(\theta)}$ 為機構俯仰角度為 θ 時 l_{5r} 的值；$l_{5r(0)}$ 為機構俯仰角度 $\theta=0°$時 l_{5r} 的值；$\theta_{25(\theta)}$ 為俯仰角度為 θ 時 θ_{25} 的角度值；$\theta_{25(0)}$ 為俯仰角度 $\theta=0°$時 θ_{25} 的角度值。後續均採用該種表示方法。

同時可得相同機構姿態下，右側桿件為支撐端，柔索 1 為主動控制柔索，柔索 2 出現懸垂現象，機構俯仰角度為 θ 時，螺桿螺母橫座標 $S_{rnut(\theta)}$ 與俯仰角度關係為

$$S_{rnut(\theta)}=-k[l_{6r(\theta)}-l_{6r(0)}+r(\theta_{26(\theta)}-\theta_{26(0)}-\theta_{16(\theta)}+\theta_{16(0)}+\theta)] \tag{3.6}$$

由 $S_l(\theta)$ 在 $\theta=0°$時取最大值，知 $\theta\neq0°$時，$S_{lnut(\theta)}\neq S_{rnut(\theta)}$，即俯仰角度相同時，機構左側桿件支撐時螺桿螺母的位置與右側桿件支撐時螺桿螺母的位置不同，單元機構無法直接切換其左右兩側桿件作為支撐端。

(2) 單元機構預調

由於機械加工、柔索安裝、柔索彈性等因素影響，柔索安裝後很難

保證 $\theta=0°$時機構兩根柔索均處於完全拉緊狀態，需找出其繩長誤差。機構安裝後，預調平行四邊形機構，令其左端固定，調整俯仰角度使 $\theta=0°$，記錄此時螺桿螺母位置為座標原點，如圖 3.26(a) 所示。螺桿鎖死，令其右側桿件為支撐端，可得其俯仰角度為 $\Delta\theta$，如圖 3.26(b) 所示。

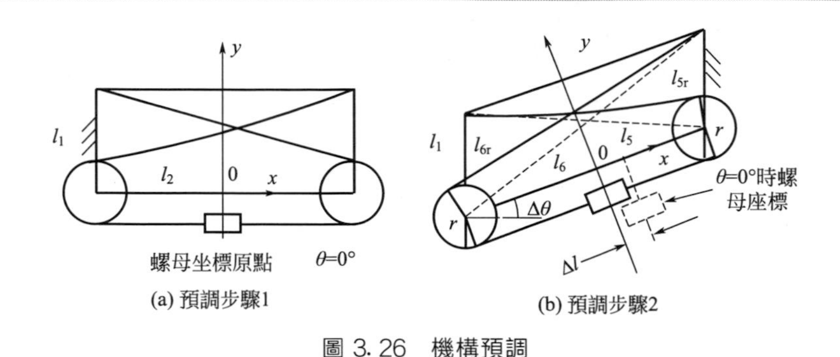

(a) 預調步驟1

(b) 預調步驟2

圖 3.26 機構預調

由運動模型可得螺桿螺母位置誤差為

$$\Delta l=k[l_{6r(\Delta\theta)}-l_{6r(0)}+r(\theta_{26(\Delta\theta)}-\theta_{26(0)}-\theta_{16(\Delta\theta)}+\theta_{16(0)}+\Delta\theta)] \tag{3.7}$$

(3) 支撐端切換流程

當單元機構 $\theta\geqslant0°$，即螺桿螺母移至 $S_{\mathrm{lnut}}(\theta)$ [圖 3.27(a_2)] 位置時，單元機構右側手臂抓緊輸電線路，機構左右兩端均固定，螺桿螺母右移，兩柔索均懸垂。由於機構兩端手臂均抓緊線路，單元機構姿態不變，如圖 3.27(a_3) 所示。之後螺桿螺母右移至 $S_{\mathrm{rnut}}(\theta)+\Delta l$ 處，切換支撐端結束，如圖 3.27(a_4) 所示。此時右側桿件為支撐端，可移動螺母改變機構姿態。同理，單元機構 $\theta<0°$時的切換過程如圖 3.27(b) 所示。

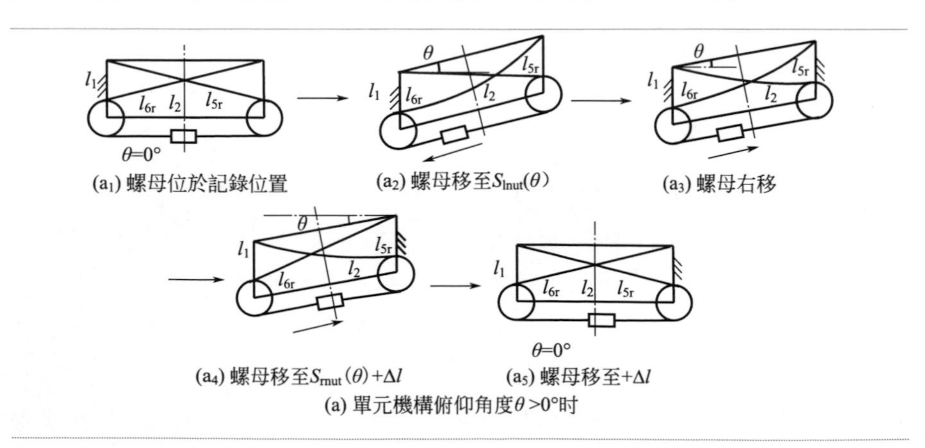

(a) 單元機構俯仰角度θ >0°时

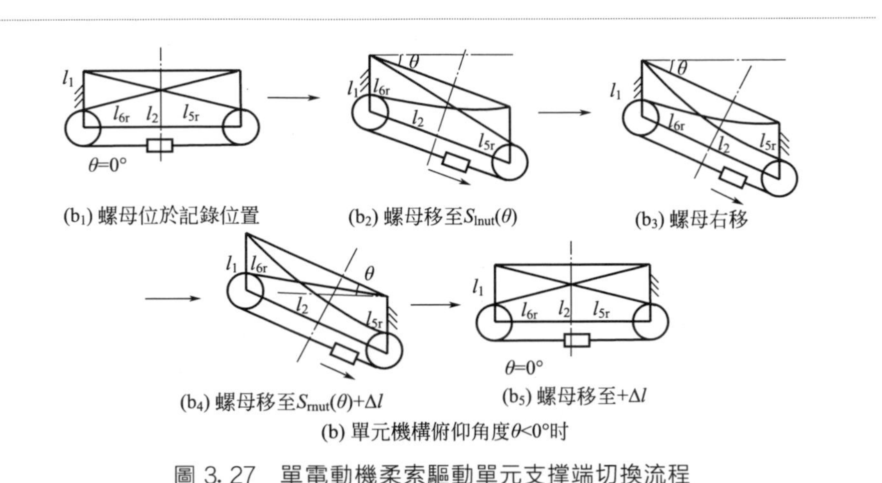

圖 3. 27　單電動機柔索驅動單元支撐端切換流程

3.3.2 重力平衡特性

攀爬機器人一般在脫離地面的空中環境作業，尤其是架空線移動攀爬機器人，需要在高空柔性支撐條件下完成攀爬移動越障任務，機器人移動越障時需保持其重力平衡以精確定位越障機構末端位姿。前文介紹的雙臂式架空線攀爬移動機器人越障時，需將其重心調整至抓線手臂，越障手臂伸出越障，該單臂掛線過程中由於架空線路剛度較低，機器人易受到自身慣性、野外風速等因素影響，出現舞動等不穩定現象。多節式攀爬機器人可以串接多個夾持單元，在攀爬越障過程中可以保證至少有兩個夾持機構抓線，提高了機器人的穩定性及沿架空線路所在方向的縱向重力平衡能力。當多節式攀爬機器人轉向越障時，需要調整姿態以保證其側向的重力平衡，下面主要針對多節式攀爬機器人的側向重力平衡特性進行論述。

(1) 手臂間單元串接構型的重力平衡特性分析

多節式攀爬機器人越障的難點在於轉向越障時如何將機器人的質心調整到期望的區域內以保證側向重力平衡，從而精確地定位機器人手臂位姿並抓線。已有的三臂及多臂架空線移動攀爬機器人兩手臂間的結構如圖 3.28(a)、(b) 所示，機構的質心位於兩手臂間且無法相對於兩手臂所在的豎直平面 P 進行側向運動，機器人的質心調節能力受限。當需要前後兩手臂支撐、中間手臂抬升跨越轉角障礙時，如圖 3.28(c) 所示，機器人兩個單元機構質心及需要抬升脫線越障的手臂質心 $M_{手臂}$ 均位於圖

中豎直平面 P 的同一側，導致中間手臂行走輪無法抬升跨越障礙。現有三臂巡檢機器人單元機構設計缺陷，導致機器人從原理上便不具備以重力平衡姿態跨越耐張桿塔等具有水平轉角障礙的能力。

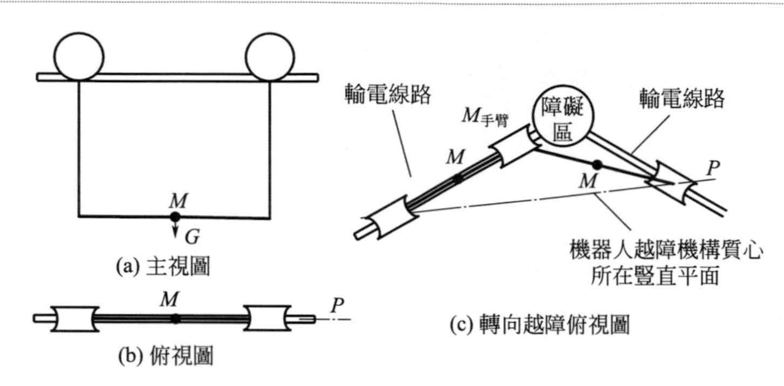

圖 3.28　已有機器人相鄰手臂間機構及其轉向示意

手臂間兩個單元機構串聯的機器人機構手臂間包含由水平回轉關節串聯的兩個平行四邊形機構。手臂間機構三視圖如圖 3.29 所示。

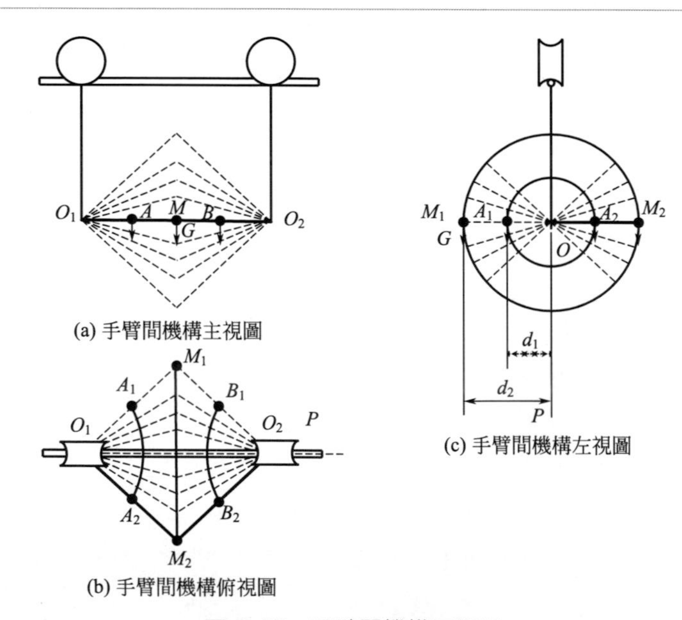

圖 3.29　手臂間機構三視圖

在兩手臂固定且距離小於兩個平行四邊形長度之和時，中間兩平行四邊形機構具備側向偏出並同時繞圖中 O_1O_2 軸旋轉的運動能力。根據結構特點，若取單元機構的質心分別位於兩平行四邊形機構中心及兩個平行四邊形機構的連接處，如圖 3.29(a) 中 A、M、B 點所示，則機器人單元機構的質心 A、M、B 相對於兩行走輪連線所在豎直平面 P 所成重力矩力臂，即各質心到兩行走輪所在豎直平面的距離 d_a、d_m、d_b 取值關係如下：

$$\left.\begin{array}{l} d_a, d_b \leqslant d_1 \\ d_m \leqslant d_2 \end{array}\right\} \tag{3.8}$$

式中，d_1 為單元機構與豎直平面垂直時質心 A、B 到豎直平面的距離；d_2 為單元機構與豎直平面垂直時質心 M 到豎直平面的距離。

式(3.8) 說明該機器人的單元機構具有質心自我調節能力。巡檢機器人可以透過調整各單元機構中 d_a、d_m、d_b 的值來即時調整機器人整機的質心位置，滿足機器人轉向越障重力平衡要求。機器人轉向越障示意如圖 3.30 所示。

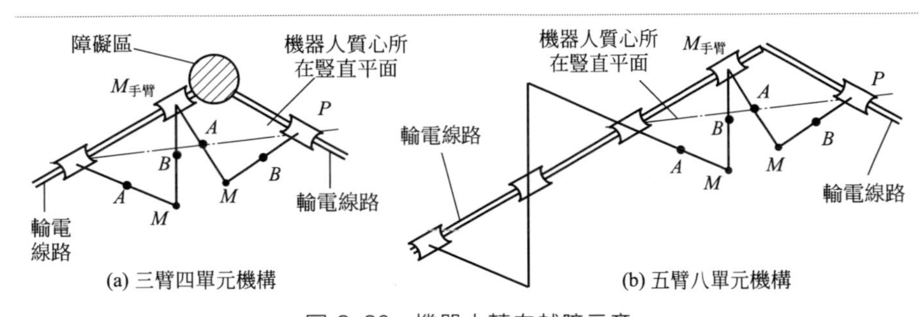

圖 3.30 機器人轉向越障示意

(2) 重力平衡條件

保證機器人轉向越障側向重力平衡的基本要求為機器人質心位於期望的豎直平面上，可以表示為

$$M_h = \sum_{i=1}^{n} t_i m_i g d_i = 0 \tag{3.9}$$

式中，M_h 為機器人各質點相對於期望平面的力矩之和；t_i 為第 i 個質點所產生重力矩正負的因子；m_i 為機構第 i 個質點的質量；d_i 為第 i 個質點到期望平面間的水平投影距離；g 為重力加速度。

引入 t_i 的原因是區別位於期望豎直平面兩側的質點所形成重力臂的正負取值。假定已知所要確定期望平衡的豎直平面所在直線的兩點為 $M(x_1, y_1, z_1)$、$N(x_2, y_2, z_2)$，則連接 M 與 N 兩點的直線方程可表示為

$$\frac{x-x_1}{x_2-x_1}=\frac{y-y_1}{y_2-y_1}=\frac{z-z_1}{z_2-z_1} \tag{3.10}$$

直線所在竪直方向平面 P 的方程為

$$Ax+By+D=0 \tag{3.11}$$

式中，$A=-\frac{y_1-y_2}{z_1}$；$B=\frac{x_1-x_2}{z_1}$；$D=-Ax_1-By_1$。

由點到平面距離公式可求得各質心與平面 P 的距離。根據本書設計的機器人工況，令越障前機器人所在輸電線路位於大地座標系 x-z 平面內，若質點位於該點在平面 P 上的垂足的一側，則該點必然位於過該點平行於 y 軸方向的直線與該平面交點的同一側。由該性質可推出質心位於平面 P 前側還是後側的判定條件。假設質點 Q 的座標為(a,b,c)，與 y 軸平行的向量為$(0,1,0)$，根據點向式可得到過質點且與 y 軸平行的直線方程為

$$\left.\begin{aligned} x&=a \\ z&=c \end{aligned}\right\} \tag{3.12}$$

代入平面 P 的方程，得到交點的 y 向座標為

$$y_{\mathrm{N}}=y_1+\frac{A}{B}x_1-\frac{A}{B}a \tag{3.13}$$

符號因子可表示為

$$\left.\begin{aligned} t_i&=1, y_{\mathrm{N}}-b>0 \\ t_i&=-1, y_{\mathrm{N}}-b\leqslant 0 \end{aligned}\right\} \tag{3.14}$$

3.3.3 越障規劃

根據不同的障礙類型，多節式攀爬機器人的越障流程規劃可分為直線行進式和伸縮蠕動式兩大類。針對超高壓輸電線路環境，機器人越障模式分類如圖 3.31 所示。

① 直線行進式越障。機器人兩手臂間單元機構無須側向偏出，越障手臂抬升或下降至線路下側後，其他在線手臂行進越障。越障動作少、速度快，無須調節側向重力平衡，但越障能力有限，行走輪行進時可能與線路上的其他障礙干涉。

② 伸縮蠕動式越障。機器人通過調整兩手臂間單元機構姿態完成仿蠕蟲蠕動式收縮行進動作，手臂行走輪無須轉動，機器人越障能力強，越障時手臂可以根據障礙環境選擇夾持點，具備跨越組合障礙和適應轉向環境的能力，但越障動作較多、速度慢，需要進行側向重力平衡的即時調節。

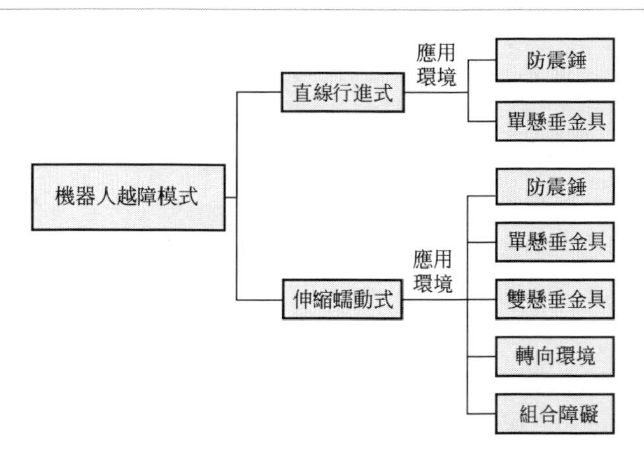

圖 3.31　機器人越障模式分類

機器人也可以將以上兩種越障模式結合，在蠕動式越障過程中允許行走輪行進的環境下行走輪行進，以提高越障效率。下面將根據具體障礙環境說明機器人越障流程。

(1) 三臂四單元構型跨越防震錘等上側可通過障礙的流程

遇到防震錘等上側可通過障礙時，機器人直接抬升手臂跨越障礙，如圖 3.32 所示。由於防震錘側向距離小，且機器人手臂具有側向偏出設計，手臂在線時不會與線路下側防震錘干涉。

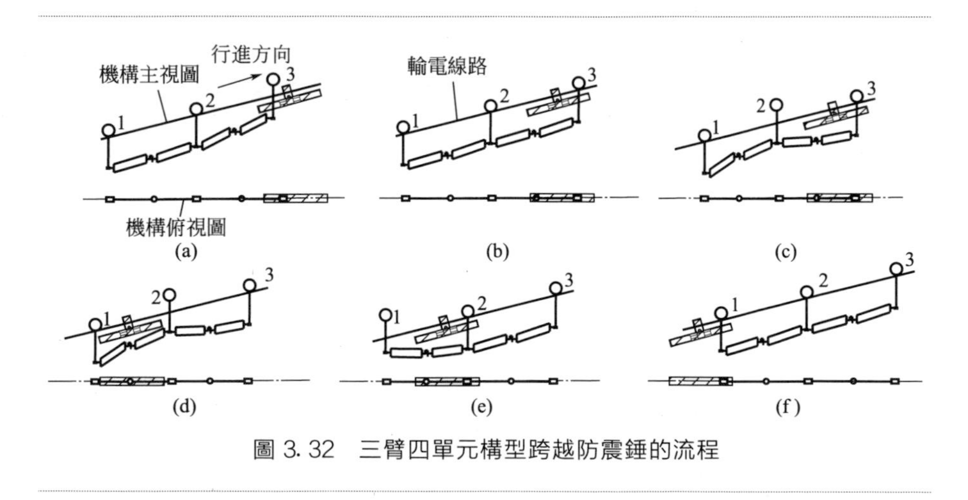

圖 3.32　三臂四單元構型跨越防震錘的流程

在線手臂遇到障礙時，手臂 1、手臂 2 夾緊線路，手臂 3 抬升後，行走輪 1、行走輪 2 行進，如圖 3.32(a) 所示。手臂 3 越障後落線，如圖 3.32(b) 所示。手臂 3 夾緊線路，行走輪 2 抬升，如圖 3.32(c) 所示。行走輪 1、行走輪 3 行進，手臂 2 越障，如圖 3.32(d) 所示。手臂 2 落線，手臂 1 抬升，如圖 3.32(e) 所示。行走輪 2、行走輪 3 行進，手臂 1 越障後落線，完成越障任務，如圖 3.32(f) 所示。

(2) 三臂四單元構型跨越懸垂金具等上側不可通過障礙的流程

跨越懸垂金具的流程與跨越防震錘類似，區別在於脫線手臂越障時需要運動至障礙下側或左右可通過側，單元機構支撐端及驅動柔索切換過程與跨越防震錘相同，如圖 3.33 所示。

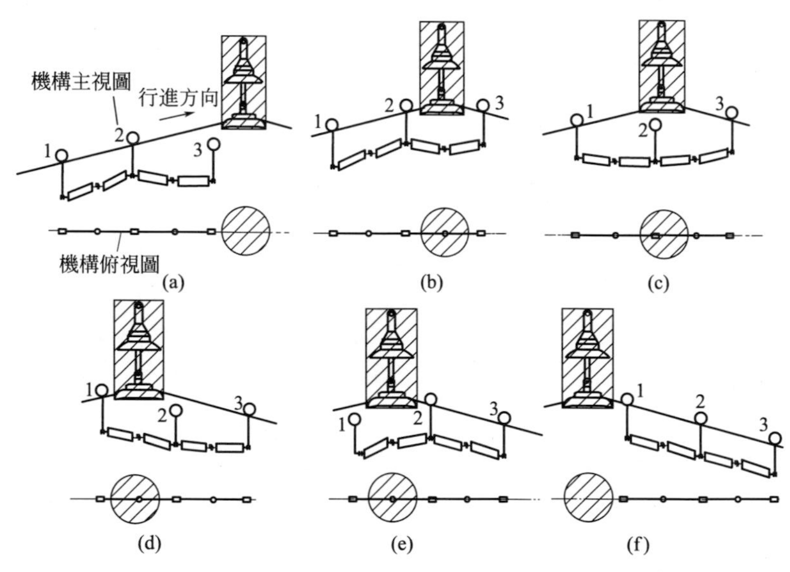

圖 3.33 三臂四單元構型跨越懸垂金具的流程

(3) 三臂四單元構型伸縮蠕動式跨越轉向障礙的流程

當機器人遇到轉角塔等具有一定水平偏轉角度的障礙時，可採用能夠即時保證機器人側向重力平衡的伸縮越障模式跨越障礙，越障流程俯視圖如圖 3.34 所示。由輸電線路的具體構造知轉角處的障礙為下側可通過式障礙，圖中與障礙區重合部分表示可能位於輸電線路下側的部分機器人機構。點畫線 P 表示機器人質心所在的豎直平面；不規則三角形區域表示機器人質心所在區域。

根據質心的調整過程，可將該機器人的轉向越障分為以下 5 個階段。

階段 1： 機器人的質心位於輸電線路 1 所在豎直平面階段。共 4 步。

步驟 1：當檢測到轉角障礙環境時，機器人調整到如圖 3.34(1-1) 所示的收縮模式，此時機器人的平行四邊形機構側向偏出較少。

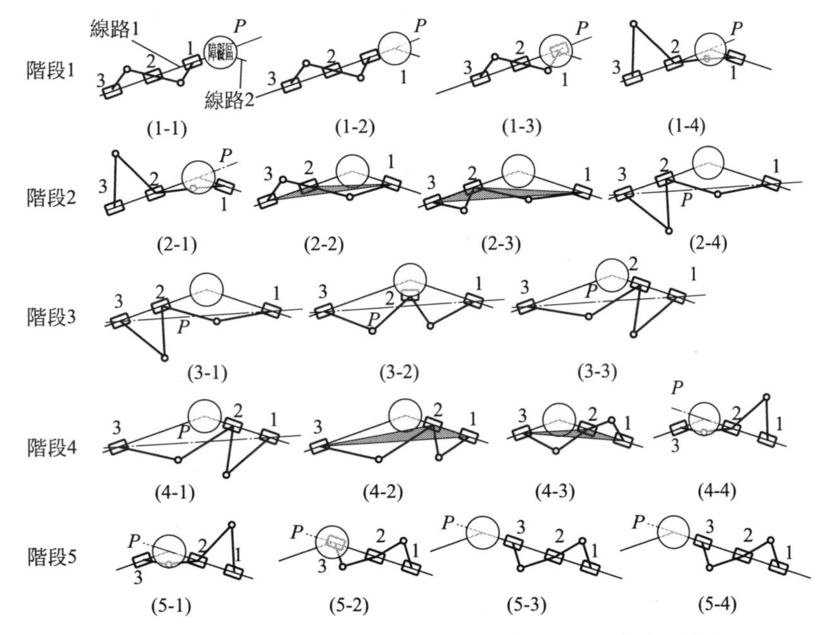

圖 3.34 三臂四單元構型伸縮蠕動式跨越轉向越障流程俯視圖

步驟 2：行走輪 1 下線，與行走輪 2 配合的夾持機構夾緊輸電線路，與行走輪 3 配合的夾持機構鬆開，調整輪 2-輪 3 運動鏈的姿態，保證機器人側向重力平衡，如圖 3.34(1-2) 所示。

步驟 3：輪 2 夾持機構鬆開，在線行走輪 2、行走輪 3 行進，使輪 2 靠近障礙區域，如圖 3.34(1-3) 所示。

步驟 4：輪 2 夾持機構夾緊輸電線路，調整輪 1 的位置及輪 2-輪 3 運動鏈的姿態，使輪 1 落在輸電線路 2 上，如圖 3.34(1-4) 所示。

階段 2：機器人的質心由輸電線路 1 所在豎直平面向行走輪 1 與行走輪 3 連線所在豎直平面的過渡階段。共 1 步。

步驟：在 3 個行走輪同時落線時，如圖 3.34(2-1) 所示，輪 2 夾持機構夾緊輸電線路，分別調整輪 2-輪 3 運動鏈及輪 2-輪 1 運動鏈的姿態。為增加輪 2 在輸電線路 2 上的可夾持區域，使輪 1 運動到距離轉角障礙較遠的位置。該過程中，3 個行走輪均位於輸電線路上，因此只需保證機器人質心位於圖 3.34(2-2)、(2-3) 中所示的陰影區域的豎直空間內，即可保證機器人質心穩定過渡到圖 3.34(2-4) 所示的輪 1 與輪 3 連線所在豎直平面 P 上。

階段 3：中間手臂越障階段，即行走輪 2 由輸電線路 1 運動到輸電線路 2 上。共 2 步。

步驟 1：在機器人質心過渡到行走輪 1 與行走輪 3 連線所在豎直平面後，行走輪 1 與行走輪 3 夾持機構分別夾緊輸電線路，如圖 3.34(3-1) 所示。

步驟 2：行走輪 2 脫線，並沿能夠保證機器人存在平衡位姿運動學逆解且與障礙無干涉的預定軌跡運動到輸電線路 2 上並抓線，如圖 3.34(3-2)、(3-3) 所示。該步驟需即時調整機器人輪 3-輪 1 運動鏈的姿態，保證機器人的質心始終位於輪 1 與輪 3 連線所在的豎直平面內，使機器人不發生影響行走輪抓線定位的側傾現象。

階段 4：機器人質心由行走輪 1 與行走輪 3 連線所在豎直平面向輸電線路 2 所在豎直平面的過渡階段。該階段與階段 2 類似，共 1 步。

步驟：行走輪 2 夾緊輸電線路，調整輪 2-輪 3 和輪 2-輪 1 運動鏈的姿態，使行走輪 3 在輸電線路 1 上行進到距離障礙較近的位置。同時，該過程保證機器人的質心在如圖 3.34(4-2)、(4-3) 所示的陰影區域所在豎直空間內，最後將機器人質心過渡到輸電線路 2 所在的豎直平面內，如圖 3.34(4-4) 所示。

階段 5：機器人質心位於輸電線路 2 所在豎直平面階段。該階段與階段 1 類似，共 3 步。

步驟 1：輪 3 下線，此時調整輪 2-輪 1 運動鏈姿態，保證機器人側向平衡，如圖 3.34(5-2) 所示。

步驟 2：輪 2 夾持機構鬆開，在線行走輪 2、行走輪 1 行進，遠離轉角障礙，如圖 3.34(5-3) 所示。

步驟 3：輪 3 運動到輸電線路 2 上，此時調整輪 2-輪 1 運動鏈姿態，保證機器人側向平衡，如圖 3.34(5-4) 所示，完成越障任務。

完成以上 5 個階段後即可轉向越障。由以上流程知機器人在越障過程中不存在單臂掛線運動情況，透過側向偏出的兩個平行四邊形機構實現側向重力平衡，可以增強機器人越障過程的穩定性。支撐端及主動柔索切換方法與跨越防震錘及懸垂金具一致。

(4) 三臂四單元構型轉向越障算法

已知機器人轉向越障運動過程中，行走輪運動軌跡由若干條給定工作空間內直線所組成，本算法採用將直線定步長等分的離散方式確定每個離散點滿足重力平衡條件的機器人關節角度，以保證機器人越障過程中處於重力平衡狀態。根據實際情況，機器人兩行走輪抓線時會因摩擦產生一定的對抗機器人側傾的轉矩。本書採用二分逼近算法，當疊代至式(3.15) 所示的條件時，便認為該機器人姿態滿足重力平衡要求：

$$|M_{\mathrm{h}}|\leqslant\varepsilon \tag{3.15}$$

式中，M_{h} 為對抗機器人側傾的轉矩；ε 為對抗機器人側傾的摩擦力矩，同時可認為其是二分逼近算法的允許誤差界。

圖 3.34 中，三臂四單元構型伸縮蠕動式跨越轉向越障過程中的階段 5 與階段 1 類似，階段 4 與階段 2 類似，這裡僅給出較複雜的階段 3 的算法流程，如圖 3.35 所示，圖中出現的封裝模塊流程如圖 3.36 所示。

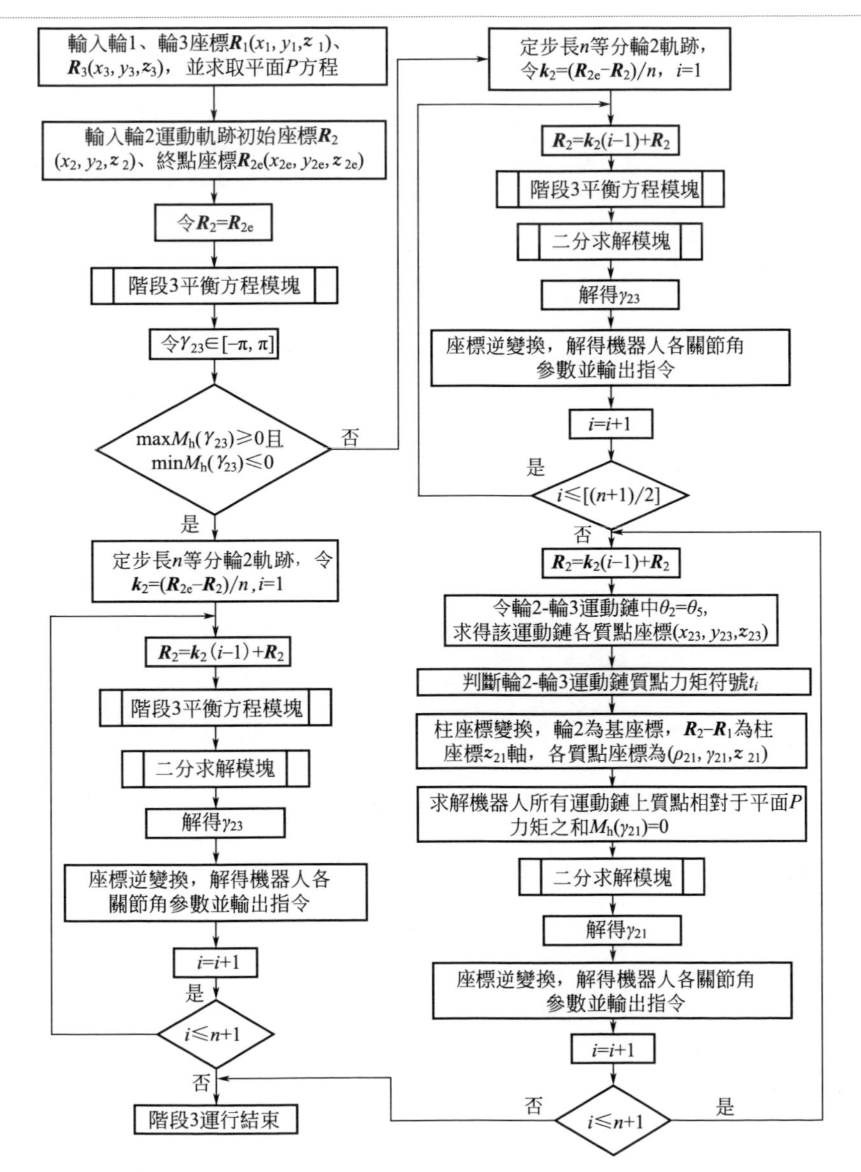

圖 3.35 三臂四單元機器人構型伸縮蠕動式跨越轉向越障階段 3 的算法流程

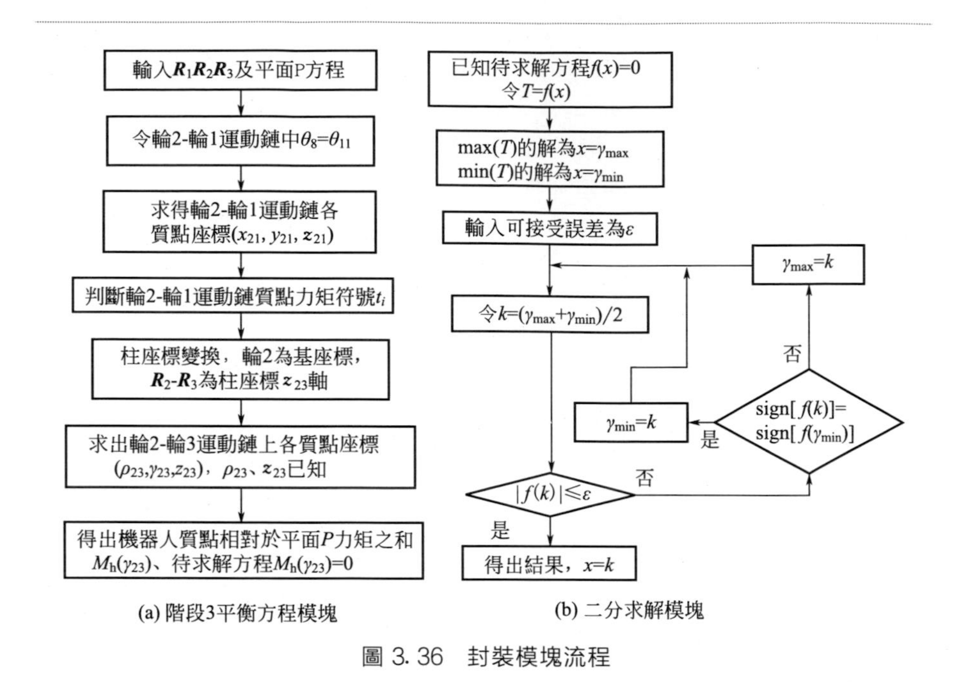

(a) 階段3平衡方程模塊　　(b) 二分求解模塊

圖 3.36　封裝模塊流程

機器人實驗樣機轉向越障過程如圖 3.37 所示。

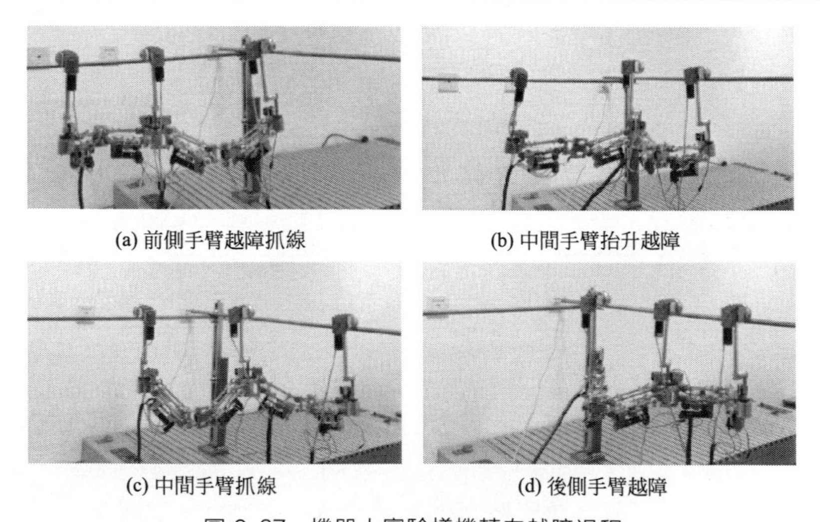

(a) 前側手臂越障抓線　　(b) 中間手臂抬升越障

(c) 中間手臂抓線　　(d) 後側手臂越障

圖 3.37　機器人實驗樣機轉向越障過程

(5) 五臂八單元構型跨越上側可通過障礙的流程

上側可通過障礙包括防震錘和壓接管等線路上側空間可以供機器人

行走輪越過的障礙類型，本書以典型的防震錘障礙為例來說明，如圖 3. 38 所示。

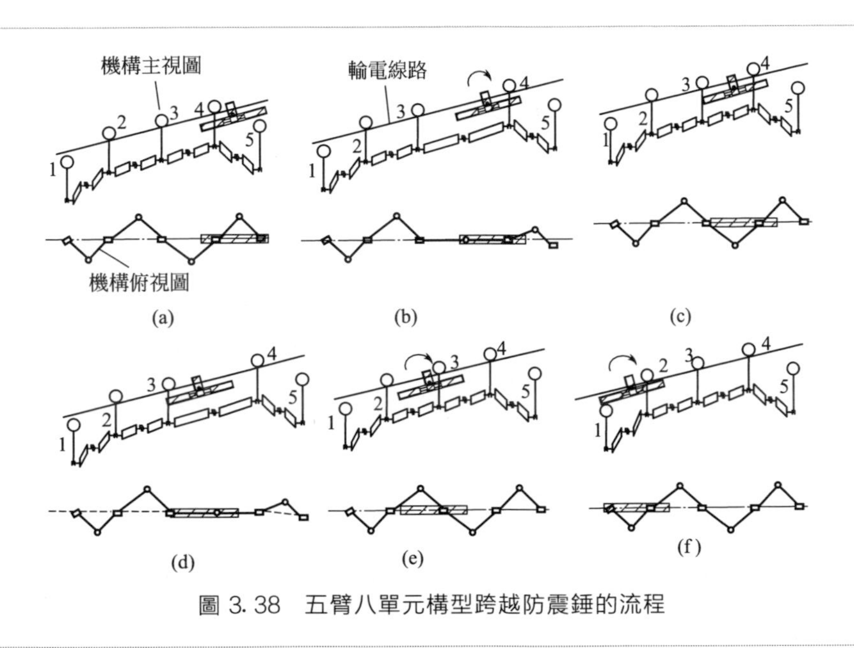

圖 3. 38　五臂八單元構型跨越防震錘的流程

遇到防震錘等上側可通過障礙時，機器人直接抬升手臂跨越障礙。如圖 3. 38(a) 所示，機器人收縮，手臂 1、手臂 5 運動到輸電線路下側並可隨時調整相鄰單元機構姿態，以保證機器人側向重力平衡。手臂 4 伸出並從上側跨越障礙，如圖 3. 38(b) 所示。手臂 3、手臂 4 間單元機構收縮，如圖 3. 38(c) 所示。手臂 3、手臂 4 間單元機構伸出，如圖 3. 38(d) 所示。手臂 3、手臂 4 間單元機構收縮，手臂 3 從上側跨越障礙，如圖 3. 38(e) 所示。重複以上蠕動方式，手臂 2 亦可跨越障礙，完成越障任務，如圖 3. 38(f) 所示。

當線路上防震錘前後有足夠運動距離時，圖 3. 38(b)～(d) 階段可直接由在線行走輪驅動機器人行進完成，簡化機器人越障過程。當障礙尺寸較大或者遇到組合障礙時，可進行多次蠕動，完成圖 3. 38(b)～(d) 運動任務。當多手臂在線遇到障礙時，可採用相同蠕動方式，每隻手臂依次跨越障礙。

(6) 五臂八單元構型跨越上側不可通過障礙的流程

上側不可通過障礙包括單懸垂金具、雙懸垂金具等線路上側空間由於金具的懸垂導致機器人行走輪無法由其上側越過的障礙類型，以典型的單懸垂金具為例來說明，如圖 3. 39 所示。

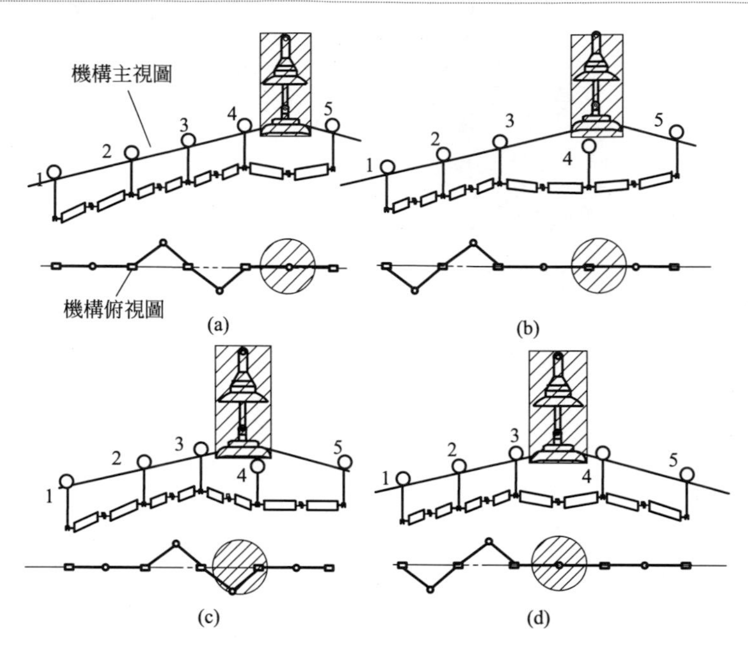

圖 3.39 五臂八單元構型跨越單懸金具的流程

跨越單懸垂金具，手臂 5 由下側跨越單懸垂金具後抓線，如圖 3.39(a) 所示。手臂 4 無法直接由障礙左側運動到右側。此時手臂 3、手臂 4 及手臂 4、手臂 5 間單元機構伸出運動，使手臂 4 位於障礙下側，如圖 3.39(b) 所示。手臂 3、手臂 4 間單元機構收縮，如圖 3.39(c) 所示。手臂 3、手臂 4 間單元機構伸出，完成手臂 4 上線。手臂 3、手臂 2 均可採用該方式依次越障。手臂 1 作為平衡手臂可以上線，也可以下線調整機器人側向平衡。

(7) 五臂八單元構型跨越組合障礙的流程

以帶有俯仰和水平轉角的耐張塔障礙組合為例，越障流程如圖 3.40 所示。

無障礙行進時手臂 2、手臂 3、手臂 4 掛線，遇到防震錘時，手臂 2、手臂 3 在線，手臂 4 伸出跨越防震錘，手臂 1、手臂 5 脫線調整機器人側向平衡，如圖 3.40(a) 所示。手臂 4 抓緊線路，手臂 2、手臂 3 依次蠕動至圖 3.40(b) 所示位置。手臂 4、手臂 3、手臂 2 依次向前蠕動至圖 3.40(c) 所示位置。手臂 2、手臂 3、手臂 4 抓緊線路，前側手臂 5 抓緊桿塔橫擔中點處，如圖 3.40(d) 所示。手臂 4 運動至障礙下側，如圖 3.40(e) 所示。手臂 3、手臂 2 依次蠕動至圖 3.40(f) 所示位置。手臂 2、手臂 3 抓緊線路，手臂 5 運動至障礙另一側並抓緊輸電線路，手臂 4 運動至原手臂 5 位置，如圖 3.40(g) 所示。手臂 3、手臂 2 依次脫線，重複手臂 4 的運動過程，手臂 4 下線重複手臂 5 運動過程，手臂 5 隨著向前蠕動，機器人可運動至圖 3.40(h) 所示位置。手臂 5、手臂 4、手臂 3 依次向前蠕動，手臂 1、手臂 2 下線完成越障任務，如圖 3.40(i) 所示。

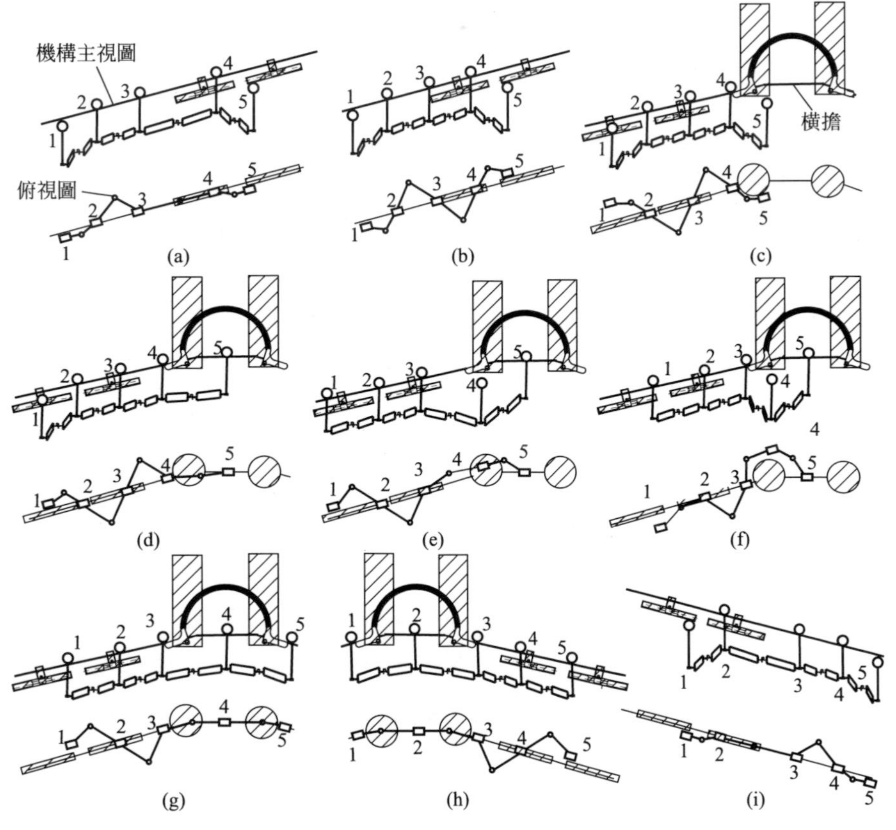

圖 3.40　五臂八單元構型跨越耐張塔組合障礙的流程

以上越障過程中側向重力平衡手臂分別為圖 3.40(a)～(g) 中的手臂 1 和圖 3.40(h)、(i) 中的手臂 5。側向重力平衡手臂在機器人能夠滿足側向平衡條件時，也可以落在輸電線路上。

多節式攀爬機器人具備跨越架空線上單個障礙及障礙組合的能力。機器人在越障過程中至少有兩隻手臂掛線，不存在單臂掛線及單臂行進過程。同時至少有 1 隻手臂及單元機構可以作為機器人的自平衡機構，滿足機器人手臂脫線側向偏出越障過程中的重力平衡需求，機器人能夠跨越帶有水平轉角的障礙。

當五臂式結構手臂 1、手臂 5 均下線時，中間手臂越障，手臂 1、手臂 5 可以作為重力自平衡機構，通過調整機器人手臂 1-手臂 2 間運動鏈和手臂 4-手臂 5 間運動鏈的姿態，使其滿足式(3.15)，便可保證機器人重力平衡。由五臂式機器人構型知

$$|\max M_{\mathrm{h}(2\text{-}4)}| \leqslant |\max M_{\mathrm{h}(1\text{-}2)}| + |\max M_{\mathrm{h}(4\text{-}5)}| \tag{3.16}$$

式中，$M_{\mathrm{h}(i\text{-}j)}$ 表示中間手臂越障過程手臂 i-手臂 j 間運動鏈相對於盼望平面 P 的重力矩之和。

由於手臂 1-手臂 2 運動鏈和手臂 4-手臂 5 運動鏈均屬於開環運動鏈，可以透過調整水平轉角任意改變其重力矩正負因子 t_i 的取值，得出如下結論：

$$\forall M_{\mathrm{h}(2\text{-}4)}, \exists \left[M_{\mathrm{h}(1\text{-}2)} \quad M_{\mathrm{h}(4\text{-}5)}\right] \mathrm{s.t.}\, M_{\mathrm{h}(2\text{-}4)} + M_{\mathrm{h}(1\text{-}2)} + M_{\mathrm{h}(4\text{-}5)} = 0 \tag{3.17}$$

(8) 多節式攀爬機器人越障能力分析

由以上分析可知，本書提出的三臂式多節攀爬機器人機構具備轉向越障的能力，在一定幾何工作環境條件下，利用給出的算法流程，中間手臂在其工作空間內存在滿足側向重力平衡的越障路徑，使其在重力平衡條件下完成越障任務。但其中間手臂在重力平衡約束下的工作空間受限，無法在其工作空間內沿任意路徑轉向越障，無法適應所有轉向線路的障礙環境。

五臂式多節攀爬移動機器人具備轉向越障時的重力平衡能力。遇到轉向障礙環境時，機器人的越障手臂可以在其工作空間內，以任意路徑和任意姿態跨越障礙，相比三臂式構型具有更強的避障能力，能夠適應相對複雜的轉向障礙環境。五臂八單元構型能夠完全滿足多單元串聯式機器人的重力自平衡需求，不需要透過增加串聯單元來實現其重力自平衡功能。

參考文獻

[1] Perrot Y, Gargiulo L, Houry M, et al. Long-reach articulated robots for inspection and mini-invasive interventions in hazardous environments: recent ro-

botics research, qualification testing, and tool developments [J]. Journal of Field Robotics, 2012, 29(1): 175-185.

[2] Perrot Y, Gargiulo L, Houry M, et al. Long reach articulated robots for inspection in hazardous environments, recent developments on robotics and embedded diagnostics [C]. 1st International Conference on Applied Robotics for the power Industry. Delta Centre-Ville Montreal, Canada, 2010: 65-70.

[3] Alon W, Howard H C, Benjamin H, et al. Design and control of a mobile hyper-redundant urban search and rescue robot[J]. Advanced Robot, 2005, 19(3): 221-248.

[4] Zun W, Baoyuan W, Zengfu W. Kinematic and dynamic analysis of a In-Vessel inspection robot system for EAST[J]. Journal of fusion energy, 2015, 34: 1203-1209.

[5] Yisheng G, Haifei Z, Wenqiang W, et al. A modular biped wall-climbing robot with high mobility and manipulating function [J]. IEEE/ASME Transactions on mechatronics, 2013, 18(6): 1787-1798.

[6] Jiang L, Yisheng G, Jiansheng W, et al. Energy-optimal motion planning for a pole-climbing robot[J]. Robot, 2017, 39 (1): 16-22.

[7] Jiang L, Yisheng G, Chuanwu C, et al. Gait analysis of a novel biomimetic climbing robots[J]. Journal of Mechanical Engineering, 2010, 46(15): 17-22.

[8] Mahmoud T, Lino M, Anibal T, et al. Development of an industrial pipeline inspection robot[C]. Industrial Robot: An International Journal, 2010, 37 (3): 309-322.

[9] Xinjun L, Jie L, Yanhua Z. Kinematic optimal design of a 2-degree-of freedom 3-parallelogram planar parallel manipulator[J]. Mechanism and Machine Theory, 2015, 87: 1-17.

[10] Dewei Y, Zuren F, Xiaodong R, et al. A novel power line inspection robot with dual-parallelogram architecture and its vibration suppression control [J]. Advanced Robotics, 2014, 28 (12): 807-819.

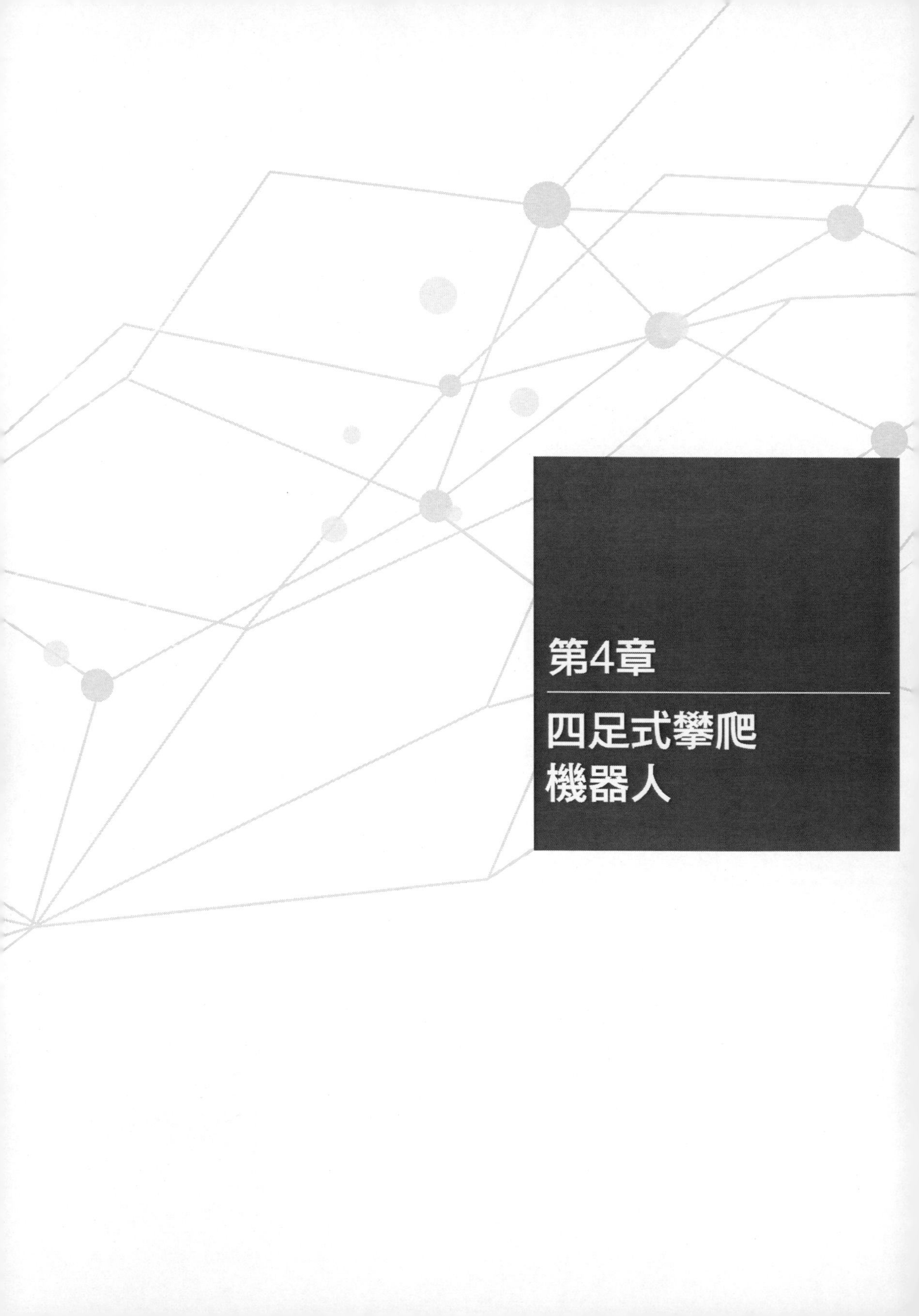

第4章

四足式攀爬機器人

4.1 四足式攀爬機器人的組成及工作原理

4.1.1 攀爬機器人的研究現狀

攀爬機器人是特種機器人領域範圍內的一個重要研究分支，同時是當前機器人研究領域的一大焦點。在過去幾年裡，已經研製出很多仿生類機器人，比較典型的有仿蛇機器人、仿壁虎爬壁機器人、仿人型機器人等，這些機器人主要從外形結構和功能上對生物進行模仿。攀爬機器人的設計也是從一些爬樹動物（如樹懶、大猩猩等）的運動方式得到啓發。把地面上機器人移動技術與吸附技術有機結合起來，使攀爬機器人能夠在垂直壁面上吸附運動，而且可攜帶工具進行作業。攀爬機器人技術已經越來越成熟，攀爬機器人正在向高集成化、自動化、智慧化、模塊化的方向發展[1]。

常見的足式攀爬機器人有 2～8 足，吸附方式有在機器人的足端裝配真空吸盤、機械夾持機構、磁吸附裝置或者採用仿生吸附。足式機器人具有多自由度，可以在攀爬表面靈活變向和跨越障礙。一般來說，足的數量越多，機器人的吸附穩定性越強，攜帶負載的能力也越高；但是足式機器人控制複雜、移動速度較慢。

真空吸盤是一種常見的吸附方式，利用真空負壓原理使機器人可以吸附在相對光滑的物體表面。其優勢在於適用範圍廣泛，對吸附面的材料沒有過多要求，可以吸附在牆面、玻璃、水泥等光滑物體表面。

磁吸附分為永磁吸附和電磁吸附，磁吸附具有吸附力大和對壁面凹凸適應性強的特點，但是只能吸附在鐵磁質材料物體表面。

機械夾持機構可以應用於在複雜的三維環境下完成任務的攀爬機器人上，如梁、柱、管道甚至樹木等。機械夾持方式具有夾持穩定的特點，但是通用性能較差，對於特定的結構要設計專門的夾持機構。

仿生吸附方式是透過對動植物的運動機理和功能結構進行仿生研究，將其應用到開發新材料、新技術的領域，例如仿生蛇形機器人是利用了動物的運動機理，而黏附方式的仿生吸附則是利用了動物的功能結構。

海內外對攀爬機器人的研究也取得了一定的成果，下面按照攀爬抓緊方式的不同進行簡單介紹。

（1）真空吸盤

RAMR1 是一種具有 4 個自由度的雙足爬壁機器人[2]，其足端裝有吸盤，利用真空吸附的方式吸附在牆壁表面，如圖 4.1 所示。它採用了一種欠驅動的結構，髖關節和一個踝關節偶合轉動有助於減輕質量和節省空間，可以實現用 3 個電動機驅動 4 個關節。機器人的整體尺寸為 45mm×45mm×248mm，質量為 335g。

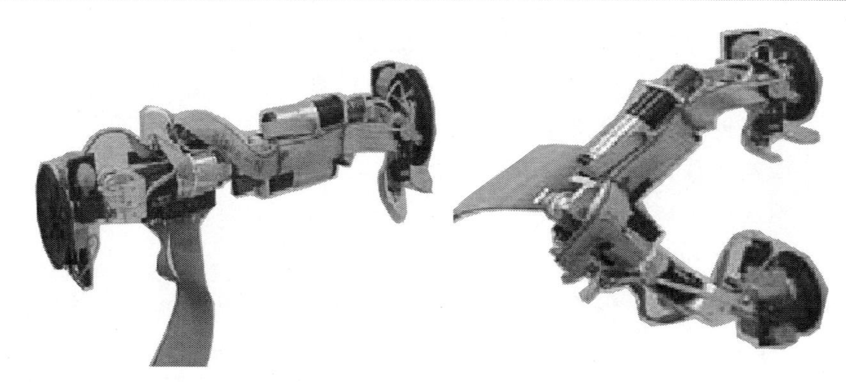

圖 4.1　RAMR1 雙足爬壁機器人

（2）機械抓取機構

華南理工大學利用模塊化設計思想提出了一種仿生攀爬機器人，如圖 4.2 所示[3]。該機器人由 5 個關節模塊相互串聯而成。分別有 3 個擺轉關節模塊安裝在機器人中間，2 個回轉關節模塊分別布置在機器人兩側，且其軸線垂直於擺轉關節，2 個足端夾持器分別布置在機器人的首末兩端，構成雙手爪式攀爬移動機器人。其最大夾持力為 300N，質量為 2.2kg。

（3）磁吸附

REST 則是一種六足攀爬機器人[4]，每個足具有 3 個自由度，具有移動、越障和轉向功能。其足端安裝有電磁吸附裝置，用以吸附在鐵磁質牆壁表面，如圖 4.3 所示。由於機器人利用了大功率的吸附裝置，所以其整體的結構尺寸較大，質量為 250kg。這種機器人可以攜帶較大的負載，具有較強的越障能力；但是行動較緩慢、控制複雜。

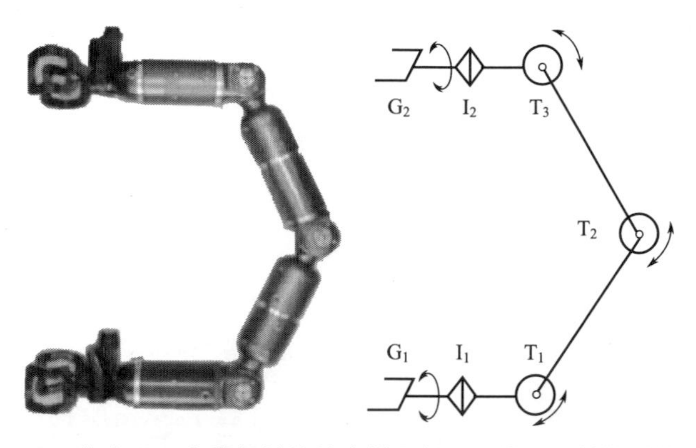

圖 4. 2　華南理工大學設計的仿生攀爬機器人模型及其機構簡圖

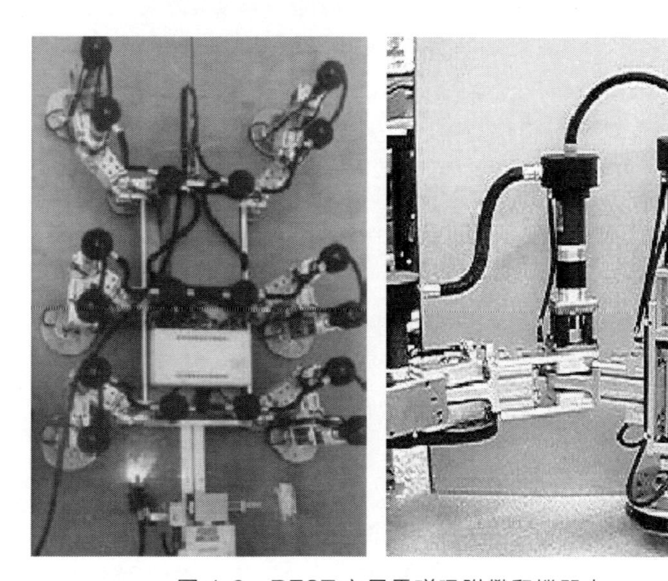

圖 4. 3　REST 六足電磁吸附攀爬機器人

(4) 仿生吸附

仿生吸附是近年來攀爬機器人研究的新方向。比較典型的例子是斯坦福大學設計的 Sticky 壁虎攀爬機器人[5]，如圖 4. 4 所示。研究者設計了形狀類似於壁虎爪子的微毛結構，該機構充分利用範德瓦爾斯力乾黏連機制，使所設計壁虎機器人能吸附到乾、溼、光滑、粗糙等多種表面。與磁吸附方式類似，利用乾黏連機制使機器人吸附在物體表面可不額外提供能量，由運動機構驅動機器人攀爬。

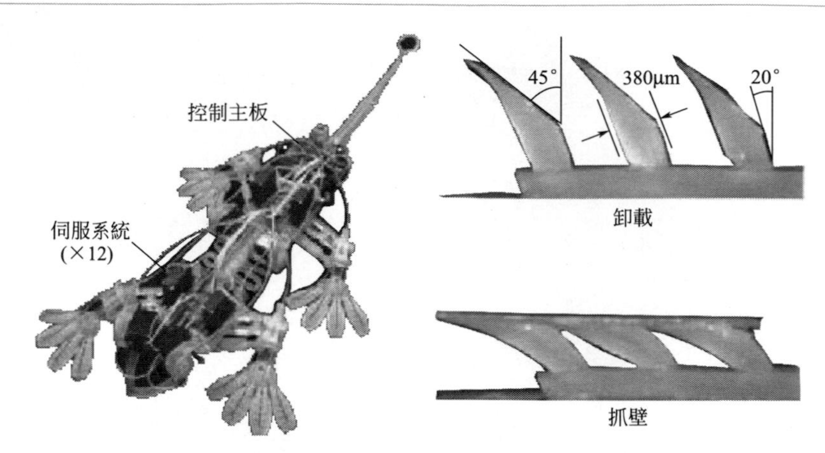

圖 4.4　Sticky 壁虎攀爬機器人

4.1.2　四足式攀爬機器人的運動原理

根據海內外攀爬機器人的研究進程來看，機器人本身的自由度數正從早些時期的單一自由度向 3 自由度、5 自由度甚至更多的自由度發展，這會使機器人的工作能力更強、更出色，滿足三維空間中的攀爬運動。

本章設計的四足式攀爬機器人採用三桿四足機器人的結構原理[6]，其結構簡圖如圖 4.5 所示。四足式攀爬機器人左右完全對稱，機器人由相互串聯的 3 個桿件、2 個雙軸複合轉動關節、2 個三軸複合轉動關節、4 個行走足以及 4 個足端執行器組成。雙軸複合轉動關節位於機器人的兩端，由端俯仰關節 1 和端足自轉關節 2 組成，當兩端行走足處於自由狀態時，能夠實現兩端足的自轉運動和俯仰運動；當兩端足固定不動時，能夠實現相連 2 個桿件的俯仰運動和偏轉運動。三軸複合轉動關節位於串聯的 2 個桿件之間，起到連接 2 個桿件的作用，由中偏轉關節 4、中俯仰關節 5 和中手自轉關節 6 組成，能夠實現兩端桿件的俯仰運動和偏轉運動以及中間行走足的自轉。每個行走足 8 均與足端抓取執行器機構連接，可以根據攀爬環境的不同選擇合適的抓取執行器。3 個桿件的長度分別為 l_1、l_2、l_3，四足的長度均為 h，足轉動關節距離機器人主體的距離為 c。

攀爬機器人主體共具有 10 個轉動自由度，其中，每個雙軸複合轉動關節具有 2 個轉動自由度，每個三軸複合轉動關節具有 3 個轉動自由度。根據行走環境的不同對四足機器人進行具體的結構設計，不同環境的結構將在 4.2 節進行詳細的介紹。

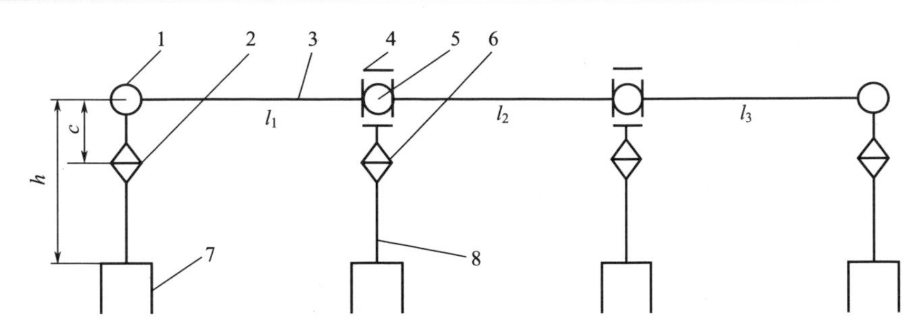

圖 4.5 四足式攀爬機器人結構簡圖

1—端俯仰關節；2—端足自轉關節；3—主體桿件；4—中偏轉關節；5—中俯仰關節；6—中手自轉關節；7—足端抓取執行器；8—行走足

4.1.3 四足式攀爬機器人運動學模型的建立

機器人的運動學問題是機器人動力學和控制問題研究的基礎[7]。通過對機器人的運動學進行分析，研究機器人的運動規律，從而確定在實現一定的運動過程中機器人各構件之間位置、速度、加速度的關係[8]。運動學是機構動力學和軌跡規劃問題的基礎，分析的結果直接關係到後期機器人實物的運動控制。關於機器人運動學的分析，目前主要從正逆運動學進行相關研究。正運動學的研究也稱為機器人運動學正解，透過D-H 參數法建立各連桿的參數模型來描述機器人的運動學特性，透過連桿間的運動學關係，可以準確地描述機器人末端執行器的運動狀態和工作空間[9]。逆運動學解決的問題就是根據末端執行器的位姿，透過對各連桿之間的關係進行反解，求解出為了實現這一運動狀態所需各關節的關節變量值，用於機器人實物的控制上。

D-H 參數法是一種用連桿參數描述機構運動學關係的規則方法。假設機器人由一系列關節和連桿組成，這些關節和連桿可能是線性移動或轉動的。而機器人的每個連桿都可以用 4 個運動學參數來描述，其中 2 個參數用於描述連桿本身，另外 2 個參數用於描述連桿之間的連接關係。

建立 D-H 座標系有標準座標系方法和改進座標系方法，標準的 D-H 座標系法是將連桿的座標系建立在該連桿的輸出端（即下一個關節）；改進 D-H 座標系法是將連桿的座標系建立在該連桿的輸入端（即上一個關節）。本書採用標準的 D-H 座標系法建立 D-H 座標系。在座標變換的過程中所用的 4 個變換參數定義如下。

① 桿長 a_i：桿件 i 的長度是指兩軸線之間公垂線的長度，座標系中

是指沿 x_i 軸從 z_{i-1} 軸移動到 z_i 的距離。

② 轉角 α_i：桿件 i 的轉角是指兩軸線桿長方向投影面的夾角，座標系中指繞 x_i 軸從 z_{i-1} 軸旋轉到 z_i 的角度，規定從 x_i 軸方向觀察逆時針為正。

③ 平移量 d_i：平移量 d_i 是指兩關節沿軸線方向的距離，座標系中是指沿 z_{i-1} 軸從 x_{i-1} 移動到 x_i 的距離，規定正方向與 z_{i-1} 正方向一致。

④ 回轉角 θ_i：桿件 i 的旋轉角是指兩桿件在桿軸線方向投影面的夾角，座標系中是指繞 z_{i-1} 軸從 x_{i-1} 旋轉到 x_i 的角度，規定從 z_{i-1} 軸方向觀察逆時針為正。

本書提出的四足式攀爬機器人具有 4 個足端夾持器。為了使後續運動學分析計算更簡潔方便，在機器人的 4 個足端夾持器上根據足端編號分別建立 4 個座標系，這 4 個座標系在不同攀爬特徵情況下，根據需要既可以起到機器人的固定基座作用，也可以起到機器人的末端夾持器作用，其餘關節上的座標系根據常規的建立方法從上至下依次建立在各個關節上。

以左邊的末端執行器為固定端建立 D-H 座標系，如圖 4.6 所示。假設中間 2 個末端執行器的位姿與其三軸複合轉動關節的 3 個自由度均相關（若中間 2 個執行器分別與桿 1 和桿 3 相連接，其姿態與三軸複合轉動關節的 2 個自由度相關；若中間 2 個執行器均與桿 2 相連接，其姿態與三軸複合轉動關節的三個自由度相關）。當以其他末端執行器為固定端時與此類似。四足式攀爬機器人 4 個末端執行器座標分別為 O_{01}、O_{02}、O_{03}、O_{04} 座標系，由於左邊末端執行器為固定端，所以 O_{01} 座標系可以看作大地座標系，因此 O_{01} 座標系與 O_0 座標系之間不存在關節，只是固定座標系的不同位置，它們之間的關節角度可以看作始終為 0。最終 D-H 參數如表 4.1 所示。

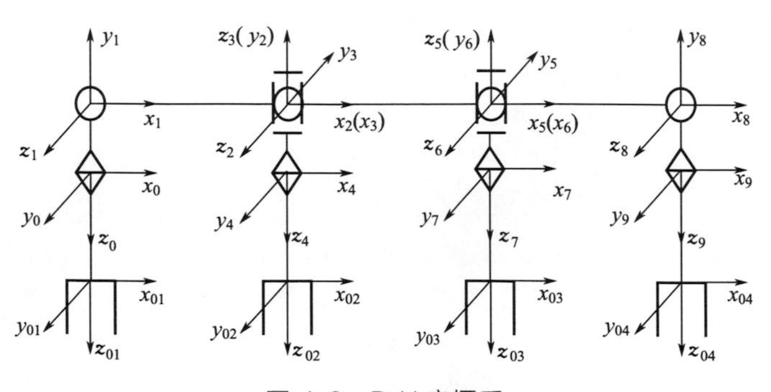

圖 4.6 D-H 座標系

表 4.1 D-H 參數

序號	相鄰座標係編號(a,b)	$\theta_i/(°)$	d_i/mm	a_i/mm	$\alpha_i/(°)$	關節變量
1	(01,0)	0	$c-h$	0	0	0
2	(0,1)	θ_1	$-c$	0	−90	θ_1
3	(1,2)	θ_2	0	l_1	0	θ_2
4	(2,3)	θ_3	0	0	−90	θ_3
5	(3,4)	θ_4	$-c$	0	180	θ_4
6	(4,02)	θ_5	$h-c$	0	0	θ_5
7	(3,5)	θ_4	0	l_2	0	θ_4
8	(5,6)	θ_6	0	0	90	θ_6
9	(6,7)	θ_7	0	0	90	θ_7
10	(7,03)	θ_8	$h-c$	0	0	θ_8
11	(6,8)	θ_7	0	l_3	0	θ_7
12	(8,9)	θ_9	0	0	90	θ_9
13	(9,04)	θ_{10}	$h-c$	0	0	θ_{10}

相鄰桿件由座標系 $\{O_{i-1}\}$ 到座標系 $\{O_i\}$ 的變換關係可按照兩次旋轉[10]、兩次移動的方式得到。

① 繞 z_{i-1} 軸旋轉 θ_i 角，使得 x_{i-1} 軸與 x_i 軸同向。

② 沿 z_{i-1} 軸平移一段距離 d_i，使得 x_{i-1} 與 x_i 軸在同一條直線上。

③ 沿 x_i 軸平移距離 a_i，使得座標系 $\{O_{i-1}\}$ 的座標原點與到座標係 $\{O_i\}$ 的座標原點重合。

④ 繞 x_i 軸旋轉 α_i 角，使得 z_{i-1} 軸與 z_i 軸在同一條直線上。

上述變換每次都是相對於動座標系進行的，所以經過 4 次變換的齊次變換矩陣為

$$\boldsymbol{T}_i^{i-1}=\mathrm{Rot}(z,\theta_i)\mathrm{Trans}(0,0,d_i)\mathrm{Trans}(a_i,0,0)\mathrm{Rot}(x,\alpha_i)$$

$$\boldsymbol{T}_i^{i-1}=\begin{bmatrix}\cos\theta_i & -\sin\theta_i & 0 & 0\\ \sin\theta_i & \cos\theta_i & 0 & 0\\ 0 & 0 & 1 & 0\\ 0 & 0 & 0 & 1\end{bmatrix}\begin{bmatrix}1 & 0 & 0 & a_i\\ 0 & 1 & 0 & 0\\ 0 & 0 & 1 & d_i\\ 0 & 0 & 0 & 1\end{bmatrix}\begin{bmatrix}1 & 0 & 0 & 0\\ 0 & \cos\alpha_i & -\sin\alpha_i & 0\\ 0 & \sin\alpha_i & \cos\alpha_i & 0\\ 0 & 0 & 0 & 1\end{bmatrix}$$

$$=\begin{bmatrix}\cos\theta_i & -\sin\theta_i\cos\alpha_i & \sin\theta_i\sin\alpha_i & a_i\cos\theta_i\\ \sin\theta_i & \cos\theta_i\cos\alpha_i & -\cos\theta_i\sin\alpha_i & a_i\sin\theta_i\\ 0 & \sin\alpha_i & \cos\alpha_i & d_i\\ 0 & 0 & 0 & 1\end{bmatrix} \tag{4.1}$$

第 i 座標相對於基座標的齊次變換矩陣為

$$\boldsymbol{T}_i^0=\boldsymbol{T}_1^0\boldsymbol{T}_2^1\boldsymbol{T}_3^2\cdots\boldsymbol{T}_i^{i-1} \tag{4.2}$$

將 D-H 參數表中的具體數值代入到式(4.1）中，可得

$$\boldsymbol{T}_0^{01}=\begin{bmatrix}1&0&0&0\\0&1&0&0\\0&0&1&c-h\\0&0&0&1\end{bmatrix};\boldsymbol{T}_1^0=\begin{bmatrix}\cos\theta_1&0&-\sin\theta_1&0\\\sin\theta_1&0&-\cos\theta_1&0\\0&-1&0&-c\\0&0&0&1\end{bmatrix}$$

$$\boldsymbol{T}_2^1=\begin{bmatrix}\cos\theta_2&-\sin\theta_2&0&l_1\cos\theta_2\\\sin\theta_2&\cos\theta_2&0&l_1\sin\theta_2\\0&0&1&0\\0&0&0&1\end{bmatrix};\ \boldsymbol{T}_3^2=\begin{bmatrix}\cos\theta_3&0&-\sin\theta_3&0\\\sin\theta_3&0&\cos\theta_3&0\\0&-1&0&0\\0&0&0&1\end{bmatrix}$$

$$\boldsymbol{T}_4^3=\begin{bmatrix}\cos\theta_4&\sin\theta_4&0&0\\\sin\theta_4&-\cos\theta_4&0&0\\0&0&-1&-c\\0&0&0&1\end{bmatrix};\ \boldsymbol{T}_{02}^4=\begin{bmatrix}\cos\theta_5&-\sin\theta_5&0&0\\\sin\theta_5&\cos\theta_5&0&0\\0&0&1&h-c\\0&0&0&1\end{bmatrix}$$

$$\boldsymbol{T}_5^3=\begin{bmatrix}\cos\theta_4&-\sin\theta_4&0&l_2\cos\theta_4\\\sin\theta_4&\cos\theta_4&0&l_2\sin\theta_4\\0&0&1&0\\0&0&0&1\end{bmatrix};\ \boldsymbol{T}_6^5=\begin{bmatrix}\cos\theta_6&0&\sin\theta_6&0\\\sin\theta_6&0&-\cos\theta_6&0\\0&1&0&0\\0&0&0&1\end{bmatrix}$$

$$\boldsymbol{T}_7^6=\begin{bmatrix}\cos\theta_7&0&\sin\theta_7&0\\\sin\theta_7&0&-\cos\theta_7&0\\0&1&0&0\\0&0&0&1\end{bmatrix};\ \boldsymbol{T}_{03}^7=\begin{bmatrix}\cos\theta_8&-\sin\theta_8&0&0\\\sin\theta_8&\cos\theta_8&0&0\\0&0&1&h-c\\0&0&0&1\end{bmatrix}$$

$$\boldsymbol{T}_8^6=\begin{bmatrix}\cos\theta_7&-\sin\theta_7&0&l_3\cos\theta_7\\\sin\theta_7&\cos\theta_7&0&l_3\sin\theta_7\\0&0&1&0\\0&0&0&1\end{bmatrix};\ \boldsymbol{T}_9^8=\begin{bmatrix}\cos\theta_9&0&\sin\theta_9&0\\\sin\theta_9&0&-\cos\theta_9&0\\0&1&0&0\\0&0&0&1\end{bmatrix}$$

$$\boldsymbol{T}_{04}^9=\begin{bmatrix}\cos\theta_{10}&-\sin\theta_{10}&0&0\\\sin\theta_{10}&\cos\theta_{10}&0&0\\0&0&1&h-c\\0&0&0&1\end{bmatrix}$$

各個連桿變換矩陣相乘之後即可得到末端執行器的正運動學方程。

建立的 D-H 座標系為以座標系 O_{01} 所在執行器為固定端，由此可以得出另外 3 個末端執行器座標相對座標系 O_{01} 的變換矩陣為

$$\boldsymbol{T}_{02}^{01}=\boldsymbol{T}_{0}^{01}\boldsymbol{T}_{1}^{0}\boldsymbol{T}_{2}^{1}\boldsymbol{T}_{3}^{2}\boldsymbol{T}_{4}^{3}\boldsymbol{T}_{02}^{4}$$

$$\boldsymbol{T}_{03}^{01}=\boldsymbol{T}_{0}^{01}\boldsymbol{T}_{1}^{0}\boldsymbol{T}_{2}^{1}\boldsymbol{T}_{3}^{2}\boldsymbol{T}_{5}^{3}\boldsymbol{T}_{6}^{5}\boldsymbol{T}_{7}^{6}\boldsymbol{T}_{03}^{7}$$

$$\boldsymbol{T}_{04}^{01}=\boldsymbol{T}_{0}^{01}\boldsymbol{T}_{1}^{0}\boldsymbol{T}_{2}^{1}\boldsymbol{T}_{3}^{2}\boldsymbol{T}_{5}^{3}\boldsymbol{T}_{6}^{5}\boldsymbol{T}_{8}^{6}\boldsymbol{T}_{9}^{8}\boldsymbol{T}_{04}^{9}$$

4.2 四足式攀爬機器人攀爬動作規劃及結構設計

四足式攀爬機器人的動作規劃至關重要，動作規劃的過程即機器人在不同環境中的運動過程。本書提出的三桿四足攀爬機器人能夠實現俯仰、偏轉、回轉多軸聯動，機構適應能力很強，不僅能夠在高壓輸電鐵塔環境下工作，還可以透過改變夾持器模塊的手爪類型在壁面和架空線路環境中工作。

四足式攀爬機器人是以關節模塊化的結構設計為基礎，每一種關節模塊的設計理念及布置形式都會影響機器人的綜合性能。因此，研究設計新型關節模塊是我們的首要工作。本書提出的攀爬機器人有兩種轉動關節模塊：雙軸複合轉動關節模塊和三軸複合轉動關節模塊。雙軸複合轉動關節具有 2 個轉動自由度，三軸複合轉動關節具有 3 個轉動自由度，它們是機器人完成攀爬運動的核心部件，也是設計重點。為了使機器人能夠出色、順利地完成工作任務，在設計過程中提出了以下要求。

① 關節轉動範圍大。保證機器人具備較強的靈活性和對攀爬工作環境的適應能力。

② 關節驅動力矩足夠大。保證機器人具備優秀的攀爬運動能力和較強的穩定工作能力。

③ 結構緊湊，質量輕。在滿足攀爬自由度要求的前提下，盡量減小機器人的關節尺寸。工藝性好，外形美觀，零部件安裝方便。

4.2.1 桿塔攀爬機器人攀爬動作規劃及結構設計

(1) 桿塔攀爬機器人攀爬桿塔動作規劃

桿塔攀爬機器人的攀爬動作規劃致力於使機器人能夠自由地在輸電鐵塔上進行攀爬工作，也就意味著機器人在攀爬過程中能夠跨越各種常見的攀爬障礙。因此，我們需要對機器人的攀爬環境進行研究調查，本

書提出的攀爬機器人的基本工作環境為高壓輸電鐵塔，透過閱讀大量高壓輸電鐵塔的相關資料，可以確定出實際上機器人針對的是攀爬環境為不同類型的角鋼塔架或者等距/不等距斜材，即要求機器人具備攀爬鐵塔主材和斜材的工作能力[11]。

輸電鐵塔的種類很多，按照鐵塔的結構形狀不同，可分為酒杯形塔、貓頭形塔、門形塔等；按照鐵塔的功能不同，可分為直線塔、換位塔和轉角塔等；按照輸電的電壓等級不同，可分為 1000kV 塔、750kV 塔、500kV 塔、220kV 塔等。圖 4.7 為輸電鐵塔的結構。本書以 500kV 直線鐵塔為例進行介紹分析，輸電鐵塔的主體結構為空間角鋼塔架，構成塔架的角鋼材包括主材、斜材及輔助材。全塔使用 Q420、Q345 及 Q235 三種型號鋼材。

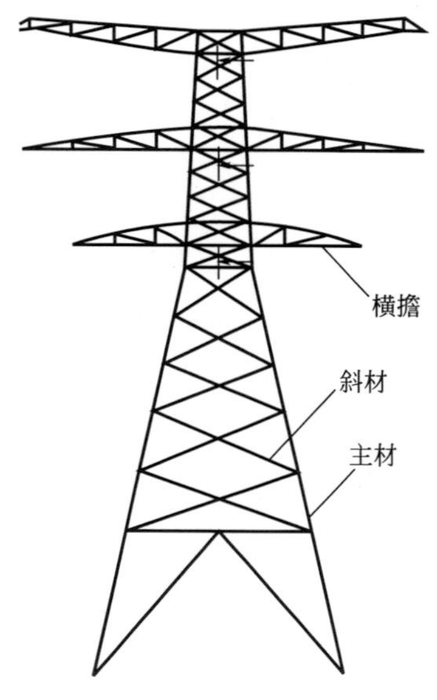

圖 4.7 輸電鐵塔的結構

1） 主材攀爬規劃

基於以上對輸電鐵塔主材攀爬路況的分析和調查研究，結合前文已經確定的機器人構型方案，現擬採用桿件攀爬步態完成主材的攀爬運動。輸電鐵塔主材攀爬過程如圖 4.8 所示，機器人主體在角鋼表面外側實現彎曲或者伸展運動，由此形成的步態類似於模仿尺蠖的動作進行攀爬。

具體攀爬過程如下。

① 機器人處於起始位置，由足端夾持器 1 和足端夾持器 2 同時抓住桿件共同支撐整個機器人，足端夾持器 3 和足端夾持器 4 為鬆開狀態。

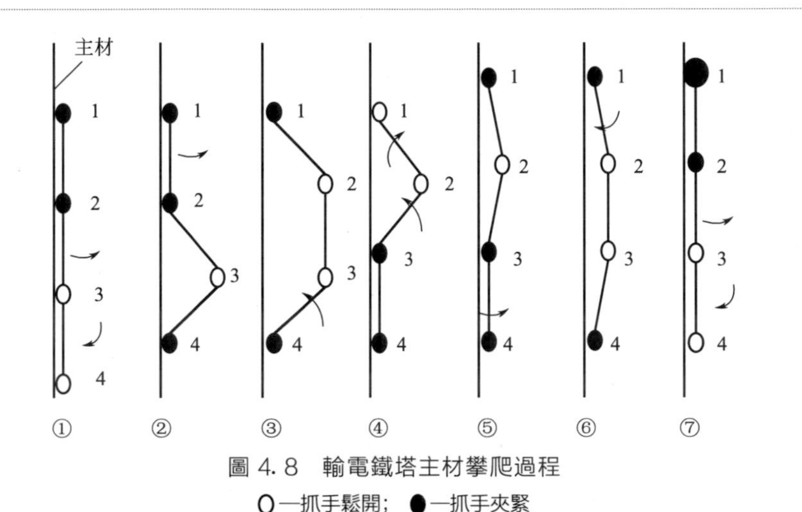

圖 4.8 輸電鐵塔主材攀爬過程

○—抓手鬆開; ●—抓手夾緊

② 機器人足端夾持器 1 和足端夾持器 2 保持不動，轉動關節 2 向上擺動，轉動關節 3 向左擺動，使足端夾持器 4 運動到指定位置，並且慢慢完成夾緊動作。

③ 機器人足端夾持器 2 慢慢鬆開夾持住的桿件，為下一步運動做準備。

④ 機器人轉動關節 4 向上擺動，使足端夾持器 3 運動到指定位置並完成夾緊動作。接著足端夾持器 1 慢慢鬆開角鋼，為下一步運動做準備。

⑤ 機器人足端夾持器 3 和足端夾持器 4 保持不動，中間兩個轉動關節（轉動關節 2 和轉動關節 3）張開並向上做伸展運動，使足端夾持器 1 運動到指定位置並慢慢完成夾緊動作。

⑥ 機器人足端夾持器 3 慢慢鬆開角鋼，為下一步運動做準備。

⑦ 機器人轉動關節 1 向左擺動，使足端夾持器 2 運動到指定位置並完成夾緊動作。接著機器人回到起始的位型，重複以上步驟可繼續攀爬。

2）不等距斜材攀爬規劃

攀爬規劃以 500kV 酒杯形直線鐵塔為例，斜材材料採用 Q345、L90×10 的等肢角鋼。斜材又稱腹桿，是角鋼塔架的重要組成部分。它的主要作用是為主材提供側向支撐並抵抗塔身剪力。角鋼塔架斜材根據塔架寬度的不同，可分為單斜材、交叉形斜材和 K 形斜材等，其中，在輸電鐵塔角鋼塔架結構中最常見的是交叉形斜材，如圖 4.9 所示。

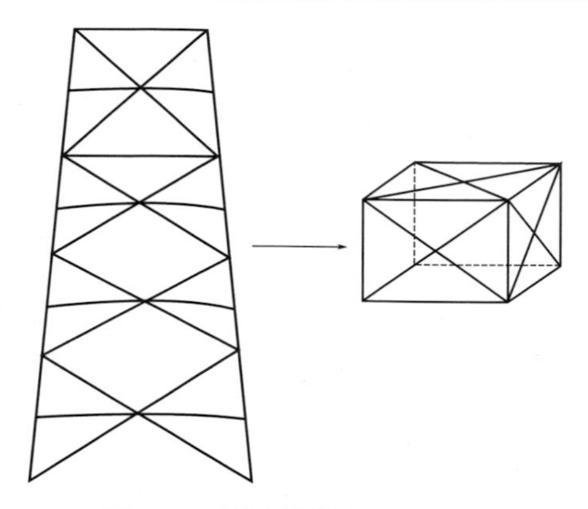

圖 4.9 輸電鐵塔交叉形斜材

現將角鋼塔架主體結構視為由多個立方體模塊連接而成，將角鋼塔架中間一部分等效為一個立方體進行鐵塔斜材步態分析。考慮到機器人在攀爬過程中針對的攀爬介質為交叉形斜材，斜材一般是非等距離的，這就要求機器人的攀爬運動能力十分靈活，現提出不等距斜材攀爬步態，如圖 4.10 所示。機器人沿著角鋼塔架斜材外側進行扭轉或者伸展以實現攀爬，夾持器的夾持方式與主材類似。

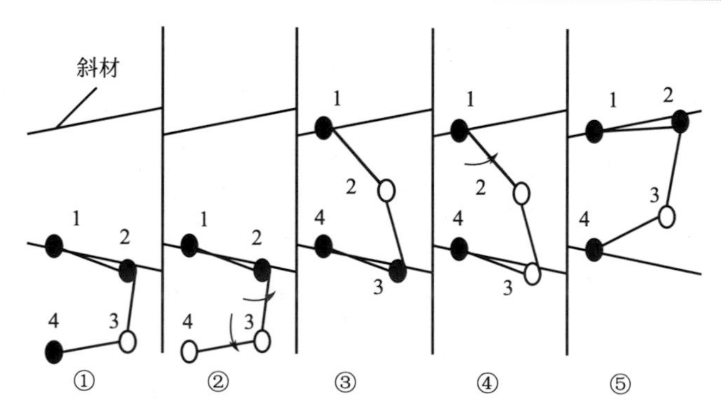

圖 4.10 輸電鐵塔不等距斜材攀爬過程

○—抓手鬆開；●—抓手夾緊

具體攀爬過程如下。

① 機器人處於起始位置，由足端夾持器 1、足端夾持器 2、足端夾持器 4 同時抓住角鋼表面，共同支撐整個機器人，足端夾持器 3 為鬆開狀態。

② 機器人足端夾持器 1 和足端夾持器 2 保持不動，足端夾持器 4 慢慢鬆開角鋼，為下一步運動做準備。

③ 機器人轉動關節 2 和轉動關節 3 大幅度向上方擺動，使足端夾持器 1 運動到指定位置並慢慢完成夾持動作。

④ 機器人足端夾持器 3 慢慢鬆開角鋼，為下一步運動做準備。

⑤ 機器人轉動關節 1 向上擺動，使足端夾持器 2 運動到指定位置並完成夾持動作。接著機器人回到起始的位型，重複以上步驟可繼續攀爬。

採用該攀爬步態時，機器人在三維空間中運動，中間兩個轉動關節轉動幅度較大，起關鍵作用；另外兩個關節配合協調運動。當遇到不同角度的斜材類型時，可以透過調整扭轉角度來滿足角鋼斜材的工作環境，而且機器人在整個攀爬過程中具備足夠寬闊的攀爬空間，能夠保證始終有兩個夾持器抓住角鋼表面來支撐機器人整體的基礎上，進行下一步攀爬運動。

3）整體桿塔攀爬路徑規劃

透過前文對桿塔攀爬機器人應用範圍的分析和研究，已經為機器人的攀爬桿塔運動定義出兩種攀爬步態，充分體現出了該機器人的攀爬靈活性和對攀爬環境的適應性。

桿塔攀爬過渡問題是桿塔攀爬機器人的一項重要性能指標，也是比較難實現的技術難題。基於前文對攀爬機器人的步態分析，下面將主要分析兩個問題：一是機器人能否完成輸電鐵塔環境下的主材、斜材和橫擔之間的攀爬過渡；二是如何進行這幾種環境下的攀爬過渡。

如圖 4.11 所示為高壓輸電桿塔攀爬路徑圖，給出了攀爬過渡的位置以及整個攀爬過程過渡的次數，本書提出的攀爬機器人將圍繞該鐵塔結構進行攀爬運動路徑規劃。

由圖 4.11 所示，攀爬機器人將從起點開始，沿著鐵塔主材由下至上（a-b、b-c、c-d、d-e、e-f、f-g、g-h、h-i、i-j）攀爬，最後攀爬到塔下終點。攀爬過程中經過主材和斜材兩種攀爬介質，包含主材、斜材和橫擔之間的攀爬過渡。具體攀爬過程如下。

① 機器人從塔下起點開始，採用主材攀爬步態攀爬到 a 點。

② 機器人繼續採用主材攀爬步態，沿著鐵塔主材從 a 點攀爬到 b 點。

③ 機器人從主材 b 點攀爬過渡到橫擔底邊，然後繼續採用主材攀爬步態沿著橫擔底邊角鋼攀爬到 c 點。

④ 機器人在橫擔底邊角鋼上 c 點攀爬過渡到橫擔斜材 d 點。

⑤ 機器人採用斜材攀爬步態，沿著橫擔斜材從 d 點攀爬到 e 點。

⑥ 機器人採用斜材攀爬步態繼續攀爬，沿著橫擔斜材從 e 點攀爬到 f 點。

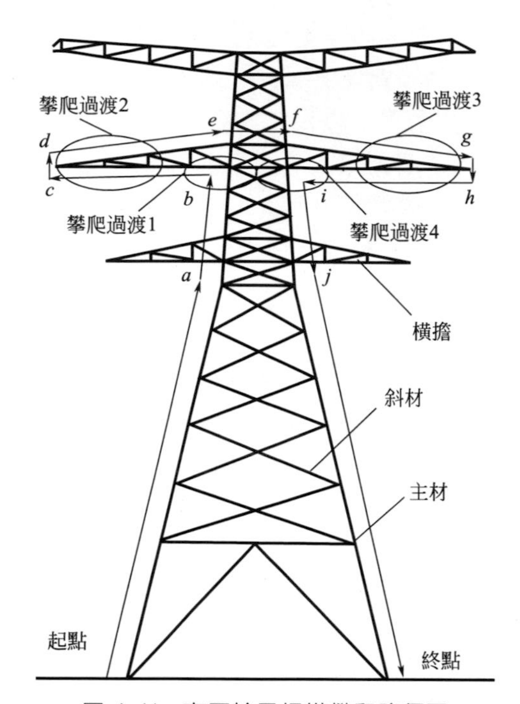

圖 4.11　高壓輸電桿塔攀爬路徑圖

⑦ 機器人採用斜材攀爬步態，沿著橫擔斜材從 f 點攀爬到 g 點。

⑧ 機器人從橫擔斜材上 g 點攀爬過渡到橫擔底邊角鋼 h 點。

⑨ 機器人採用主材攀爬步態，沿著底邊角鋼從 h 點攀爬到 i 點。

⑩ 機器人從橫擔底邊角鋼攀爬過渡到主材角鋼，然後繼續採用主材攀爬步態，從 i 點攀爬到 j 點。

⑪ 機器人採用主材攀爬步態，從 j 點攀爬到終點，完成整個攀爬過程。

由圖 4.11 所示，整個攀爬過程一共經過 4 次攀爬過渡且左右對稱，因此，我們以左邊兩次攀爬過渡為例進行步態分析。其中，攀爬過渡 1 的過程如圖 4.12 所示。

具體攀爬過程如下。

① 機器人處於起始位置，由足端夾持器 3 和足端夾持器 4 抓固在角鋼主材上，足端夾持器 1 和足端夾持器 2 為鬆開狀態且已經越過橫擔底邊高度，轉動關節 2 和轉動關節 3 向左側擺動到指定位置，使足端夾持器 1 慢慢抓固在橫擔底邊角鋼。

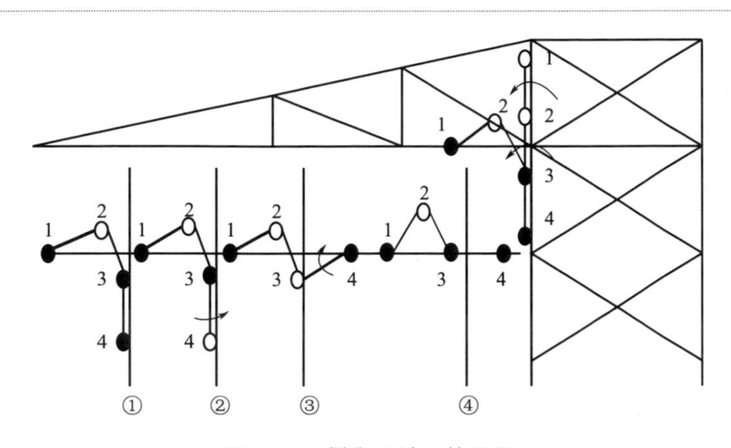

圖 4.12 攀爬過渡 1 的過程

O—抓手鬆開；●—抓手夾緊

② 機器人足端夾持器 1 和足端夾持器 3 保持不動，足端夾持器 4 慢慢鬆開，為下一步攀爬做準備。

③ 機器人轉動關節 3 向上擺動，使足端夾持器 4 運動到指定位置後，慢慢抓住橫擔底邊角鋼。接著足端夾持器 3 鬆開，為下一步攀爬做準備。

④ 機器人轉動關節 4 向上擺動，使足端夾持器 3 運動到指定位置後，慢慢抓住橫擔底邊角鋼，完成攀爬過渡 1 的所有動作。接著機器人回到鐵塔主材攀爬步態。重複以上步驟可繼續攀爬。

攀爬過渡 2 的過程如圖 4.13 所示。

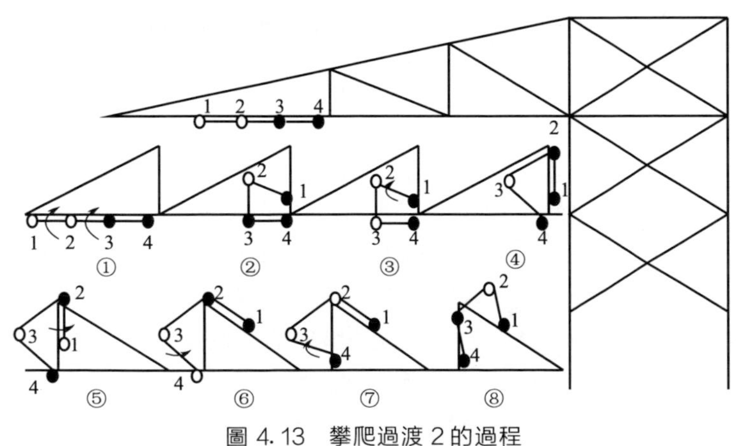

圖 4.13 攀爬過渡 2 的過程

O—抓手鬆開；●—抓手夾緊

具體攀爬過程如下。

① 機器人處於起始位置，由足端夾持器 3 和足端夾持器 4 抓固在角鋼主材上，足端夾持器 1 和足端夾持器 2 為鬆開狀態且已經攀爬到橫擔邊緣。

② 機器人轉動關節 2 和轉動關節 3 向上方擺動到指定位置，使足端夾持器 1 慢慢抓固在橫擔主材上。

③ 機器人足端夾持器 1 和足端夾持器 4 保持不動，足端夾持器 3 鬆開，為下一步攀爬做準備。

④ 機器人轉動關節 1 向右側擺動，使足端夾持器 2 運動到指定位置後，慢慢抓固在橫擔主材上。

⑤ 機器人足端夾持器 1 鬆開，為下一步攀爬做準備。

⑥ 機器人轉動關節 2 向右側擺動，使足端夾持器 1 運動到指定位置後，慢慢抓固在橫擔斜材上，足端夾持器 4 鬆開。

⑦ 機器人轉動關節 3 向右側擺動，使足端夾持器 4 運動到指定位置後，慢慢抓固在橫擔主材上，足端夾持器 2 鬆開。

⑧ 機器人轉動關節 4 向上擺動，使足端夾持器 3 運動到指定位置後，慢慢抓固在橫擔主材上。接著機器人回到鐵塔斜材攀爬步態。重複以上步驟可繼續攀爬。

攀爬過渡 3 和攀爬過渡 4 的過渡方式與攀爬過渡 1 和攀爬過渡 2 的類似，在此不再贅述。實際上，機器人在整個攀爬過程中可以根據具體情況，採用不同的攀爬步態完成攀爬作業，上述攀爬過程並不唯一。

由上述對機器人在輸電鐵塔攀爬過程的路徑規劃可知，本書提出的三桿四足攀爬機器人能夠很好地適應鐵塔環境並進行攀爬作業，能夠實現在主材、斜材及橫擔之間進行攀爬跨越，攀爬靈活性較高，攀爬過程中能夠保證始終有兩個攀爬足處於夾緊狀態，保證了攀爬安全性。

(2) 桿塔攀爬機器人結構設計

1) 整體結構設計

考慮到機器人是在桿塔這種複雜、特殊的三維環境下工作，並且要求能夠實現指定的工作任務，我們提出了一種新型的桿塔攀爬移動機器人。桿塔攀爬機器人由相互串聯的 3 個連桿、2 個雙軸複合轉動關節和 2 個三軸複合轉動關節組成，每個轉動關節上都裝有夾持器，構成三桿四足攀爬機器人。三軸複合轉動關節位於串聯的 2 個連桿之間，實現連桿的偏轉和俯仰運動以及夾持器的回轉運動。雙軸複合轉動關節位於機器人的兩端，實現夾持器的俯仰和回轉運動。桿塔攀爬機器人三維模型如圖 4.14 所示。

攀爬機器人共具有 10 個轉動自由度，其中，雙軸複合轉動關節具有 2 個轉動自由度，三軸複合轉動關節具有 3 個轉動自由度。連桿兩端均用法蘭與各個關節連接。連桿長度可根據攀爬環境的改變來進行調整，從而能夠更好地配合機器人在攀爬過程中採用順暢合適的步態。

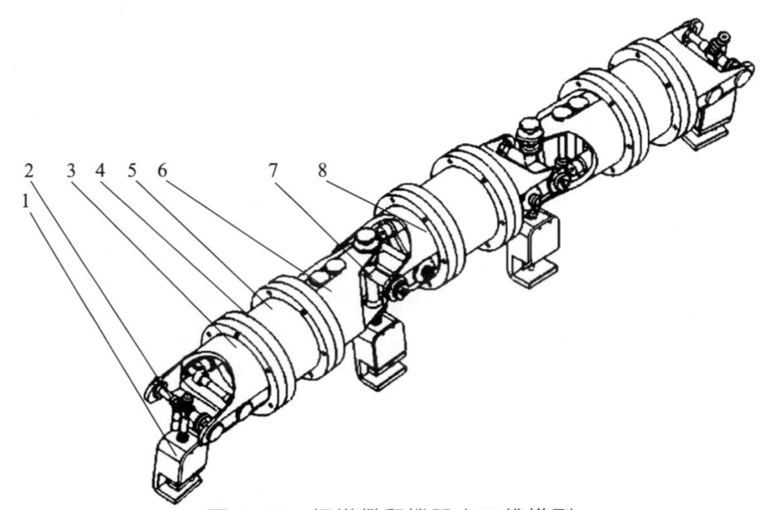

圖 4.14　桿塔攀爬機器人三維模型

1—夾持器；2—穿心軸；3—連桿支座；4—法蘭盤；5—連桿；6,8—連桿支座；7—十字軸

2）關節設計

① 三軸複合轉動關節。

三軸複合轉動關節是由俯仰關節、偏轉關節和回轉關節組合在一起的轉動關節模塊，布置在機器人本體串聯的 2 個連桿之間，實現連桿的偏轉和俯仰運動以及夾持器的回轉運動。三軸複合轉動關節如圖 4.15 所示。

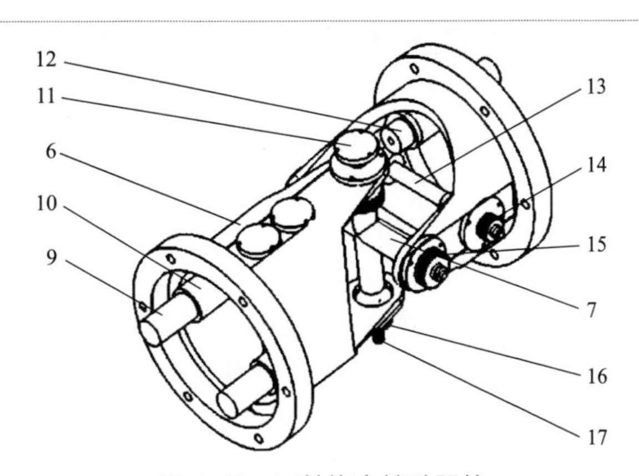

圖 4.15　三軸複合轉動關節

6—連桿支座；7—十字軸；9—驅動電動機；10—減速器；11—軸承蓋；12—蝸輪蝸桿；13—驅動電動機輸入軸；14—主動帶輪；15,16—從動帶輪；17—回轉穿心軸

三軸複合轉動關節是由偏轉關節機構、俯仰關節機構、十字軸 7、回轉穿心軸 17 及其他零部件組成。偏轉關節機構包括連桿支座 6、驅動電動機 9、減速器 10、蝸輪蝸桿 12、主動帶輪 14 和從動帶輪 16；俯仰關節機構包括連桿支座 8、驅動電動機 9、減速器 10、蝸輪蝸桿 12、主動帶輪 14 和從動帶輪 15。十字軸 7 的軸端分別與兩個連桿支座相連，實現兩個支座的相對轉動。穿入十字軸 7 的回轉穿心軸 17 與夾持器 1 固連，實現夾持器 1 的回轉運動。

偏轉關節機構中的偏轉電動機、回轉電動機和與其配合的減速器分別安裝在連桿支座 6 內部，同時兩根電動機輸入軸相鄰安裝在連桿支座 6 中。兩臺驅動電動機的軸端各自裝有蝸桿與兩根輸入軸的軸端蝸輪相互嚙合。其中一根軸上的主動帶輪與十字軸軸端上的從動帶輪形成同步帶傳動，另一根軸上的主動帶輪與穿入十字軸 7 的回轉穿心軸 17 軸端上的從動帶輪 16 形成同步帶傳動，兩根軸上分別裝有滾動軸承、軸套、鍵、圓螺母等定位元件。

俯仰關節機構中的俯仰電動機和與其相配合的減速器安裝在連桿支座 8 內部，同時電動機輸入軸 13 安裝在連桿支座 8 中。俯仰電動機的軸端裝有蝸桿與電動機輸入軸 13 的軸端上蝸輪相互嚙合；電動機輸入軸 13 上的主動帶輪 14 與十字軸軸端上的從動帶輪 15 形成同步帶傳動，軸上分別裝有滾動軸承、軸套、鍵、圓螺母等定位元件。

偏轉關節機構的工作過程如下：偏轉電動機驅動蝸桿旋轉，帶動與其嚙合的被安裝在輸入軸上的蝸輪轉動，同時安裝在該輸入軸上的主動帶輪開始轉動，帶動十字軸 7 上的從動帶輪運動，從而驅動十字軸 7 轉動，實現機構的偏轉運動；回轉電動機驅動蝸桿旋轉，帶動與其嚙合的被安裝在另一根輸入軸上的蝸輪轉動，同時安裝在該輸入軸上的主動帶輪開始轉動，帶動穿入十字軸 7 上的回轉穿心軸 17 上的從動帶輪 16 運動，從而驅動夾持器 1 轉動，實現夾持器 1 的回轉運動。

俯仰關節機構的工作過程如下：俯仰電動機驅動蝸桿旋轉，帶動與其嚙合的被安裝在電動機輸入軸 13 上的蝸輪轉動，同時安裝在該輸入軸上的主動帶輪 14 開始轉動，帶動十字軸 7 上的從動帶輪 15 運動，從而驅動十字軸 7 轉動，實現機構的俯仰運動。

② 雙軸複合轉動關節。

雙軸複合轉動關節是由俯仰關節和回轉關節組合在一起的轉動關節，布置在攀爬機器人本體的兩端用來實現夾持器的俯仰和回轉運動。雙軸複合轉動關節如圖 4.16 所示。

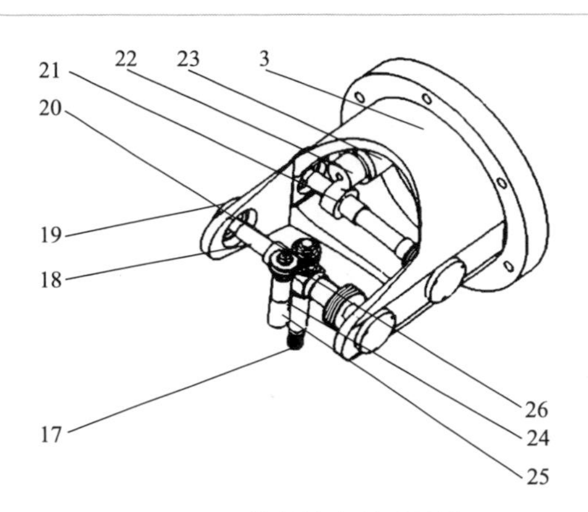

圖 4.16 雙軸複合轉動關節

3—連桿支座；17—回轉穿心軸；18—輸出軸；19—軸承蓋；20—從動帶輪；21—蝸輪；22—蝸桿；23，24—減速器，25—驅動電動機；26—軸承座

雙軸複合轉動關節由俯仰關節機構、回轉關節機構和一根穿入輸出軸 18 的回轉穿心軸 17 及其他零部件組成。俯仰關節機構包括連桿支座 3、驅動電動機、減速器 23、蝸輪 21、蝸桿 22、主動帶輪和從動帶輪 20；回轉關節機構包括驅動電動機 25、減速器 24、回轉穿心軸 17、主動齒輪和從動齒輪。其中，俯仰關節輸出軸 18 的軸端與連桿支座 3 相連，實現夾持器 1 的俯仰運動。另有一根回轉穿心軸 17 從徑向穿過輸出軸 18 的軸心與夾持器 1 固連，實現夾持器 1 的轉動。

俯仰關節機構中的俯仰電動機和與其相配合的減速器 23 安裝在連桿支座 3 內部，同時電動機輸入軸和輸出軸 18 安裝在連桿支座 3 中。俯仰電動機的軸端裝有蝸桿 22，與輸入軸軸端的蝸輪 21 嚙合；輸入軸上的主動帶輪與輸出軸軸端上的從動帶輪 20 形成同步帶傳動，軸上分別安裝有滾動軸承、軸套、鍵、圓螺母等定位元件。

回轉關節機構中的驅動電動機 25 和與其配合的減速器 24 安裝在穿入輸出軸 18 中的回轉穿心軸 2 的支座上。回轉電動機的軸端裝有主動齒輪，與穿入輸出軸 18 中的回轉穿心軸 2 軸端上的從動齒輪嚙合。該回轉穿心軸 2 的另一個軸端上有外螺紋，與夾持器 1 上的內螺紋通過螺栓固連，軸上分別安裝有滾動軸承、軸套、鍵、圓螺母等定位元件。

俯仰關節機構的工作過程：俯仰電動機驅動蝸桿 22 旋轉，帶動與其嚙合的被安裝在輸入軸上的蝸輪 21 轉動，同時安裝在該輸入軸上的主動帶輪開始轉動，帶動輸出軸 18 上的從動帶輪 20 運動，從而驅動輸出軸

18 轉動，實現夾持器 1 的俯仰運動。

回轉關節機構的工作過程如下：回轉電動機驅動主動齒輪旋轉，帶動與其嚙合的被安裝在穿入輸出軸 18 中的回轉穿心軸 2 的軸端上的從動齒輪轉動，從而驅動回轉穿心軸 2 轉動，帶動夾持器 1 轉動，實現夾持器 1 的回轉運動。

3）夾持機構設計

為了滿足以上設計要求，我們設計出了針對高壓輸電鐵塔角鋼塔架的夾持器模塊，將其布置在每個轉動關節的回轉軸上。夾持機構如圖 4.17 所示。

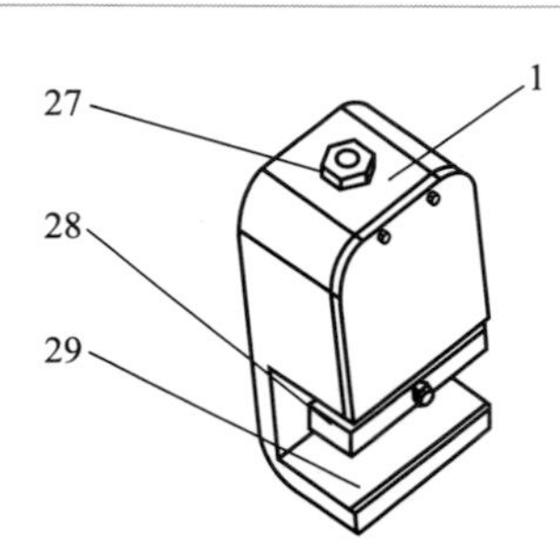

圖 4.17 夾持機構

1—夾持器；27—螺母；
28—活動夾爪；29—固定夾爪

夾持器 1 由夾持器支座、夾緊電機、減速器、螺桿、方形螺母、固定夾爪 29、活動夾爪 28 及其他零部件組成。夾持器 1 固定連接在回轉穿心軸 17 上，其內部設有夾緊機構，其中一端夾爪 29 為固定端，另一端活動夾爪 28 與電動機輸出端相連，實現夾持器 1 的夾緊運動。該夾持機構適用於攀爬鐵塔。

夾持器 1 中的夾緊電動機和與其配合的減速器安裝在夾持器支座內部，同時夾緊電動機輸出軸與穿過支座上的固定夾爪 29 的螺桿相連。活動夾爪 28 透過方形螺母連接在螺桿上。夾持器支座底部有導向機構，導向機構的兩端分別裝有限位塊，夾持器支座上開有螺紋孔，可與回轉穿心軸上螺紋配合，透過螺栓固定連接在一起。

夾持器 1 的工作過程如下：夾緊電動機驅動輸出軸旋轉，帶動與其固連的螺桿轉動，從而驅動安裝在螺桿上的活動夾爪 28 沿著螺桿軸心方向移動，實現夾持器 1 的夾緊運動。

4.2.2 壁面攀爬機器人攀爬動作規劃及結構設計

（1）壁面攀爬機器人爬壁動作規劃

壁面攀爬機器人不僅要能夠在壁面上進行前進運動，而且要有一定的轉向和越障能力。有時壁面並不是完全平坦的，有可能由於所處環境的需要存在凸出或凹進的地方，這就需要壁面攀爬機器人具有越過這些地方的能力。

由於機器人需要在牆面上進行攀爬運動，牆面一般為平面，因此我們選擇真空吸附型手爪安裝在機器人的足端，以此來完成機器人足端夾持器對牆面的吸附固定。

1）正常直行攀爬動作規劃

四足式攀爬機器人在牆壁上正常行走時有兩種運動方式：一種是N型運動方式；另一種是尺蠖運動方式。兩種運動形式的具體過程如下。

N型運動方式如圖4.18所示，將吸盤1和吸盤2歸在一起，吸盤3和吸盤4歸在一起，具體運動過程如下。

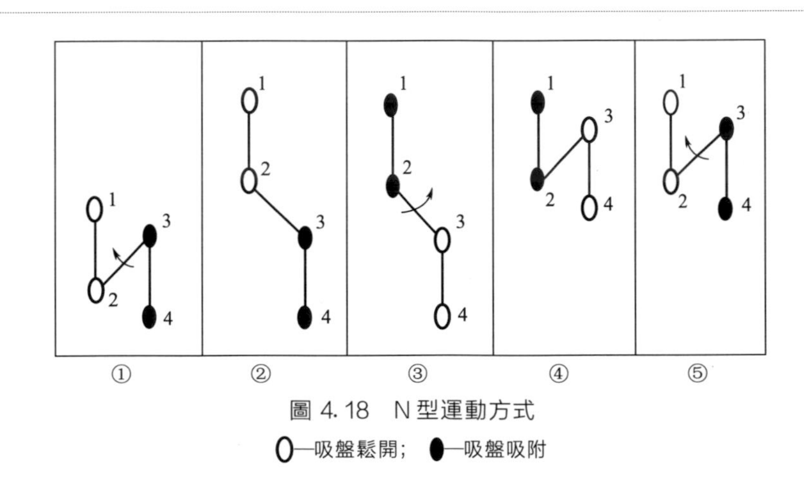

圖4.18 N型運動方式

O—吸盤鬆開；●—吸盤吸附

① 初始狀態下，吸盤1和吸盤2處於鬆開狀態，脫離壁面，吸盤3和吸盤4吸附於壁面。

② 在關節3偏轉舵機的帶動下向上擺動，同時關節2處的偏轉舵機帶動連桿1向上擺動，保持連桿1與連桿3平行。

③ 到達指定位置後，吸盤1和吸盤2與壁面吸合，吸盤3和吸盤4鬆開，脫離壁面。

④ 關節2的偏轉舵機帶動連桿2和連桿3向上擺動，同時關節3的偏轉舵機帶動連桿3向下擺動，運動過程中保持連桿3與連桿1平行。

⑤ 到達指定位置後，吸盤1和吸盤2與壁面鬆開，脫離壁面，吸盤3和吸盤4吸合。

尺蠖運動方式如圖4.19所示。主要運動過程是保證首尾其中一個吸盤吸附壁面，其餘吸盤均脫離壁面，在各關節電動機的帶動下實現連桿2的隆起與落下，從而帶動機器人整體移動。具體的運動過程如下。

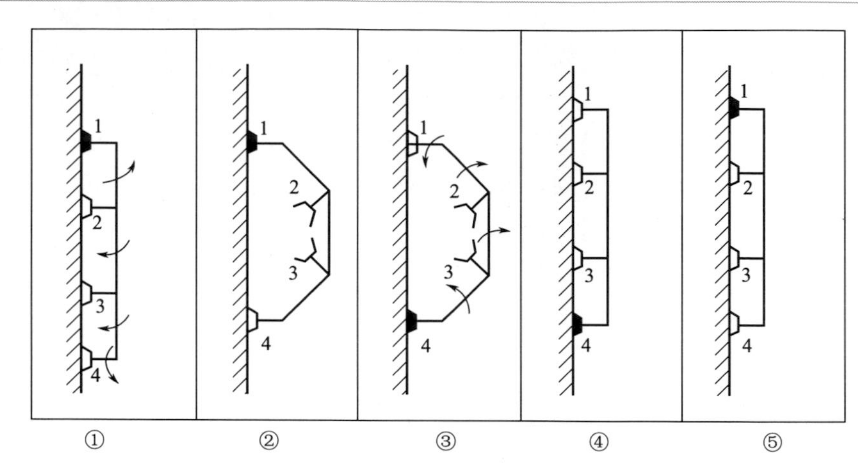

圖 4.19 尺蠖運動方式

▲—吸盤吸附；⋂—吸盤鬆開

① 初始狀態下，吸盤 1 吸附於壁面，吸盤 2、吸盤 3、吸盤 4 處於鬆開狀態。

② 關節 1 的俯仰電動機帶動連桿 1、連桿 2、連桿 3 上擺，同時關節 2 的俯仰電動機帶動連桿 2 和連桿 3 向下襬，關節 3 的俯仰電動機帶動連桿 3 向上擺，關節 4 的俯仰電動機帶動腿 4 向下襬，直至與壁面貼合。

③ 吸盤 4 與壁面吸合，吸盤 1 處於鬆開狀態。

④ 關節 4 的俯仰電動機帶動連桿 3、連桿 2、連桿 1 向上擺，同時關節 3 的俯仰電動機帶動連桿 2 和連桿 1 向外擺，關節 2 帶動連桿 1 向外擺，關節 1 帶動吸盤 1 向下襬，直至與壁面貼合。

⑤ 吸盤 1 與壁面吸合，吸盤 4 處於鬆開狀態。

2）轉彎的攀爬動作規劃

轉彎是壁面攀爬機器人設計過程中應具備的一種功能。本書設計的攀爬機器人轉彎過程如圖 4.20 所示。

① 機器人在需要轉彎時，吸盤 3 和吸盤 4 與壁面吸合，吸盤 1 和吸盤 2 與壁面鬆開。

② 連桿 1 與連桿 2 在關節 3 偏轉電動機的帶動下向左轉動。

③ 到達指定位置時，吸盤 1 和吸盤 2 吸合壁面，吸盤 3 和吸盤 4 與壁面鬆開。

④ 連桿 2 和連桿 3 在關節 2 偏轉電動機的帶動下逆時針方向旋轉相同的角度。

⑤ 到達指定位置時，吸盤 3 和吸盤 4 與壁面吸合，完成一次轉彎。

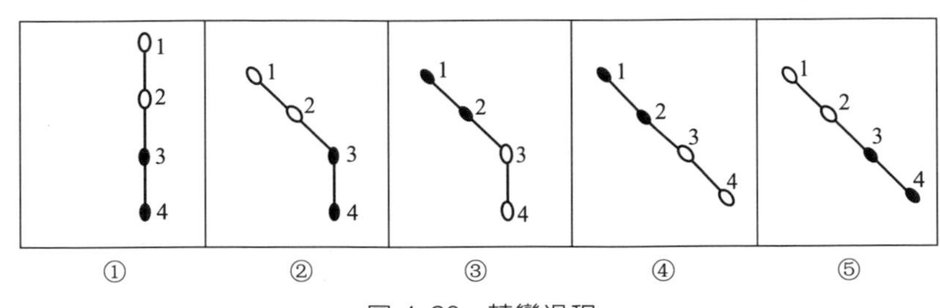

圖 4.20 轉彎過程

O—吸盤鬆開；●—吸盤吸附

3）越障過程攀爬動作規劃

四足式壁面攀爬機器人必須具有越過障礙的能力，機器人壁面運動環境不可能是完全平坦的，有時壁面上有凸出或者凹陷的部分，這就需要機器人具有跨過這些不平坦部分的能力。當側向尺寸較大時，採用尺蠖運動越障；凸出尺寸較大時，採用側向越障。

當壁面上的障礙物橫向尺寸較大而垂直於壁面凸出尺寸不大時，可以採用直行的尺蠖運動方式越障，如圖 4.21 所示。圖 4.21 中僅展示了足 1 跨越障礙的過程，其他足越障的過程與此類似。在直行的過程中，通過關節 1 處的俯仰電動機將腿 1 旋轉一定的角度，結合直行過程的其他步驟來完成。

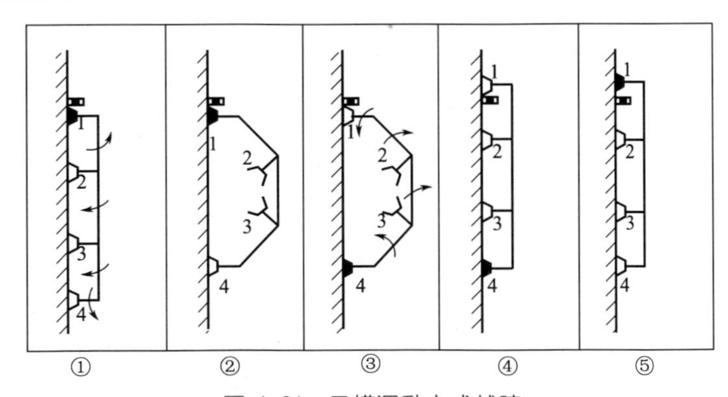

圖 4.21 尺蠖運動方式越障

▭—前方障礙；▲—吸盤吸附；∩—吸盤鬆開

有時壁面上的障礙物橫向尺寸並不大而垂直於壁面凸出的尺寸較大，此時用尺蠖方式越障比較困難，這是由機器人四足抬起的距離有限造成的。此時就需要採用轉彎的方式避開障礙以達到越障的目的，此越障過程與轉彎過程類似，可以參照圖 4.16 的轉彎過程。

(2) 壁面攀爬機器結構設計

1) 壁面清洗機器人整體機構設計

設計的壁面清洗機器人是將清洗裝置放置在吸盤的內部，清洗的過程是透過機器人的移動加上滾刷的旋轉實現的，因此機器人的移動過程將直接影響其在建築物壁面上單次爬行的最大距離及跨越障礙的長度和高度。本書設計中，清洗機器人要滿足以下基本要求。

① 機器人可以在豎直平面上或曲面上或與水平面成一定角度的壁面上完成直行運動及轉彎運動。

② 機器人能夠靈活越障，跨越寬度為 40～50mm、高度為 20～30mm 的窗框類規則障礙物，且能實現面與面的轉換功能，即可以實現臺階面的清洗等。

按照實際工程要求，結合高樓建築物幕牆玻璃尺寸，初步完成了壁面清洗機器人的三維模型，如圖 4.22 所示。所建立的清洗機器人結構上呈三桿四足的形式，所謂的三桿四足就是由相互串聯的 3 個連桿和 4 個關節組成，4 個關節上分別安裝有吸盤，充當足的部分。各關節上所對應的自由度分別完成不同的運動過程：其中關節1上有兩個自由度，分別

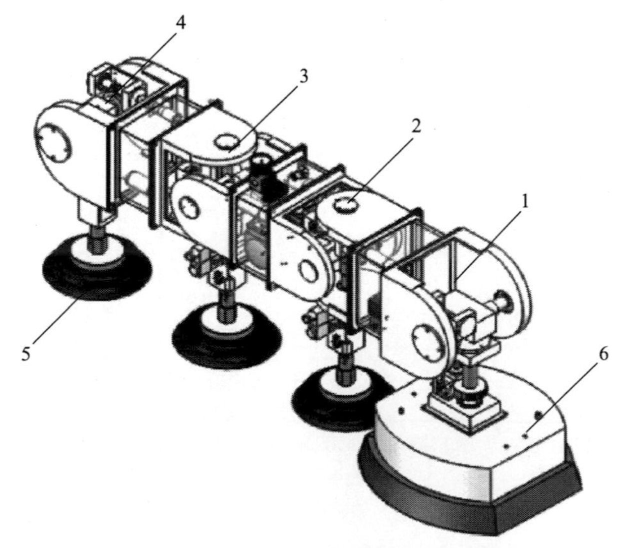

圖 4.22 壁面清洗機器人的三維模型

1—關節 1；2—關節 2；3—關節 3；4—關節 4；5—吸盤足；6—清洗盤足

對應的是滾刷的清洗運動、吸盤足的俯仰運動或者整體的俯仰過程；關節 2 和關節 3 上均為雙自由度的複合，在不同的運動過程中透過對不同的電動機進行驅動，實現連桿的偏轉及俯仰運動；關節 4 上的單自由度實現的是吸盤足的俯仰或者整體的俯仰過程。因此本次設計的清洗機器人總共可以實現 7 個運動，即該機器人為 7 自由度機器人。各關節運動方向均採用電動機驅動，經過減速器及蝸輪蝸桿減速後實現各關節的相關運動。

接下來詳細說明各關節上的運動。

關節 1 處的結構如圖 4.23 所示，安裝在連桿 1 殼體內部的俯仰電動機與減速器透過聯軸器與蝸桿相連，蝸桿軸採用雙端支撐的方式放置在支座上，蝸桿軸與俯仰軸上的蝸輪相嚙合，從而降低俯仰軸轉動的速度，俯仰軸透過滾刷連接板與吸盤殼固連，使吸盤足能同關節 1 一起進行俯仰運動。擬採用這個運動實現在一定曲率的壁面上的清洗運動，清洗滾刷的旋轉是透過放置在滾刷連接板上的驅動直流電動機由減速器減速，經齒輪傳動來帶動滾刷清洗壁面。俯仰軸與滾刷連接板透過平鍵進行周向固定，軸肩加彈性擋圈進行軸向固定，並加上緊定螺釘，以提高傳遞載荷的能力，使結構更可靠。

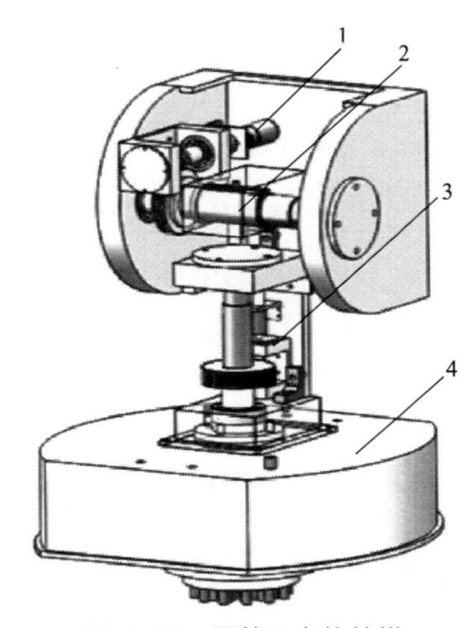

圖 4.23 關節 1 處的結構

1—俯仰電動機；2—俯仰軸；3—滾刷連接板；4—吸盤足

關節 2 和關節 3 處的結構相同，如圖 4.24 所示，採用十字軸結構形式的複合關節，實現連桿間的俯仰及偏轉運動。這種結構形式緊湊，減小了機器人的空間尺寸。以關節 2 為例進行說明，關節左右兩端分別連接的是清洗機器人的連桿 1 和連桿 2，其中吸盤足 2 與右側關節支座相連，當吸盤足吸合時，關節 2 處的俯仰電動機通電，就會帶動連桿 1 進行俯仰運動。同理，當關節 2 處偏轉電動機通電時，就會帶動連桿 1 進行偏轉運動。吸盤足與壁面之間鬆開，當滿足上述條件時就會帶動連桿 2 和連桿 3 進行俯仰和偏轉運動。

關節 4 處的結構如圖 4.25 所示，俯仰電動機與減速器透過聯軸器與蝸桿相連，蝸桿軸與俯仰軸上的蝸輪相嚙合，從而降低俯仰軸轉動的速度。關節 4 處俯仰運動的實現與關節 1 處俯仰運動的實現過程一致，均是透過吸盤連接板與俯仰軸配合，從而實現俯仰軸運動，同時帶動吸盤足運動。

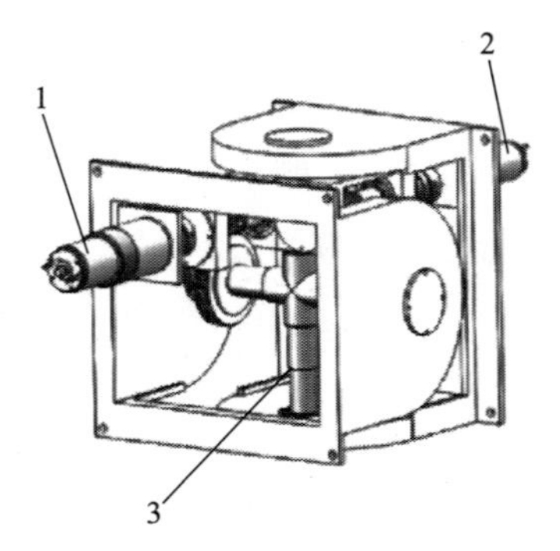

圖 4.24　關節 2 和關節 3 處的結構

1—俯仰電動機；2—偏轉電動機；3—十字軸

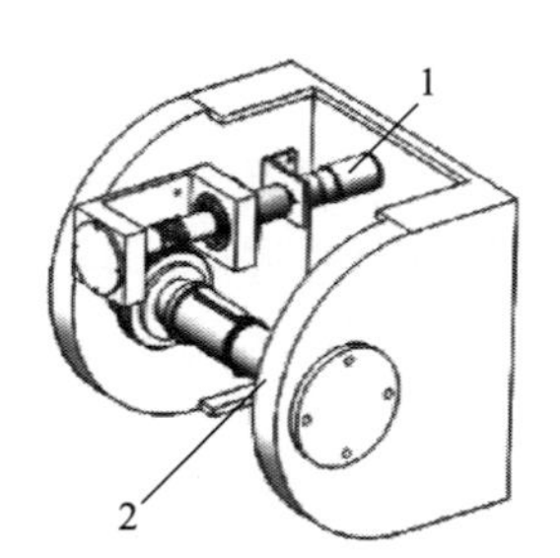

圖 4.25　關節 4 處的結構

1—俯仰電動機；2—俯仰軸

2）壁面清洗機器人清洗裝置設計

參照市面上清洗機器人的清洗方式，綜合考慮清洗作業的可行性與方便性，本次設計的清洗機器人採用刷洗式的清洗方式。主要工作原理是通過加入清洗液，利用清洗液將污漬溶解並結合刷子與壁面間的機械摩擦實現雙重清洗的效果[12]。結合壁面的環境特徵，提出了以下三種清洗方案形式。

方案一：如圖 4.26 所示，清洗轉軸上分別安裝上互成 120°的滾刷、刮板、海綿，清洗的原理是先將加入清洗液的水霧化，噴灑在待清洗的壁面上，旋轉清洗轉軸，將滾刷的一側轉到與壁面接觸的地方，對相對較硬的污漬進行預清洗，同時清洗軸帶動滾刷快速旋轉，將污漬捲起。繼續旋轉清洗轉軸，將刮板的一側轉到與壁面接觸的地方，把留在壁面上的水漬刮淨，然後將清水霧化，噴灑至壁面上，旋轉清洗轉軸，將海綿的一側轉到與壁面接觸的地方，進行二次清洗，繼續旋轉清洗轉軸，將刮板的一側轉至與壁面接觸的地方，把殘留的水漬刮乾。

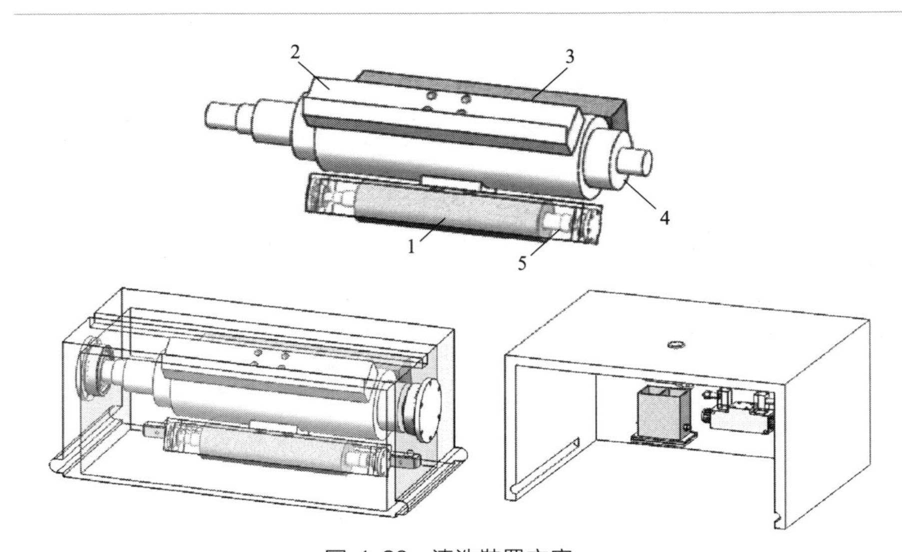

圖 4. 26 清洗裝置方案一
1—滾刷；2—刮板；3—海綿；4—清洗轉軸；5—清洗軸

清洗過程與機器人的行走是相互獨立的，機器人停下時進行清洗作業，考慮到清洗過程的連續性，引入了殼體機構，一方面用於清洗轉軸電動機及霧化噴頭的安裝；另一方面作為清洗裝置的支撐件，在移動清洗的過程中充當滑塊，使清洗裝置在滑道內部往復移動，完成一系列清洗過程。在清洗殼體的外側還設計有另一個殼體，主要作用是與機器人本體結構連接，同時作為清洗水箱、水泵及二位三通閥的載體。其中清洗水箱分為兩腔，分別用於儲存清水和加入清洗液的水，透過在轉換清洗轉軸的過程中改變二位三通閥的閥體位置，調節在各清洗過程中液體的流通及對應液體的霧化，通過外殼上安裝的曲柄滑塊機構來實現往復清洗。

方案二：與方案一相比，方案二的出發點是當進行壁面清洗時，機器人本體不需要停在某個位置，而是在運動的過程中完成清洗作業。具體的清洗過程如圖 4. 27 所示，該清洗裝置主要由滾刷、水箱、刮板、皮帶、扭簧、二位三通閥及相應的管路組成。其中兩個滾刷由一個電動機透過皮帶輪傳動實現同時運動。水箱兩側分別裝有加入清洗液的水和清水，根據機器人運行的方向，透過電磁閥的控制作用，沿著管路分別作用於兩個滾刷進行刷洗。以機器人向上運動清洗為例，此時位於上側的管路中通入含有清洗液的水，主要清除污漬；位於下側的管路中通入清水，主要清洗一次清洗後的壁面。清洗殼體上與壁面接觸的地方分別裝有前後兩個刮板，刮板與殼體之間透過扭簧連接，實現不同方向的水漬刮洗作業。同樣以機器人向上清洗為例，位於上側的刮板不起作用；位於下側的刮板在扭簧的作用下將刮洗力作用在壁面上，將壁面上殘留的水漬清除乾淨。考慮到清洗領域的範圍和清洗環境的不同，透過調節刮板的角度並給刮板作用力來實現不同壁面上的刮洗作業。該方案中清洗裝置放置在機器人的連桿上。

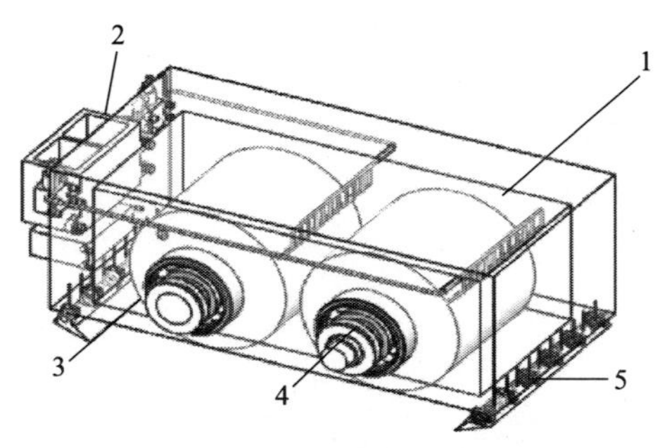

圖 4.27 清洗裝置方案二

1—滾刷；2—水箱；3—刮板；4—皮帶；5—扭簧

方案三：結合上述兩種方案的不足進行改進，提出了新型清洗裝置設計方案。方案一中構想的清洗方式適用性不高，只能適用於平面壁面的清洗，難以清洗曲面等；而且清洗時本體結構需要停留在壁面上，會造成清洗效率較低；為了每次能清洗更大面積的壁面，清洗機構的殼體尺寸需要增大，不滿足設計的要求。方案二在方案一的基礎上進行了一定的改善，清洗過程中本體結構不需要停止在壁面上，清洗效率得到了提高，存在的問題是在清洗過程中含有清洗液的水和清水同時噴灑在兩個滾刷上，就需要用到兩個水泵進行液體的加壓噴灑；而且滾刷尺寸較大，管道較長，造成一定程度的安裝困難。結合兩個方案的不足，方案三在原有方案的基礎上進行改進，如圖 4.28 所示。該方案中將清洗裝置置於吸盤殼內部，需要對吸盤殼的真空區域和清洗區域進行設計。具體的清洗作業可概括為霧化噴頭噴水、盤刷刷洗、吹氣裝置吹乾。霧化噴頭將來自水管的水霧化，噴灑在待清洗的壁面，起到強力沖洗壁面的作用，可以除去壁面附著力較小的污垢並浸潤壁面，噴頭的方向可以調節，噴射範圍為 120°。清洗電動機帶動盤刷旋轉，可以除去附著力較大的污垢。吹氣裝置透過微型氣泵施以高壓氣流，將殘留在壁面的水漬吹乾。相比於前兩種方案，方案三的可行性比前兩種方案更大。

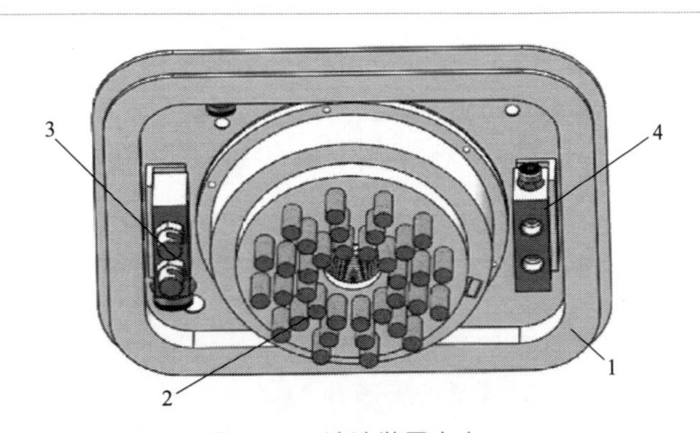

圖 4.28 清洗裝置方案三

1—吸盤殼；2—盤刷；3—霧化噴頭；4—吹氣裝置

對清洗方案總結如下：與前兩種方案相比，方案三有兩點優勢，一是將原有的刮板改為吹氣裝置，擴大了機器人的適用範圍，既能清洗玻璃壁面也能清洗瓷磚壁面，且清洗的範圍也從單一的平面玻璃增大到具有一定曲率的曲面玻璃清洗；二是將清洗裝置與吸盤巧妙地集成於一體，節省了空間，使機器人結構更緊湊。因此本設計的清洗裝置選用方案三。

4.2.3 巡檢機器人線路攀爬動作規劃及結構設計

(1) 巡檢機器人線路攀爬動作規劃

1）架空線路環境介紹

在進行機器人架空線路攀爬動作規劃之前，我們必須了解機器人的行走環境及運動中所遇到的障礙類型，這樣才能準確無誤地規劃出最佳的運動動作。本節主要對 500kV 高壓輸電線路架空地線障礙環境進行分析研究。

電力金具對高壓輸電線路的安全運行至關重要。有的電力金具可以起到連接輸電線路的作用，如壓接管；有的起到承受輸電線路載荷的作用，如懸垂金具；有的起到保護輸電線路作用，如防震錘。這些電力金具在輸電線路中起到保護線路安全運行的作用，但是對巡檢機器人來說，它們就是機器人必須跨越的障礙，這對機器人來說是一個巨大的挑戰。

① 防震錘和壓接管。

通常，高壓架空線路的檔距較大，桿塔也較高，當導線受到大風吹動時，會發生較強烈的振動。導線振動時，導線懸掛處會發生強烈振動，對線路和金具造成致命的損壞。長時間和週期性的振動將造成導線疲勞損壞，使導線發生斷股、斷線，有時強烈的振動還會破壞金具和絕緣子。振動的頻率很低，而振幅很大，很容易引起相間閃絡，造成線路跳閘、停電或燒傷導線等嚴重事故。

為了防止和減輕導線的振動，一般在懸掛導線線夾的附近安裝一定數量的防震錘（圖 4.29）。當導線發生振動時，防震錘也上下運動，產生一個與導線振動不同步甚至相反的作用力，可減小導線的振幅，甚至能消除導線的振動。

架空地線為鋼絲鋁絞線，由廠家按照一定的標準生產，鋁絞線長度固定，因此在架設線路時需要用壓接管（圖 4.30）將其連接起來，一般採用爆炸方法或高壓擠壓方法安裝。

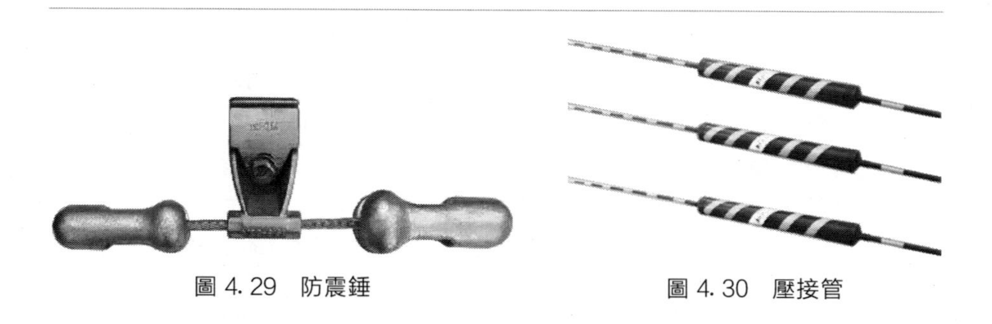

圖 4.29　防震錘　　圖 4.30　壓接管

② 懸垂金具。

懸垂金具由懸垂線夾和絕緣子串組成。架空線路的懸垂金具懸掛在桿塔橫擔上，其作用為將輸電線固定在絕緣子串上或將避雷線懸掛在直線桿塔上，有時也可以作為換位桿塔上的支撐換位導線，耐張、轉角桿塔上的固定跳線。懸垂金具的一端與桿塔或懸掛絕緣子串相連，另一端固定架空地線。

圖 4.31 所示為單懸垂金具，懸垂線夾的長度一般為 220mm，絕緣瓷瓶距線夾 90mm。

圖 4.32 所示為雙懸垂金具，雙懸垂金具為兩個單懸垂金具組合使用，其能承受的載荷是單懸垂金具的兩倍。懸垂金具是連接保護輸電線的重要元件，也是線路障礙類型中重要的一種。

2）正常行走攀爬動作規劃

圖 4.33 所示是巡檢機器人在無障礙檔段內行進時兩種行走姿態的俯視圖。圖 4.33(a) 是 4 個輪子全部掛在線路上，巡檢機器人透過輪子的

滾動，依靠輪子與輸電線路之間的摩擦力行進。此種姿態的行進速度較快，比較穩定安全，但是當遇到較大坡度的輸電線路時，可能由於輪子與輸電線路之間的摩擦力小於機器人重力在線路上的分量，導致機器人不能前進。圖 4.33(b) 是機器人兩個輪子掛在線路上，當巡檢機器人由坡度較小的線路向坡度較大的線路行進時，首先輪 1 的輪夾複合機構夾緊輸電線路，依靠俯仰關節和偏轉關節變換到圖 4.33(b) 所示的姿態；然後輪 1 的夾爪機構鬆開，輪 4 的輪夾複合機構夾緊線路，進行尺蠖運動；如此反復地在線路上行進。此種運動方式運動速度較慢、效率較低。

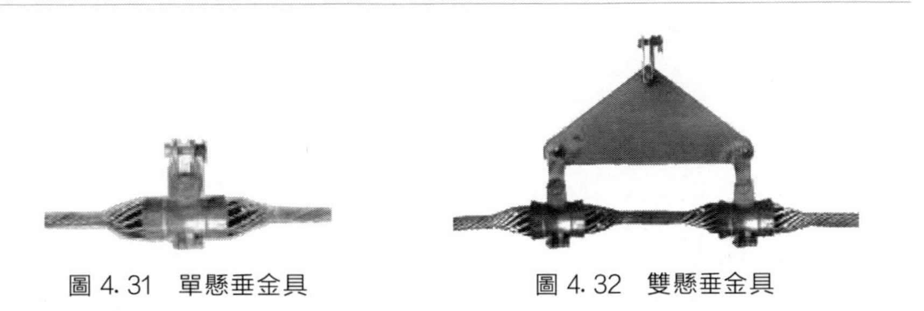

圖 4.31 單懸垂金具　　圖 4.32 雙懸垂金具

根據輸電線路的坡度情況，圖 4.33(a) 的運動方式基本可以滿足 500kV 線路坡度的巡檢，所以巡檢機器人在無障礙段行走時基本採用輪子滾動的方式前進。

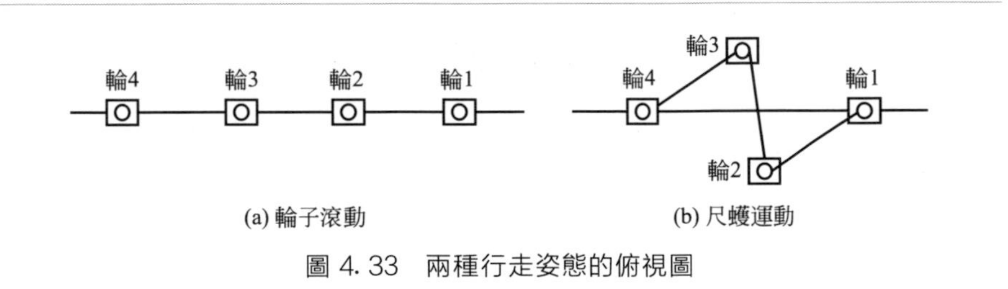

(a) 輪子滾動　　(b) 尺蠖運動

圖 4.33 兩種行走姿態的俯視圖

3）越障過程動作規劃

由架空線路的行走環境分析可知，巡檢機器人在高壓輸電線路上行走時遇到的主要障礙物有單懸垂金具、雙懸垂金具、防震錘、壓接管等。根據障礙物的類型可以把越障方式分為線上越障、側向越障和轉向越障三種類型。

① 線上越障。

導線上方能否通過是根據電力金具安裝位置在線上的垂直高度決定的，典型的電力金具——防震錘、壓接管在線上的垂直高度均不大。由巡檢機器人結構可以看出，機器人可以透過俯仰關節抬起手臂，從而使手臂在輸電線路豎直平面內抬高一定距離，因此當巡檢機器人遇到防震錘和壓接管類型的障礙物時，可以採取此類越障方式。以機器人跨越防震錘的過程為例分析越障流程，如圖 4.34 所示。

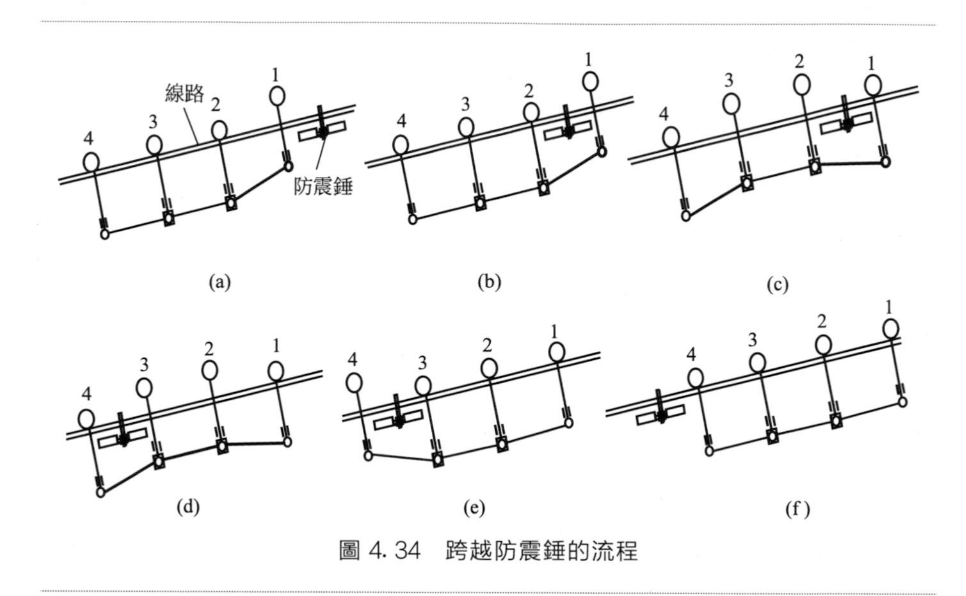

圖 4.34 跨越防震錘的流程

a. 當巡檢機器人接近防震錘時，停止前進並抬起行走輪 1，使前行走輪處於輸電線路正上方，如圖 4.34(a) 所示；

b. 除了行走輪 1 外，其他行走輪轉動，使行走輪 1 越過防震錘，如圖 4.34(b) 所示；

c. 行走輪 1 落線並抬起行走輪 2 和行走輪 3，使行走輪 2 和行走輪 3 處於輸電線路正上方，如圖 4.34(c) 所示；

d. 行走輪 1 和行走輪 4 轉動，使行走輪 2 和行走輪 3 越過防震錘，如圖 4.34(d) 所示；

e. 行走輪 2 和行走輪 3 落線並抬起行走輪 4，使行走輪 4 處於輸電線路正上方，如圖 4.34(e) 所示；

f. 除了行走輪 4 外，其他行走輪轉動，使行走輪 4 越過防震錘並落線，完成對防震錘的跨越，如圖 4.34(f) 所示。

② 側向越障。

當巡檢機器人遇到在線上方無法通過的懸垂金具等障礙物時，機器人可以透過俯仰關節和水平偏轉關節使手臂脫線，並偏出輸電線路所在的豎直平面，因此可以採用側向越障的方式越障。此種越障方式不受障礙物在輸電線路豎直平面內尺寸大小的限制，但會受障礙物在水平方向尺寸大小的限制。側向越障的最大挑戰就是要時時保證機器人水平方向的重心平衡。機器人跨越單懸垂金具的流程如圖 4.35 所示。

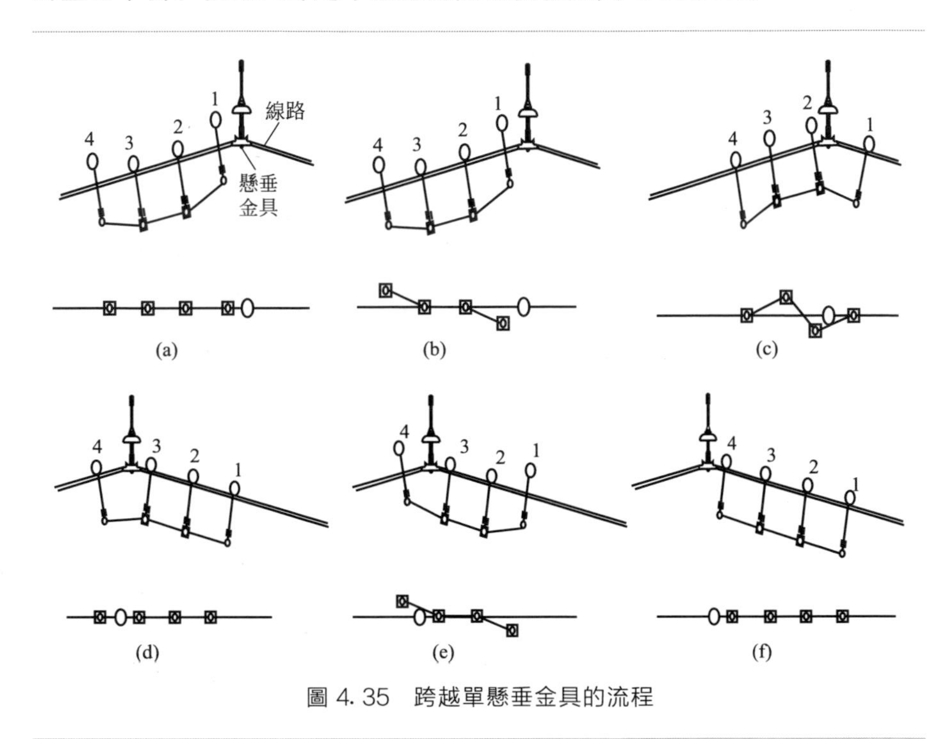

圖 4.35　跨越單懸垂金具的流程

a. 當巡檢機器人接近懸垂金具時，停止前進，驅動前後手臂抬起，使行走輪 1 和行走輪 4 高出輸電線路一段距離，如圖 4.35(a) 所示；

b. 行走輪 2 和行走輪 3 的輪夾複合機構夾緊輸電線路，依靠端偏轉關節，使得行走輪 1 和行走輪 4 偏出輸電線路所在的豎直平面，行走輪 1 和行走輪 4 的姿態成鏡像關係，以保證機器人的側向重力平衡，如圖 4.35(b) 所示；

c. 行走輪 1 越過懸垂金具，行走輪 1 和行走輪 4 同時擺回落線，然後抬起行走輪 2 和行走輪 3 並偏轉出輸電線路所在豎直平面，此時機器人的姿態使其質心在輸電線路豎直平面內，保證了側向的重力平衡，如圖 4.35(c) 所示；

d. 行走輪 1 和行走輪 4 轉動使機器人前進，使行走輪 2 和行走輪 3 越過懸垂金具並回轉落線，如圖 4.35(d) 所示；

e. 行走輪 4 越障方式與行走輪 1 越障方式相同，最終完成越過懸垂金具的過程，如圖 4.35(e)、(f) 所示。

③ 轉向越障。

當巡檢機器人在直線桿塔上行走時，可以跨越直線桿塔上的防震錘、壓接管、懸垂金具等障礙物。高壓輸電線路在水平面內有時並不一定是一條直線，為了滿足各個方向使用者的需要，就會利用轉角塔來改變輸電線路在水平面內的方向，但是這卻給巡檢機器人帶來了越障的困難。當巡檢機器人遇到有水平偏轉角度的障礙環境時，可以採用轉角越障的方式通過障礙，這種越障方式能夠始終保證機器人側向不發生偏轉現象，保證越障過程的穩定與安全。跨越轉角的流程如圖 4.36 所示。圖中點畫線 P 表示機器人質心所在的豎直平面，黑色三角形區域是此姿態質心所在區域。

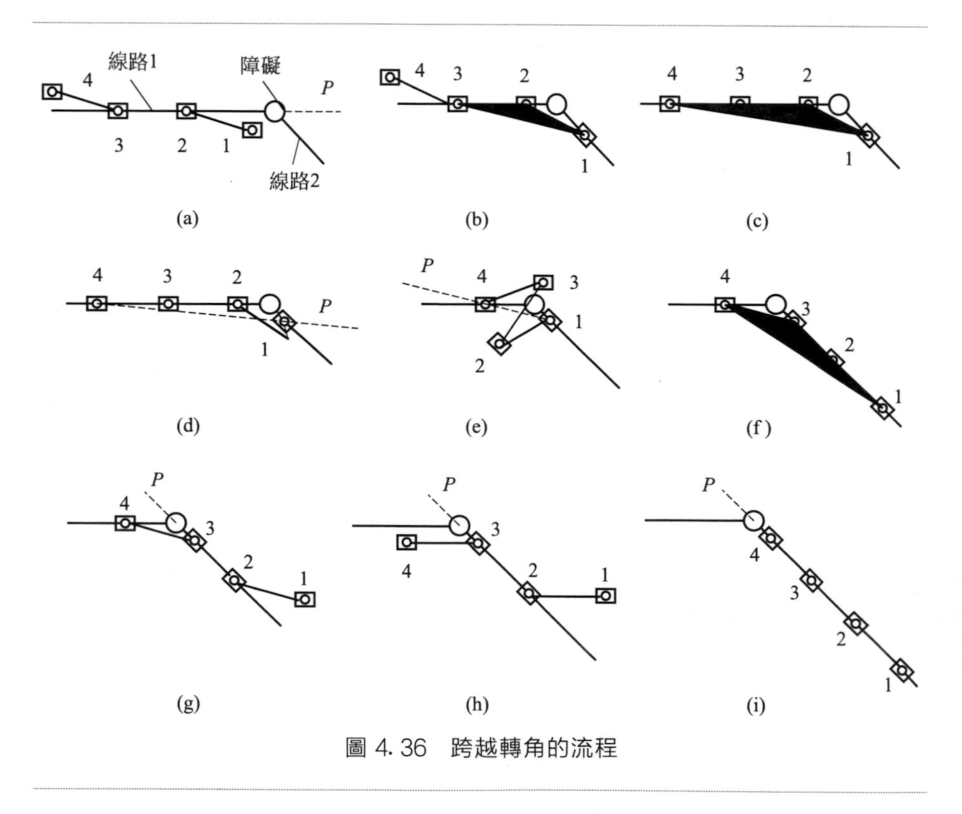

圖 4.36 跨越轉角的流程

巡檢機器人轉向越障主要分三個階段完成，分別為前輪越障階段、中輪越障階段、後輪越障階段。

前輪越障階段主要分為以下三步。

a. 當巡檢機器人檢測到轉向障礙時停止前進，行走輪 2 和行走輪 3 的夾爪機構夾緊高壓線路，行走輪 1 和行走輪 4 同時抬起並擺出高壓線路所在的豎直平面，使得質心位置始終在線路 1 所在的豎直平面內，如

圖 4.36(a) 所示。

b. 行走輪 2 和行走輪 3 夾爪鬆開並行走前進，使行走輪 2 靠近轉向障礙，並調整行走輪 1 和行走輪 4 擺出的角度及調整行走輪 1-行走輪 2 之間桿件和行走輪 3-行走輪 4 之間桿件的偏轉角度，使得行走輪 1 掛到線路 2 上，如圖 4.36(b) 所示。

c. 行走輪 1、行走輪 2、行走輪 3 的夾爪機構夾緊線路，使得行走輪 4 擺回高壓線路 1 上，完成前輪的轉向越障過程。在此過程中，質心位置由圖 4.36(b) 的黑色三角形向圖 4.36(c) 的黑色三角形過渡，如圖 4.36(c) 所示。

中輪越障階段主要分為以下三步。

a. 調整行走輪 1 的位置及機器人的位置，使得機器人質心位於行走輪 1 與行走輪 4 連線的豎直平面內，如圖 4.36(d) 所示。

b. 行走輪 1 的夾爪機構夾緊線路 2，抬起行走輪 2 和行走輪 3 並擺出高壓線路所在的豎直平面，同時改變機器人的姿態為 N 形，如圖 4.36(e) 所示。

c. 行走輪 4 的夾爪機構夾緊線路，行走輪 1 前進，做尺蠖運動，若一次尺蠖運動後行走輪 2 和行走輪 3 沒能夠越過轉角，則再進行一次尺蠖運動，直到行走輪 2 和行走輪 3 越過轉角障礙並掛在線路 2 上為止。此過程中時時調整姿態，使得質心始終在行走輪 1 和行走輪 4 連線所在的豎直平面內，最後完成中輪越障過程，如圖 4.36(f) 所示。

後輪越障階段主要分為以下三步。

a. 行走輪 2、行走輪 3、行走輪 4 的夾爪機構夾緊線路，抬起行走輪 1 並擺出一定的角度，使得機器人質心位於線路 2 所在豎直平面內，為行走輪 4 的脫線做準備工作，如圖 4.36(g) 所示。

b. 行走輪 4 的夾爪機構鬆開，使得行走輪 4 脫線並擺出一定角度，此過程行走輪 1 的動作配合行走輪 4 的脫線過程保持側向重力平衡，如圖 4.36(h) 所示。

c. 行走輪 2 和行走輪 3 夾爪鬆開並向前行走，直到行走輪 4 可以越過轉角為止，然後行走輪 1 和行走輪 4 同時落線，完成機器人的轉向越障過程，如圖 4.36(i) 所示。

(2) 巡檢機器人結構設計

根據架空線路環境要求，研製一種能夠適應 500kV 高壓輸電線路，能夠完成自主越障和上下坡運動，並且具備一定的攀爬塔架能力的巡檢機器人。考慮到複雜多樣的線路環境，機器人必須具有工作範圍可調、動作靈活、結構緊湊簡單、質量輕等特點。

1）整體機構設計

根據架空輸電線路環境的特點對巡檢機器人提出如下設計要求。

① 在無障礙的檔段能夠平穩運行，並且具備一定的爬坡能力。

② 能夠跨越典型的電力金具及組合電力金具。

③ 具有良好的適應性，可以適應一些惡劣的環境條件，如大風、暴雪等。

④ 可以遠端控制，即時操作機器人工作。

⑤ 工作能力可靠，能保證機器人的安全運行。

為滿足設計要求，設計出了巡檢機器人的三維模型，如圖 4.37 所示。機器人左右完全對稱，由相互串聯的三個桿件、兩個雙軸複合轉動關節、兩個三軸複合轉動關節、四個手臂及四個輪夾複合機構組成。雙軸複合轉動關節 1 位於機器人的兩端，由端俯仰關節和端偏轉關節組成，當兩端手臂處於自由狀態時，能夠實現兩端手臂的自轉運動和俯仰運動；當兩端手臂固定不動時，能夠實現相連接兩桿件的俯仰運動和偏轉運動。三軸複合轉動關節 3 位於串聯的兩個桿件之間，起到連接兩個桿件的作用。它由中偏轉關節、中俯仰關節和中手旋轉關節組成，能夠實現兩端桿件的俯仰運動和偏轉運動以及中間手臂的自轉。每個手臂 2 均與由夾持機構和行走輪組成的輪夾複合機構 4 連接，夾持機構可以使手臂固定在線路上。為方便描述，從右向左的行走輪依次定義為輪 1、輪 2、輪 3 和輪 4，下面的複合關節依次定義為關節 1、關節 2、關節 3 和關節 4，即關節 1 和關節 4 為雙軸複合轉動關節；關節 2 和關節 3 為三軸複合轉動關節。

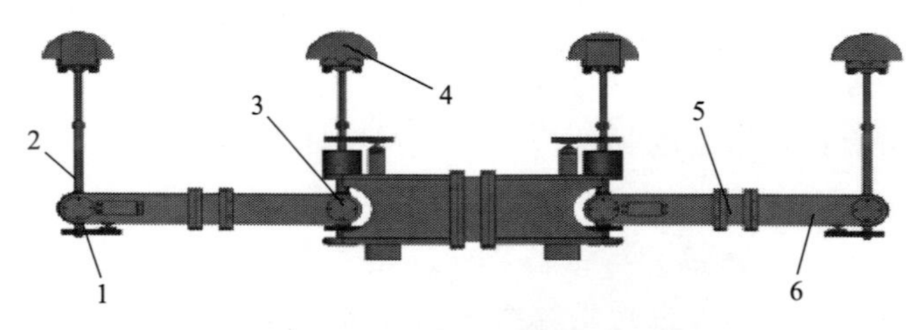

圖 4.37 巡檢機器人的三維模型

1—雙軸複合轉動關節；2—手臂；3—三軸複合轉動關節；

4—輪夾複合機構；5—法蘭；6—桿件

下面具體介紹巡檢機器人的雙軸複合轉動關節和三軸複合轉動關節。

巡檢機器人雙軸複合轉動關節如圖 4.38 所示。雙軸複合轉動關節主要驅動手臂的自轉運動和俯仰運動以及桿件的俯仰運動和偏轉運動。俯仰舵機 5 安裝在桿件 4 上，當桿件固定不動時，可以透過齒輪嚙合的運動來驅動手臂的俯仰運動；當手臂掛在輸電線路上固定不動時，可以透過齒輪的公轉運動帶動桿件的俯仰運動，由於形成了周轉輪係且桿件充當行星架的角色，可以透過齒輪齒數差在很大程度上減小舵機輸出力矩。手臂自轉舵機 3 可以根據固定端的不同形成桿件的偏轉運動或者手臂的自轉運動。

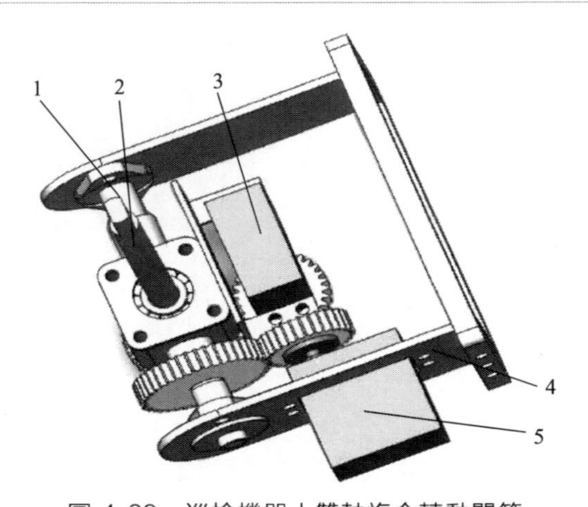

圖 4.38　巡檢機器人雙軸複合轉動關節

1—端橫軸；2—手臂自轉軸；3—手臂自轉舵機；4—桿件；5—俯仰舵機

巡檢機器人三軸複合轉動關節如圖 4.39 所示。三軸複合轉動關節主要驅動桿件的俯仰運動和偏轉運動以及手臂的自轉運動。此處的運動形式與雙軸複合轉動關節的運動形式類似，都是可以透過固定端的不同來進行不同的運動，在此不再贅述。

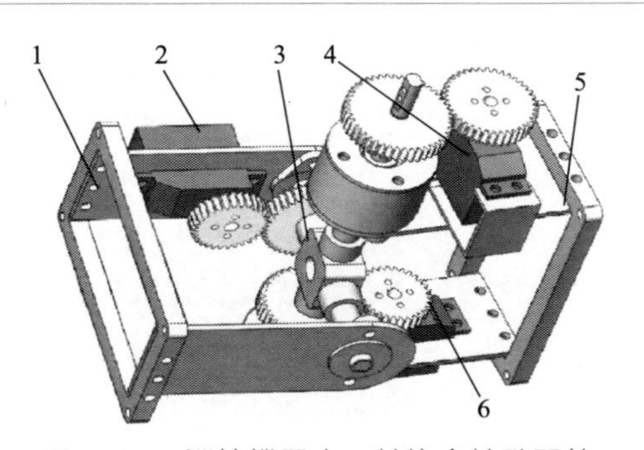

圖 4.39　巡檢機器人三軸複合轉動關節

1—左桿件；2—俯仰舵機；3—十字軸；4—手臂自轉舵機；5—右桿件；6—偏轉舵機

2）輪夾複合機構設計

圖 4.40 所示為巡檢機器人輪夾複合機構。巡檢機器人的每隻手臂末端都裝有輪夾複合機構，主要用於保證機器人在無障礙檔段內行進時的線路適應性，以及在越障時主動夾緊輸電線路，保證機器人在線運行的安全性。

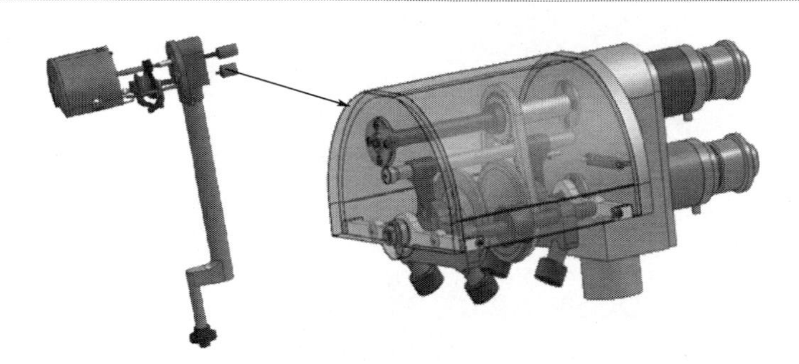

圖 4.40　巡檢機器人輪夾複合機構

圖 4.41 所示為輪夾複合機構示意。行走驅動軸 6 與行走驅動電動機 4 相連，夾緊驅動軸 7 與夾緊驅動電動機 5 相連，兩軸平行安裝在基座與端板之間，行走輪 8 通過軸承套裝在夾緊驅動軸 7 上，行走驅動軸 6 與行走輪 8 為帶輪傳動；夾緊驅動軸 7 上設有互為反螺紋的左、右螺紋，左、右夾爪 9、10 分別通過左、右兩側的圓螺母 14 及左、右兩側的套筒 15 安裝在夾緊驅動軸 7 上；隨動殼體位於基座 1 與端板 2 之間，前光軸 18 與後光軸 19 平行固連在隨動殼體 3 上，前壓線輪 20、後壓線輪 21 分別安裝在前光軸 18、後光軸 19 上且分別位於行走輪 8 的前、後側；左、右圓螺母分別透過左滑塊 23、右滑塊 24 與導向軸 22 相連；左夾爪 9、右夾爪 10 均通過光孔與前光軸 18、後光軸 19 相連；左前壓緊輪 25、右前壓緊輪 27 與前壓線輪 20 配合，左後壓緊輪 26、右後夾緊輪 28 與後壓線輪 21 配合；隨動復位彈簧 29 連接在隨動殼體 3 與基座 1 之間。

輪夾複合機構在線工作方式如下。

當輸電線路的坡度增大時，為了增加行走輪 8 與輸電線路表面的摩擦力，以滿足巡檢機器人的爬坡需要，此時啓動夾緊驅動電動機 5，帶動夾緊驅動軸 7 轉動，使左、右兩側的圓螺母 14 和右圓螺母分別通過左螺紋和右螺紋逐漸靠近，進而帶動左夾爪 9 和右夾爪 10 逐漸靠近，直到左前壓緊輪 25 和右前壓緊輪 27 將輸電線路壓緊在前壓線輪 20 上，同時左後壓緊輪 26 和右後壓緊輪 28 將輸電線路壓緊在後壓線輪 21 上，輸電線路被壓緊在行走輪 8 上。由於夾緊力增大，行走輪 8 與輸電線路表面的摩擦力也將增大，隨著行走輪 8 的轉動，巡檢機器人將實現在輸電線路上的爬坡行進。

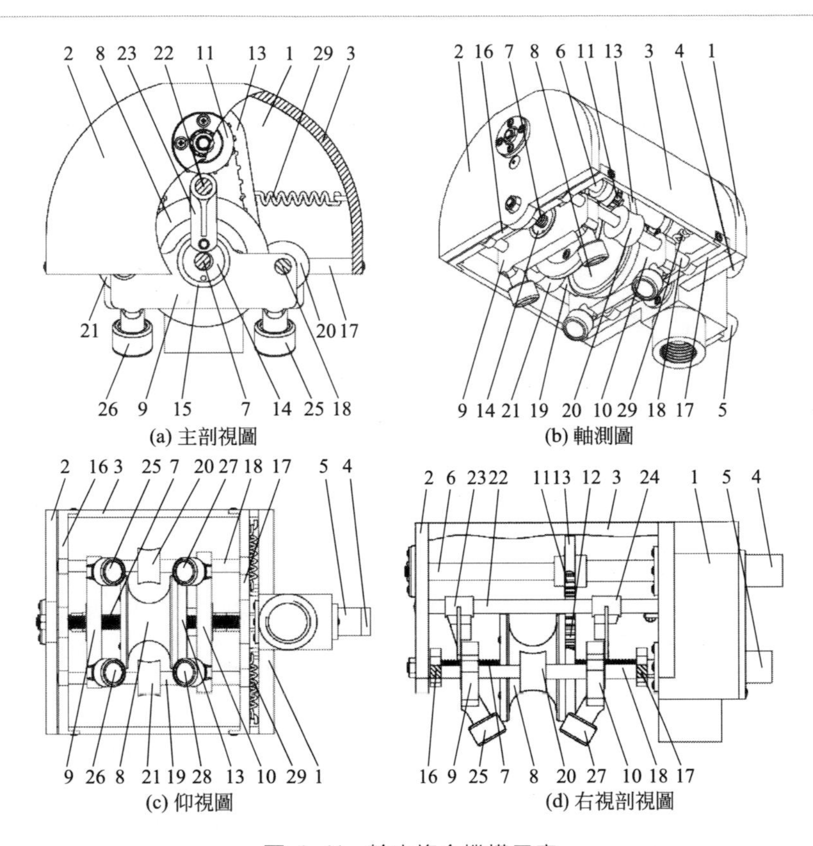

圖 4.41 輪夾複合機構示意

1—基座；2—端板；3—隨動殼體；4—行走驅動電動機；5—夾緊驅動電動機；6—行走驅動軸；7—夾緊驅動軸；8—行走輪；9,10—夾爪；11—帶輪；12—大帶輪；13—同步帶；14—左圓螺母；15—左套筒；16—左支撐桿；17—右支撐桿；18—前光軸；19—後光軸；20—前壓線輪；21—後壓線輪；22—導向軸；23—左滑塊；24—右滑塊；25—左前壓緊輪；26—左後壓緊輪；27—右前壓緊輪；28—右後壓緊輪；29—隨動復位彈簧

當巡檢機器人在大坡度的輸電線路上行進時，前壓線輪 20 會被迫抬高，帶動前光軸 18 抬高，進而帶動左支撐桿 16、右支撐桿 17、隨動殼體 3、左夾爪 9 及右夾爪 10 一同繞著夾緊驅動軸 7 進行自適應轉動，而後壓線輪 21 及後光軸 19 也會自適應隨動。在此過程中，左前壓緊輪 25、右前壓緊輪 27 及前壓線輪 20 的相對夾緊位置不會改變，左後壓緊輪 26、右後壓緊輪 28 及後壓線輪 21 的相對夾緊位置不會改變，則夾緊力也不

會因為坡度變化而改變。

左右圓螺母 14 與驅動軸 7 螺紋配合為自鎖設計，當巡檢機器人在大坡度的輸電線路上行進時，即使夾緊驅動電動機 5 突然斷電而失去動力，圓螺母 14 也不會反向後退，使夾爪保持夾持狀態，機器人能夠繼續停留在輸電線路上。

在巡檢機器人越障過程中，輪夾複合機構需要抬離輸電線路，而在抬離過程中，在隨動復位彈簧 29 的作用下，隨動殼體 3 會被拉回到初始位置，進而使左支撐桿 16、右支撐桿 17、左夾爪 9 及右夾爪 10 同時被恢復到初始位置，保證後續巡檢工作正常進行。

參考文獻

[1] 李勇兵．輸電線電力鐵塔攀爬機器人的研究[D]. 哈爾濱：哈爾濱工業大學，2016.

[2] Katrasnik J，Pernus F，Likar B. A Survey of Mobile Robots for Distribution Power Line Inspection[J]. IEEE Transactions on Power Delivery，2010，25 (1)： 485-493.

[3] 蔡傳武．爬桿機器人的攀爬控制[D]. 廣州：華南理工大學碩士學位論文，2011：22-25.

[4] Armada M，Prieto M，Akinfiev T，et al. On the Design and Development of Climbing and Walking Robots for the Maritime Industries [J]. Journal of Maritime Research，2005，2 (1)： 9-32.

[5] Kim S，Spenko M，Trujillo S，et al. Whole body adhesion： hierarchical，directional and distributed control of adhesive forces for a climbing robot [C]. IEEE ICRA07，2007：1268-1273.

[6] 梁笑．三桿四足攀爬機器人的研究和設計[D]. 沈陽：東北大學，2014.

[7] 蔡自興．機器人學[M]. 北京：清華大學出版社，2009：73-80.

[8] 宗光華，程君實．新版機器人技術手冊[M]. 北京：科學出版社，2007.

[9] 約翰 · 克雷格．機器人學導論 · 第 3 版[M]. 負超，等譯．北京：機械工業出版社，2006：48-60.

[10] 韓建海，吳斌芳，楊萍．工業機器人[M]. 武漢：華中科技大學出版社，2012.

[11] 楊靖波，李茂華，楊風利，等．中國輸電線路桿塔結構研究新進展[J]. 電網技術，2008 (22) 77-83.

[12] 張子博，劉榮，楊慧軒．用於玻璃幕牆清洗的爬壁機器人的研製[J]. Automation &Instrumentation，2016 (5)：6-9.

第5章

攀爬機器人應用系統設計

5.1 攀爬機器人應用系統組成及工作原理

攀爬機器人的關鍵技術可分為機械結構設計和應用系統設計兩大類。機械結構設計及動作規劃是攀爬機器人的基礎，決定了機器人是否具備相應的攀爬及越障能力。機器人的應用系統是反映機器人自動化及智慧化水準的關鍵技術，用來解決機器人的控制、電氣、通訊及特殊環境兼容問題。本章重點對視覺巡檢用攀爬機器人的應用系統設計展開論述。

5.1.1 系統組成

攀爬機器人的應用系統包括機器人本體應用系統和地面基站監控系統兩大部分。攀爬機器人應用系統的組成如圖 5.1 所示。

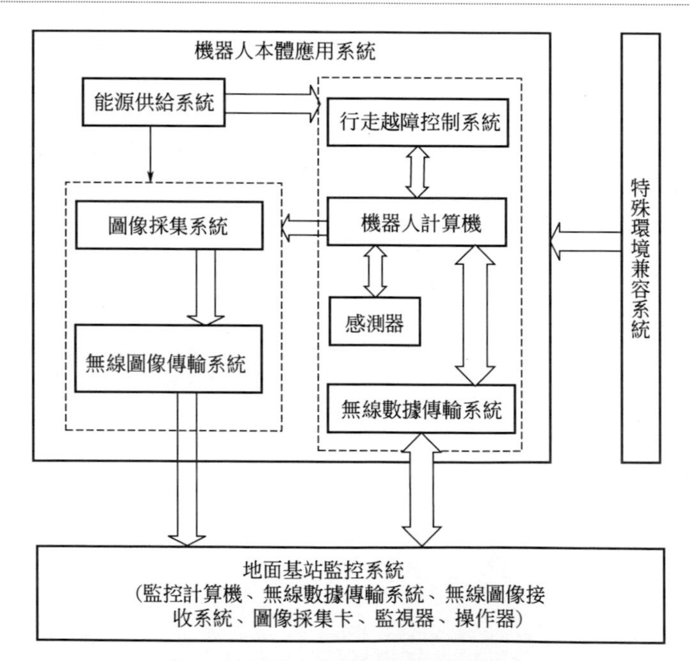

圖 5.1 攀爬機器人應用系統的組成

其中機器人本體應用系統包括機器人電腦、無線數據傳輸系統、圖像採集系統、無線圖像傳輸系統、行走越障控制系統、感測器、能源供給系統、特殊環境兼容系統等，其主要任務是控制攀爬機器人在作業環境內攀爬行走，控制雲臺及攝影系統轉動、拍攝圖像，透過無線傳輸系統將檢測到的圖像訊號傳輸至地面基站，透過無線數據通訊系統與地面基站進行交互。

地面基站監控系統包括監控電腦、無線數據傳輸系統、無線圖像接收系統、圖像採集卡、監視器、操作器等，其主要任務是接收攀爬機器人傳送回來的檢測圖像訊號，即時顯示並儲存圖像，透過無線數據傳輸系統遠程操作攀爬機器人並且監測機器人的運行狀態。

攀爬機器人應用系統各組成部分介紹如下。

① 機器人電腦。指機器人本體上安裝的具有高速計算能力的電子部件，相當於機器人本體的大腦，負責接收感測器及無線數據傳輸系統的訊號，並進行計算後對圖像採集系統及行走控制系統輸出控制指令，由能源供給系統供電。一般可採用 8051 核心的 51 系列單片機、基於 x86 的 PC104 模塊、DSP/ARM/FPGA 芯片等作為機器人本體電腦。

② 行走越障控制系統。指機器人運動控制指令的執行系統，一般包括機器人關節驅動電動機及其控制器。攀爬機器人需要脫離地面工作，有小型化及輕量化需求，機器人多採用伺服電動機驅動運動關節，很少採用氣動及液壓驅動方案。

③ 感測器。指能感受到被測量資訊的檢測裝置，為機器人電腦提供必要的檢測資訊。應用到攀爬機器人的感測器可包括距離感測器，紅外、紫外攝影儀，光電開關，角度感測器等，當機器人處於巡檢作業環境時還包括特殊環境專用的故障感測器。

④ 圖像採集系統。指能夠錄製影片或拍攝圖片的機器人應用環境的圖像記錄設備，透過接收機器人電腦的指令執行或終止圖像採集工作。一般可採用微型攝影機、雲攝影機等。

⑤ 無線圖像傳輸系統。指將圖像採集系統採集到的圖像資訊透過無線通訊的方式傳輸至地面或由地面接收攀爬機器人發送的圖像資訊的傳輸設備。可採用微波開路電視傳輸系統等。

⑥ 無線數據傳輸系統。指將地面監測站的控制指令數據發送至機器人本體或將機器人本體的運動數據及檢測數據發送至地面監測站的數據傳輸設備。可採用 2.4GHz 無線局域網、無線路由器、第三代通訊系統（3G）等方案。

⑦ 能源供給系統。指為機器人本體的驅動及控制部件提供電能的系統，攀爬機器人有輕量化需求。如何處理機器人的續航能力和能源供給系統質量間的矛盾是能源供給系統面臨的主要問題。一般可採用電池組、太陽能電池板、特殊環境感應取電系統等。

⑧ 特殊環境兼容系統。指當攀爬機器人的應用場景為特殊環境時(如高壓線路、核工業環境、水下攀爬環境等),需要設計相應兼容系統以保障機器人的穩定運行。

⑨ 地面基站監控系統。指技術人員在地面對攀爬機器人進行操控,輸入控制指令,接收採集數據的設備。由地面電源供電,包括監控電腦、無線圖像傳輸系統、無線數據傳輸系統、圖像採集卡、監視器、操作器(鼠標、鍵盤、控制手柄)等設備。

5.1.2 系統硬體選型設計

高壓線路巡檢作業環境是攀爬機器人的一種典型應用場景,下面主要介紹一款雙臂式輸電線路巡檢機器人的硬體選型。雙臂式攀爬機器人的應用系統設計如圖 5.2 所示。

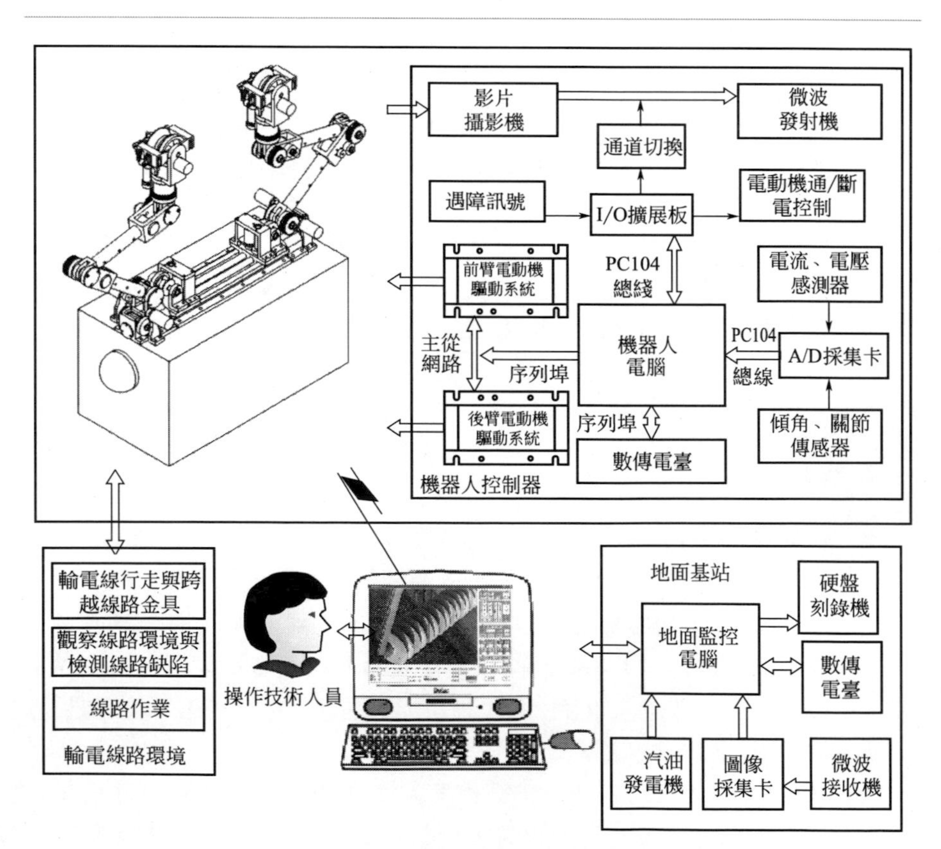

圖 5.2 雙臂式攀爬機器人的應用系統設計

1）機器人電腦

機器人電腦採用嵌入式電腦系統，瑞士Digital-Logical公司生產的工控PC104總線標準CPU模塊MSM586SV主板（圖5.3）作為控制中心，其優點是結構緊湊、體積小。該電腦僅提供運動控制服務及影片傳輸開閉控制服務，圖像處理及傳輸服務由圖像傳輸模塊直接發送訊號至地面基站，減小PC104上CPU的負擔，提高感測器採集訊號的響應速度。

機器人電腦主板MSM586SV是機器人本體的核心，控制機器人行走、雲臺轉動、攝影機調焦和採集外部資訊等。MSM586SV是一個基於PC104的高可靠、高集成度的ALL-IN-ONE CPU模塊，在標準PC104尺寸上集成了電腦的多種功能（包括SVGA/LCD和網路介面）。使用AMD Elan SC520嵌入式處理模塊，主頻為133MHz。裝有SO-DIMM記憶體插座，最大記憶體為128MB，板上包含標準PC的一般介面，如四個RS-232C串行口（任選：RS-485），一個LPT1並行口，EIDE硬盤介面，軟盤介面，鍵盤/鼠標介面，USB介面，Compact Flash插座，電池後備+EEPROM雙備份Setup，電源管理，標準CRT、平板圖形顯示LCD介面（支持TFT、EL、STN）等。而且為嵌入式地應用在MSM586SEV主板上設計了一系列附加特性，使其功能大大增加。MSM586SEV主板提供固態電子盤方式，結構為32管腳的DIP方式。採用Disk On Chip（32Pin）固態硬盤。Disk On Chip是M-Systems公司獨創的一種True Flash File System固態電子盤，由於其獨特的系統內「視窗」數據交換方式，使得Disk On Chip的容量大，目前單片Disk On Chip容量可以達到288MB。板上的顯示控制功能使用69000顯示控制芯片，支援模擬CRT和LCD同時顯示。2MB顯示記憶體支援1280×1024×256的24位TFT顯示，CSTN、STN、EL、PLASAMA等大多數知名廠家的平板顯示器均可直接連接至MSM586SEV的平板顯示介面上。另外，MSM586SEV支持寬溫工作環境，標準工作溫度為－25～＋70℃。MSM586SEV上有四個串行口，透過這四個串行口與其他各個模塊通訊。

圖5.3　MSM586SV主板

2）機器人行走越障控制系統硬體選型

機器人驅動裝置是將機器人的關節部件驅動至指定位置的動力源，

目前主要採用液壓驅動、氣動驅動和電機驅動三種驅動方式。電動機驅動具有運行平穩、精度高、結構簡單、維修方便等優點，現代機器人大部分採用電動機驅動。驅動電動機可選擇步進電動機或者直流伺服電動機，步進電動機驅動具有控制簡單、成本低的優點，但精度較低，而巡檢機器人質心調節及越障、掛線運動對精度有一定的要求；直流伺服電動機具有體積小、過載能力強、調速範圍寬、低速力矩大、運動平穩的優點，且控制閉環，運動精度高。下面以機器人行走輪驅動電動機的選型計算為例，簡要說明機器人驅動電動機的選型過程。

巡檢機器人靠行走輪在輸電線路上滾動行走，其驅動裝置主要包括直流電動機、減速器、驅動齒輪、行走輪。為了增大行走輪與輸電線之間的摩擦力，行走輪表面會增加聚氨酯材料。在線路上行走時，主要靠安裝在複合輪爪上的行走驅動電動機的正反轉來驅動行走輪的前進與後退，結合巡檢機器人在線的巡檢及越障過程，選取機器人越障的四個階段來說明行走輪驅動電動機選型過程。

狀態 1：機器人勻速爬坡的受力分析。機器人勻速爬坡姿態及行走輪受力分析如圖 5.4 所示。

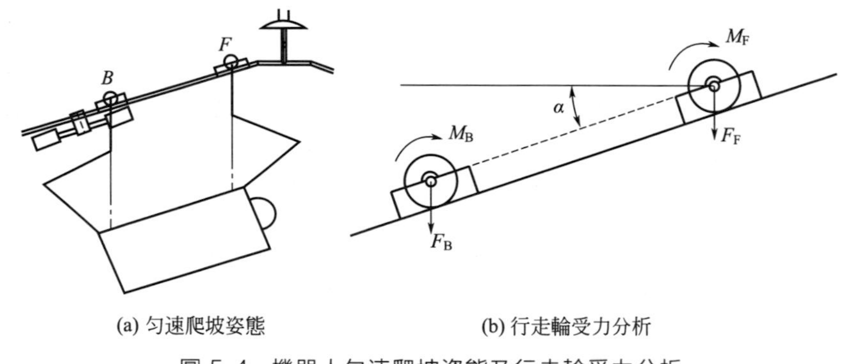

(a) 勻速爬坡姿態　　(b) 行走輪受力分析

圖 5.4　機器人勻速爬坡姿態及行走輪受力分析

圖中，F_F、F_B 分別為前後行走輪軸所承受的重力；M_F、M_B 分別為前後臂驅動輪電動機的驅動力矩。機器人在執行巡檢工作時，由於運動速度不高，且行走輪質量相對於機器人質量較小，因此可以忽略由於速度引起的阻尼力及行走輪的慣性力。可得出前後行走輪所需驅動力矩如下：

$$\left.\begin{aligned} M_F &= F_F(r\sin\alpha+\delta\cos\alpha) \\ M_B &= F_B(r\sin\alpha+\delta\cos\alpha) \end{aligned}\right\} \tag{5.1}$$

取機器人的質量為 50kg，預估 $F_F=F_B=250\text{N}$，取線路與水平面的

最大夾角 $\alpha=50°$，滾動摩阻係數 $\delta=0.8\text{mm}$，驅動輪與高壓線的接觸半徑 $r=25\text{mm}$，代入式(5.1) 得

$$M_F=M_B=4.916\text{N}\cdot\text{m} \tag{5.2}$$

狀態 2：機器人越障前或越障後調整質心。

機器人在越障前，需將機器人的質心移動至後側手臂，越障結束時其質心被移動至前側手臂，此時在線行走輪需具備保持靜止不滾動的能力。機器人越障前後姿態如圖 5.5 所示。

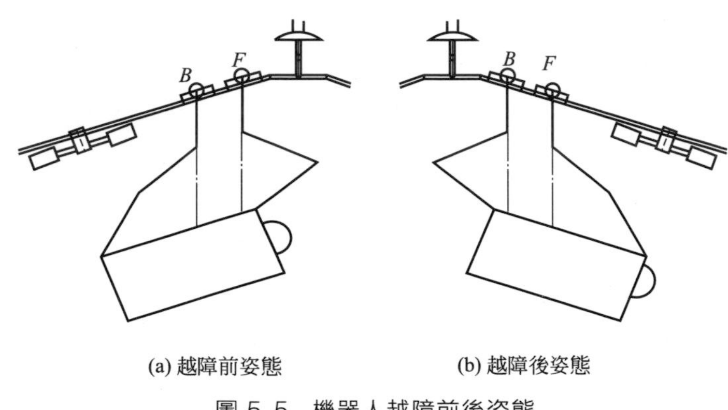

(a) 越障前姿態　(b) 越障後姿態

圖 5.5　機器人越障前後姿態

機器人越障前姿態後側手臂逐漸承擔了機器人的全部質量，取 $F_F=0\text{N}$，$F_B=500\text{N}$；越障後姿態前側手臂承擔機器人全部質量，取 $F_F=0\text{N}$，$F_B=500\text{N}$，取其他參數取值與狀態 1 相同。M_{ZF}、M_{ZB} 分別為前後臂驅動輪電動機的制動力矩。具體數據見表 5.1。

表 5.1　越障前後行走輪軸受力及制動力矩

狀態	F_F/N	F_B/N	M_{ZF}/N·m	M_{ZB}/N·m
越障前	0	500	0	9.832
越障後	500	0	9.832	0

狀態 3：機器人勻速下坡姿態受力分析。機器人勻速下坡行進及行走輪受力分析如圖 5.6 所示。

巡檢機器人勻速下坡時，由於行走輪與線之間的摩擦力較小，主要靠驅動輪提供制動轉矩，取計算參數與狀態 1 相同，可得出機器人前後行走輪制動力矩如下：

$$\left.\begin{aligned} M_{ZF}&=F_F(r\sin\alpha-\delta\cos\alpha)\\ M_{ZB}&=F_B(r\sin\alpha-\delta\cos\alpha)\end{aligned}\right\} \tag{5.3}$$

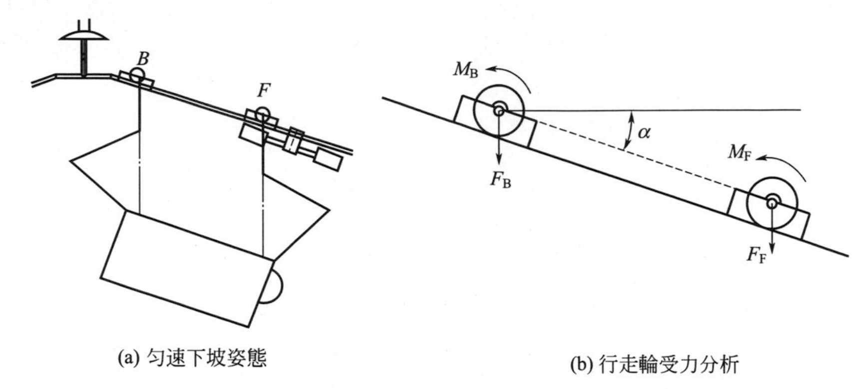

(a) 匀速下坡姿態　(b) 行走輪受力分析

圖 5.6　機器人匀速下坡姿態及行走輪受力分析

可求得：

$$M_{ZF}=M_{ZB}=4.659\text{N}\cdot\text{m} \tag{5.4}$$

通過狀態 1、狀態 2、狀態 3 的行走輪受力分析，並求解比較得出，機器人在線行走時驅動電動機所需提供的轉矩至少為 9.832N・m。本設計選用 FAULHABER3863-036C 型直流微電動機，其性能參數見表 5.2。

表 5.2　FAULHABER3863-036C 型電動機性能參數

額定轉矩/N・m	額定功率/W	最高轉速/(r/min)	輸出效率/%	電動機質量/kg
0.11	197	8000	85	0.4

電動機配合 FAULHABER38/1 行星精密減速器（減速比 i_1 為 66，效率 η_1 為 70%，外徑為 38mm，帶電動機長度為 106.9mm）。

驅動齒輪的減速比 $i_2=2$，傳動效率 $\eta_2=95\%$，則電動機輸出的轉矩為

$$M=\frac{T_{\max}}{i_1 i_2 \eta_1 \eta_2}=\frac{9832}{66\times2\times0.7\times0.95}=0.112(\text{N}\cdot\text{m}) \tag{5.5}$$

此時電動機功率為

$$P=\frac{nM}{9.55\eta}=\frac{8000\times112}{9.55\times0.85}\times10^{-3}=110.4(\text{W})<\text{額定功率 }197\text{W} \tag{5.6}$$

所選取電動機滿足行走輪運動需求。

分析機器人夾持機構驅動電動機及各回轉關節驅動電動機所需最大轉矩後（具體分析過程不再贅述），機器人選取伺服驅動電動機型號見表 5.3。各直流微電動機選用 FAULHABER MCDC 3003 運動控制器，

如圖 5.7 所示，採用 CAN 通訊方式由機器人電腦控制。

表 5.3　機器人各驅動單元伺服電動機選型及性能參數

驅動單元	電動機型號	減速器	減速比
行走輪	3863-036C	38/1	66/1
夾持機構	2642-012CR	26/1	86/1
腕關節	3242-012CR	32/3	86/1
肘關節	3257-012CR	38/1	159/1
肩關節	3257-012CR	38/1	246/1

圖 5.7　FAULHABER MCDC 3003 運動控制器

3）感測器

機器人本體控制部分包括視覺感測器、光電感測器、紅外感測器和超聲波感測器、加速度計和陀螺儀感測器、微型壓力感測器等，安裝位置如圖 5.8 所示。

視覺感測器用於檢測高壓輸電線破損形式和高壓輸電線路上的障礙物類型。現有輸電線巡檢機器人主要安裝攝影頭及雲臺來監測障礙類型。

光電感測器用於檢測升降機構和旋轉機構運動是否到位。伺服電動機尾端裝有光電感測器，作為反饋訊號實現對直流電動機的伺服運動控制。同時各回轉關節可安裝光電感測器，用於反饋各回轉關節即時回轉角度。

紅外感測器和超聲波感測器主要用於檢測巡檢機器人的機械臂與障礙物之間的距離，防止機器人與障礙物發生碰撞。紅外感測器和超聲波感測器布置於機械臂兩側，當機械臂靠近障礙物時，紅外感測器和超聲波感測器發出訊號，防止機器人繼續運行，兩種感測器安裝其中一種即可。

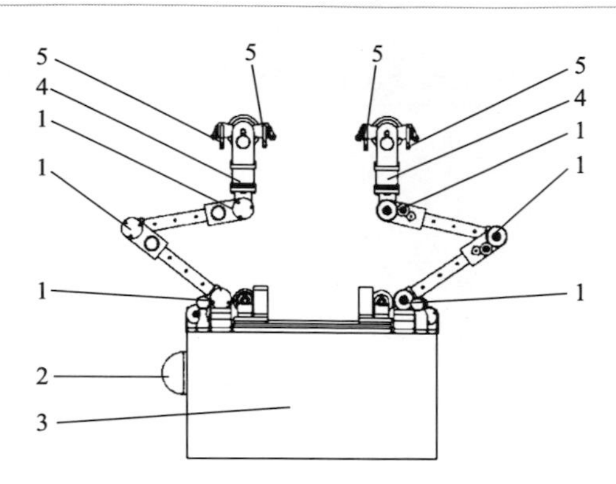

圖 5.8 感測器安裝位置

1—光電感測器； 2—視覺感測器； 3—加速度感測器；

4—紅外超聲距離感測器； 5—微型壓力感測器

加速度計和陀螺儀感測器主要用於機器人姿態的檢測和機器人運動速度的監控。當巡檢機器人在某個方向的傾角大於設定的閾值時，機器人停止運動，夾緊機構和驅動機構復位，防止機器人掉落。

微型壓力感測器主要用於檢測夾緊機構施加的夾緊力，透過機器人在不同坡度下的受力分析可以得出機器人的驅動力矩、運行速度、運行加速度、夾緊力和高壓輸電線坡度之間的關係。透過測定機器人施加的夾緊力，可以更好地控制機器人在上坡和下坡時的運行穩定性。

4）圖像採集系統

圖像採集系統一般採用雲臺和攝影頭組合的方式，選用高速球一體機 YH3070，其帶有高速球形攝影機和一個全方位雲臺。

雲臺的特點：為室外環境設計；YH3070 為高速智慧球型攝影機，內置高速預置雲臺及解碼器。

高速球機芯的特點：採用步進電動機，低速運行時平穩可靠；選用美國 LITTON 導電環，保證連續工作；採用 230 倍低照度（0.02lx）彩色攝影機，具有 WDR 超級動態功能，背光極強的户外同樣擁有清晰自然的圖像。可拆卸的 IR 剪切濾光片（日夜自動轉換功能）及數位快慢門功能，可在光照極低的條件下，使畫面達到與正常照度相同的效果；通訊協議公開，可接受多種主機控制，如 AD、PELCO、BAXALL、LILIN 等；水平 360°連續旋轉，垂直 0°～90°旋轉，並可進行 180°自動翻轉。

YH3070 的通訊協議採用異步半雙工通訊方式，雲臺控制器可以接收外部控制命令，其本身沒有反饋輸出。機器人電腦的主機與雲臺控制器由 RS485 總線連接。

5）無線圖像傳輸系統

機器人採用 KD1100L 型微波開路電視傳輸系統，工作頻率為 970～2200MHz，可以無線、同步傳輸一路圖像訊號和一路或兩路伴音訊號，主要用於開路電視監控系統，作為影片訊號和聲音訊號的傳輸通道，所獲得的圖像和伴音即時、連續、無失真。利用調制解調器，KD1100L 型產品可以在傳輸圖像訊號的同時，傳輸一路低速率數據訊號（2400bit/s/1200bit/s）。

KD1100L 型系列微波開路電視傳輸系統的組成及特點如下。

- 發送設備：圖像發射機、直流穩壓電源、發射天線。
- 接收設備：高頻頭、微波接收機、接收天線。
- 傳輸方式：點對點傳輸、多路視音頻訊號同步傳輸。
- 傳輸質量：技術性能穩定、圖像清晰、伴音悅耳、無失真、圖像質量優於四級。
- 抗干擾性：WFM 調制方式，抗干擾性好，不受廣播電視、行動通訊影響，易於加密。
- 實用性：發射機體積小，質量輕，耗電少，即裝即用，免調試。
- 兼容性：可以駁接任何品牌的標準攝影機和其他視音頻設備。

技術指標如下。

- 發射頻率：970～2200MHz。
- 發射功率：1.0W。
- 發射機天線：鞭狀天線。
- 接收機天線：定向螺旋天線。
- 傳輸距離：5～30km。
- 供電方式：DC 12V（發射機）/交流 220V（接收機）。
- 環境溫度：－20～＋50℃。

6）無線數據傳輸系統

利用數據傳輸電臺實現無線通訊功能，連接機器人與地面監控系統。選用 FC-206/B 無線高速 SCADA 數據傳輸電臺，該數據傳輸電臺採用 GMSK 調制解調器，FEC/CRC 糾錯，溫補頻率合成器，在較窄的頻帶範圍（25kHz）內，實現高速數據雙向傳輸，具有透明、包容性強的通訊協議，可在網路電臺工作模式、遠程診斷工作模式、電臺中繼工作模式下工作，可實現點對點、點對多點的高級組網通訊，同時具有標準的RS-232/485介面、可變的傳輸速率，可直接同使用者單片機、PLC、RTU、GPS等數據終端或使用者電腦相連。FC-206/B廣泛應用於電力數據遙測、採集和監控SCADA系統、油田油井資訊自動化、供電配網自動化、自來水供水和環境監測、地形測繪和地震資訊傳輸、交通、GPS定位、彩券終端機、軍事通訊等領域。

特點如下。

- 耐4kV群脈衝、8kV靜電，抗惡劣電磁環境，EMC性能優異。
- 採用DSP技術，工作頻率範圍寬、可用電腦軟體置頻。
- GMSK調制，數據傳輸速率可達9.6kbit/s。
- FEC/CRC糾錯，誤碼率低，傳輸可靠。
- 內置軟、硬體看門狗，有效防止CPU死機現象。
- 具有自診斷系統，可自檢電臺的工作參數和狀態。
- 可設置為網路電臺或遠程站電臺、中繼電臺使用。
- 具有RS-232/485介面訊號，可直接與電腦、RTU、單片機等相連。

技術指標如下。

- 頻率範圍：223～235MHz。
- 頻道間隔：25kHz。
- 靈敏度：0.25μV(12dB SINAD)。
- 調制類型：GMSK。
- 頻率穩定性：$\pm 2.5\times 10^{-6}$。
- 空中傳輸速率：9.6kbit/s。
- 數據介面速率：2.4kbit/s、4.8kbit/s、9.6kbit/s、19.2kbit/s。
- 數據結構：1位為起始位，+8位為數據位，+1位為可選校驗位，+1位為停止位。
- 輸出功率：5W。
- 發射狀態電流：≤2A。
- 接收狀態電流：≤100mA。
- 發訊機啓動/關閉時間：<10ms。
- 雜波和諧波輸出：<－65dB。
- 鄰道選擇性：>65dB。
- 輸出阻抗：50Ω。

• 電源電壓：13.8V（DC）±20%。
• 體積：142mm×72mm×30mm。
• 質量：1.3kg。

FC-206/B 數據傳輸協議是一種全透明的數據傳輸協議，能將任何基於上層協議、數據結構的數據即時發送給對方，且不改變數據格式，不增加或減少數據位。

FC-206/B 要求供電電源波紋係數小、負載能力強，當發射功率為 5W 時具備提供大於 2.5A 電流的能力。天線作為通訊系統的重要組成部分，其性能直接影響通訊系統的指標，在選擇天線時需注意兩個方面：天線類型和天線電氣性能。應注意天線類型是否符合系統設計中電波覆蓋的要求，天線的頻率帶寬、增益、額定功率等電氣指標是否符合系統設計要求。輸電線巡檢機器人要在架空線路上行走，考慮到高壓環境下的電磁屏蔽，機器人本體數據傳輸電臺 FC-206/B 天線選用 0dB 全向鞭狀天線；地面基站的位置相對固定，選用大增益的全向天線（9dB 玻璃鋼全向天線）。

7）地面監控系統

地面基站由一臺汽油發電機、一個地面控制箱、一臺監控電腦及數據傳輸天線和微波螺旋天線組成。地面控制箱安裝有數據傳輸電臺、微波接收機及數位硬盤錄影機，分別用於無線通訊和影片錄影。透過微波接收機和螺旋天線接收機器人返回的圖像，透過數據傳輸電臺和數據傳輸天線發送機器人控制指令並接收機器人反饋的資訊，整個地面基站的工作電源由汽油發電機供應。地面基站的核心選用 ACME 公司生產的便攜式工業用控制電腦，分別透過序列埠連接數據傳輸電臺，透過圖像採集卡連接微波圖像接收機，機器人返回的圖像在監視器回放顯示，並刻錄到數位硬盤錄影機。透過該工控機實現控制指令的輸入、機器人運動規劃及對接收到的機器人反饋資訊進行顯示或報警。

5.2 機器人控制系統設計

5.2.1 控制系統工作原理

一般攀爬機器人控制系統的工作原理如圖 5.9 所示。攀爬機器人控制系統由機器人本體控制系統和地面控制系統兩部分組成。

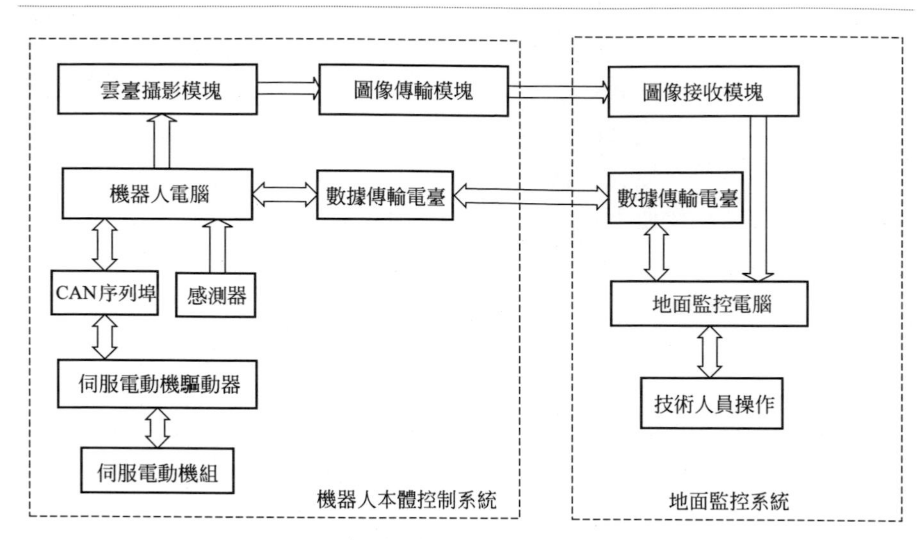

圖 5.9　一般攀爬機器人控制系統的工作原理

機器人本體控制系統的機器人電腦作為控制系統核心，透過 CAN 總線或者序列埠與伺服電動機驅動器實現數據交互，發送伺服電動機控制指令，實現機器人的攀爬行進運動。機器人電腦單方面接收機器人本體上感測器的訊號，透過自身專家系統或由地面技術操作人員分析後控制伺服電動機及雲臺攝影模塊的運行。機器人電腦對雲臺攝影模塊發送單方向控制訊號，所得圖像透過圖像傳輸模塊傳送至地面監控系統的圖像接收模塊，隨後由地面監控電腦顯示或儲存。機器人透過數據傳輸電臺與地面監控電腦實現數據交互，完成地面監控人員對機器人運行狀態的監測及即時控制。本章介紹的攀爬機器人均採用圖 5.9 所示工作原理。

攀爬機器人控制系統未來將向自主化、智慧化的方向發展，隨著視覺識別技術、AI 技術的不斷進步，機器人將具備更強的自主攀爬越障能力，屆時攀爬機器人可採用圖 5.10 所示工作原理。機器人電腦將裝載專家級圖像分析系統，實現雲臺攝影模塊與機器人電腦的即時交互，機器人根據圖像資訊確定下一步的攀爬步態，此時圖中所示數據、圖像傳輸模塊可在機器人無法做出自主判斷或巡檢發現環境缺陷時傳輸數據及圖像；否則完全自主運行。當智慧自主運行技術、大容量數據儲存設備成熟時，可能實現機器人本體的完全自主運行，無需數據傳輸系統、圖像傳輸系統及地面監控系統。

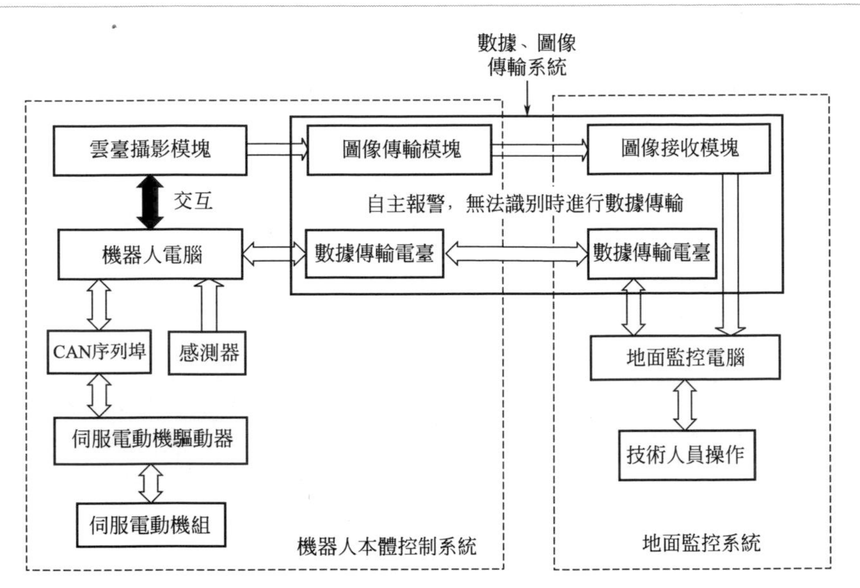

圖 5.10　未來攀爬機器人控制系統工作原理

由於攀爬機器人的工作環境複雜多變，視覺圖像資訊量巨大，智慧識別過程將面臨計算時間滯後、CPU 計算能力受限、RAM 記憶體受限、專家系統體系過於複雜、多變結構環境視覺識別難度大等問題，現有攀爬機器人還無法實現完全的自主運行。

5.2.2　越障規劃軟體系統設計

攀爬機器人的工作環境大多是未知的，工作任務如災難救援、架空線路巡檢等，由於機器人自身感知系統的不充分性和不可建模的環境因素，機器人的完全自主運動控制非常困難。攀爬機器人因結構特點不同而具有不同的越障序列，序列之間具有嚴格的順序性，如果誤操作，會帶來嚴重的越障干涉及安全問題。同時序列步驟較多，不方便技術人員記憶和進行控制。考慮到工作環境、攀爬機器人的機構特點和操作的方便性三方面因素，進行攀爬機器人的運動規劃研究，設計基於運動規劃方法的操作軟體系統，對提高機器人安全性和工作效率具有非常重要的意義。

攀爬機器人攀爬越障規劃的目標是統一描述複雜的越障運動，形成體系化的表達方式，以便於實現自動推理，達到提高機器人自動越障能力的目的，使其根據環境條件和障礙類型選擇合適的運動模式，並完成跨越障礙物。機器人需要根據感測資訊自動適應環境因素的改變，並具有評估自身安全狀態的能力；根據機器人攜帶的視覺和位姿等外部感測器對環境中的障礙類別和環境條件的優劣進行判斷，給出運動模式；根據當前姿態和運動目標，結合運動學模型，給出下一步動作；根據機器人與人的任務分配，機器人完成自動任務，並接受遠程監控。下面運用有限狀態機（Finite State Machine，FSM）理論，簡要介紹一款雙臂式輸電線路巡檢機器人的巡檢越障行為模型和運動規劃系統。

1）DEDS 監控理論

攀爬機器人越障運動過程複雜，適合用離散事件動態系統（Discrete Event Dynamic Systems，DEDS）監控理論進行分析。DEDS 是指由離散事件按照一定的運行規則相互作用而導致系統狀態演化的一類動態系統。Ramadge 和 Wonham 等[1,2] 提出了基於自動機的 DEDS 監控理論，研究事件和狀態相互作用與演化關係，是在邏輯層次上對 DEDS 實施控制的一種有效方法，其理論背景源於電腦科學的形式語言[3]。系統中被控對象（plant）的可能行為可透過數學模型加以描述，系統的控制規定（specification）描述了期望的部分或全部執行行為。監控器（supervisor）的作用是與被控對象交互，形成的閉環系統能滿足規定的行為。其特徵如下。

① 被控對象和監控器都被建模成統一的形式，如 Petri 網和 FSM，使得相互間的交互易於形式分析和綜合，同時避免了因直覺設計監控器導致錯誤產生。

② Petri 網或 FSM 表達的模型作為統一格式處理來自感知、動作、通訊計算的事件，可以方便、直接地轉換成可執行代碼（如 C 語言）。

③ 透過對模型的計算（如在 FSM 中同步積、順序積、條件積）可實現複雜任務的組合，形成任務級編程。

FSM 方法具有中等的智慧，較易實現反應行為，可以方便地將基於感測器和基於專家系統的規劃方法連接起來，而且便於自動控制編程。

2）機器人越障過程建模

以雙臂式輸電線巡檢機器人為例來說明攀爬機器人越障過程建模。對於工作在遙控與局部自主模式下的架空輸電線路巡檢機器人，地面操作員不在架空線路現場，機器人運動過程中可能會與周圍環境碰撞而帶來安全性問題。對於上述問題，採用地面操作員、監控器、巡檢機器人分布式交互合作的監控結構加以解決，如圖 5.11 所示。監控器 S 控制巡檢機器人 P 自動完成一部分運動任務，地面操作員 C 可以根據任務完成情況對巡檢機器人 P 施加事件控制、感測器資訊監測及處理突發事件，以確保機器人運動安全。地面操作員C透過監控器S與巡檢機器人P進行交互，監控器S實際上同時管理了巡檢機器人P和操作員C的行為。為了保證操作員發出的指令能被可靠地執行，操作員的命令被處理成一類特殊的不能控事件，因此可採用I/O監控模式同步地面操作員、監控器、巡檢機器人的行為。

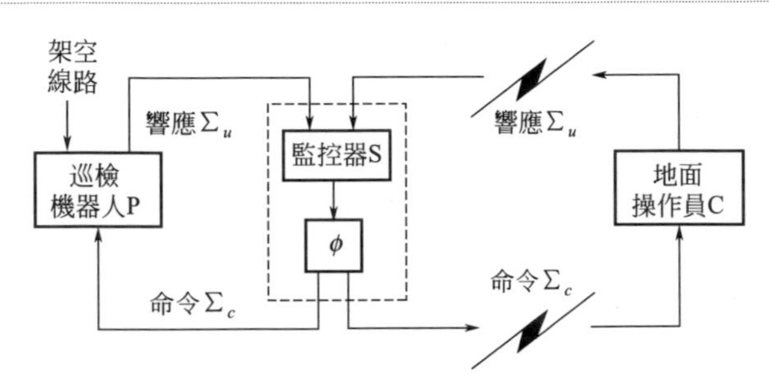

圖 5.11　分布式交互合作的監控結構

① 地面操作員監督與控制邏輯模型。

在巡檢機器人越障運動過程中，地面操作員作為一個特殊的實體，具有「感知-動作」行為特徵。為了充分發揮機器人自身感知與應激能力，更好地融合人的智慧，實現對機器人的有效控制，地面操作員需要能夠在任何時候與機器人系統進行各種層次上的交互，發布控制命令，請求原始的感測器數據供監督，以及規定更抽象的操作導航任務。將地面操作員事件建模成一類特殊的不可控事件，其自動機模型如圖 5.12 所示。

該模型的狀態集 $Q=\{S_1,I_1\}$，初始狀態 $q_0=S_1$，終止狀態集 $Q_m=\{I_1\}$，事件集 $\Sigma=\{s_1,i_1\}$，受控事件集 $\Sigma_c=\phi$，非受控事件集 $\Sigma_u=\{s_1,i_1\}$，操作員發送的事件命令必須是機器人能識別的事件。S_1 表示操作員處於監督狀態（主動查詢感測數據或接受運動狀態反饋）；I_1 表示操作員處於介入狀態（發布巡檢機器人運動控制指令）；s_1 表示運動指令發送事件；i_1 表示機器人狀態反饋事件。

② 機器人越障過程邏輯模型。

巡檢機器人在執行檢測任務和修補作業時，首要任務是能夠在輸電線上行走並安全可靠地跨越線路上的金具等障礙。機器人在越障過程中，利用感測器執行部分自動動作，並透過資訊反饋或動作確認請求地面操作員監控。其越障過程的自動機模型如圖 5.13 所示。

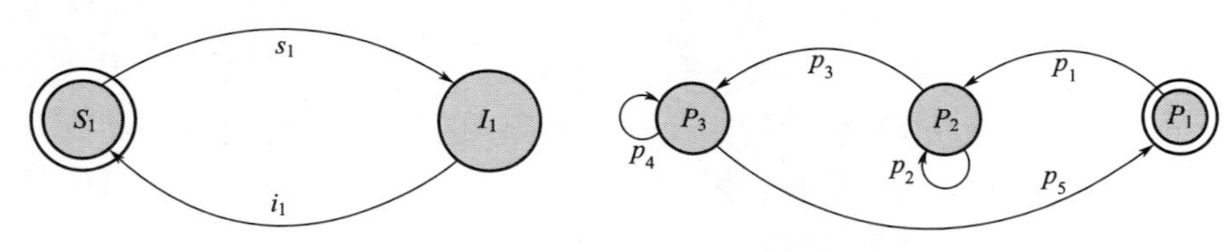

圖 5.12　地面操作員監控自動機模型　　圖 5.13　機器人越障過程的自動機模型

該模型的狀態集 $Q=\{P_1, P_2, P_3\}$，初始狀態 $q_0=P_1$，終止狀態集 $Q_m=\{P_1\}$，事件集 $\Sigma=\{p_1, p_2, p_3, p_4, p_5\}$，非受控事件集 $\Sigma_u=\{p_1, p_4, p_5\}$，受控事件集 $\Sigma_c=\{p_2, p_3\}$。P_1 表示機器人就緒狀態；P_2 表示機器人越障準備狀態；P_3 表示機器人越障狀態。p_1 表示機器人外部環境感知事件；p_2 表示機器人運動執行請求事件；p_3 表示操作員控制執行應答事件；p_4 表示機器人內部姿態感知事件；p_5 表示機器人運動狀態回傳事件。

③ 監控與自主複合行為模型。

利用同步積複合運算，可以得到在地面操作員監控下的巡檢機器人自動越障過程的自動機模型，如圖 5.14 所示。圖中上半部分（M_1、M_3、M_5 狀態）對應地面操作員監督機器人運行狀態；下半部分（M_2、M_4、M_6 狀態）對應地面操作員介入機器人控制狀態。

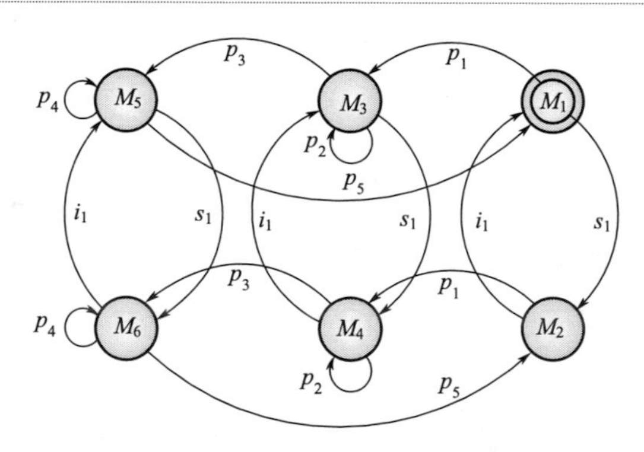

圖 5.14　地面操作員監控下的巡檢機器人自動越障過程的自動機模型

3）越障規劃模型

輸電線路巡檢機器人的主要作業任務如下。

① 沿架空地線上行走，根據地面基站的控制資訊調整攝影頭觀測角度及觀測視野，在檢測到線路目標後停止行走並採集缺陷資訊。

② 當巡檢機器人運動到桿塔附近時，可以透過操作者的遙控與機器

人的局部自主控制下跨越線路金具（如防震錘、雙懸垂線夾、單懸垂線夾、壓接管等），接著進行下個檔距的線路檢測。

為了便於實現機器人自主控制與操作者遙控相結合，設計了巡檢機器人作業任務有限狀態機模型。在運行過程中機器人一直處於某一特定狀態，因此，機器人的總體工作過程可以用以下狀態機來描述。

巡檢機器人工作過程主要劃分為7個狀態：q_0 為就緒狀態；q_1 為行走狀態；q_2 為檢測與作業狀態；q_3 為遇障狀態；q_4 為越障狀態；q_5 為下線狀態；q_6 為出錯狀態。

$$Q=\{q_0,q_1,q_2,q_3,q_4,q_5,q_6\},Q_m=\{q_5,q_6\}$$

式中，q_0 表示地面測試完畢後機器人吊裝在架空地線上，準備接收並執行指令；q_1 表示機器人在輸電線上滾動行走，並透過攝影頭監測自身運動狀態和環境資訊；q_2 表示調整雲臺位姿對目標進行精確觀測並採集疑似故障點圖像；q_3 表示機器人遇障停止，調整位姿準備越障；q_4 表示機器人利用輪臂機構越障；q_5 表示機器人完成檢測或作業任務後停靠在桿塔附近等待工作人員取下；q_6 表示通訊中斷、驅動器或感測器故障及斷電等異常處理。

巡檢機器人工作過程轉換狀態機如圖5.15所示，δ_{ij} 表示狀態 q_i 到 q_j 的轉移函數。以巡檢機器人工作流程和故障處理為主線，作業任務狀態轉移函數如表5.4所示。其中，$\delta_{0,1}$ 為行走指令事件，使機器人由就緒狀態轉換為行走狀態；$\delta_{0,2}$ 為巡檢指令事件，使機器人轉換到巡檢狀態；$\delta_{0,3}$ 為遇障使能事件，使機器人自動轉換到遇障狀態；$\delta_{0,4}$ 為越障指令事件，使機器人轉換到越障狀態；$\delta_{0,5}$ 為準備下線指令事件，使機器人移動到就近桿塔處，轉換到下線狀態；$\delta_{1,2}$ 為巡檢指令事件，使機器人轉換到行走巡檢狀態；$\delta_{1,0}$ 為停止指令事件，使機器人從行走狀態轉換到就緒狀態；$\delta_{3,4}$ 為越障允許指令事件，使機器人轉換為越障狀態；$\delta_{4,0}$ 為越障動作完成事件，使機器人自動由越障狀態轉換為就緒狀態；$\delta_{1,6}$ 為行走狀態出錯事件；$\delta_{2,6}$ 為檢測與作業狀態出錯事件；$\delta_{3,6}$ 為遇障狀態出錯事件；$\delta_{4,6}$ 為越障狀態出錯事件；$\delta_{5,6}$ 為下線狀態出錯事件，使機器人自動轉換到安全保護狀態。

表5.4 作業任務狀態轉移函數

函數	$\delta_{0,1}$	$\delta_{0,2}$	$\delta_{0,3}$	$\delta_{0,4}$	$\delta_{0,5}$	$\delta_{5,6}$	$\delta_{1,2}$
轉移	$q_0\to q_1$	$q_0\to q_2$	$q_0\to q_3$	$q_0\to q_4$	$q_0\to q_5$	$q_5\to q_6$	$q_1\to q_2$
函數	$\delta_{1,0}$	$\delta_{3,4}$	$\delta_{4,0}$	$\delta_{1,6}$	$\delta_{2,6}$	$\delta_{3,6}$	$\delta_{4,6}$
轉移	$q_1\to q_0$	$q_3\to q_4$	$q_4\to q_0$	$q_1\to q_6$	$q_2\to q_6$	$q_3\to q_6$	$q_4\to q_6$

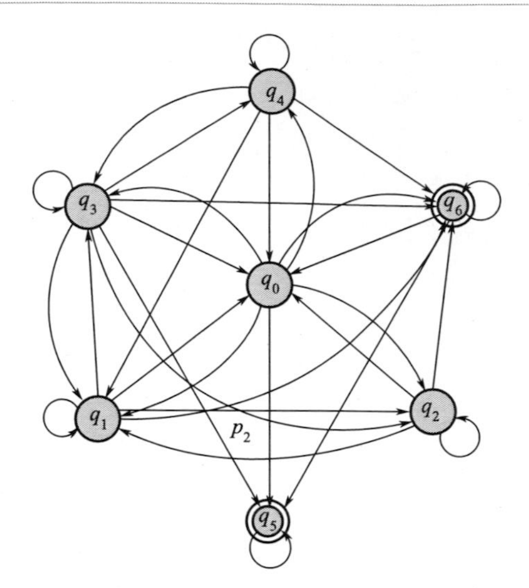

圖 5.15 巡檢機器人工作過程轉換狀態機

4）基本越障模式建模

基於第 2 章所述雙臂巡檢機器人構型，機器人可透過蠕動和旋轉兩種基本越障模式跨越線路上的金具。下面以蠕動模式為例來說明越障建模過程，機器人越障模式姿態可分為圖 5.16 所示三種。

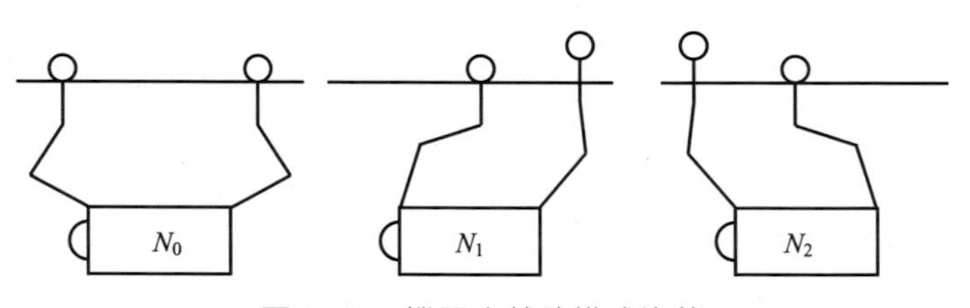

圖 5.16 機器人越障模式姿態

蠕動越障模式中機器人狀態集合為

$$Q=\{N_0,N_1,N_2\},q_0=N_0,Q_m=\{N_0\}$$

式中，N_0 表示機器人雙輪在線姿態；N_1 表示前臂升起姿態；N_2 表示後臂升起姿態。

圖 5.17 為蠕動越障模式狀態轉換圖，以正向越障為例，其狀態轉移與監控函數如表 5.5 所示。其中，$\delta_{0,0}$ 為雙輪在線運動；$\delta_{1,1}$ 為前臂升起運動；$\delta_{2,2}$ 為後臂升起運動；$\delta_{0,1}$ 表示前臂遇障停止；$\delta_{0,2}$ 表示後臂遇障停止；$\delta_{1,0}$ 為前臂行走輪自動對齊輪電線運動；$\delta_{2,0}$ 為後臂行走輪自動

對齊輸電線運動；$\zeta_{01,H}$ 表示雙輪在線姿態轉換到前臂升起姿態，返回障礙類型、移動位置和越障模式資訊供監督；$\zeta_{10,H}$ 表示前臂升起姿態轉換到雙輪在線姿態，返回輪臂自動抓線資訊供監督；$\zeta_{H,02}$ 表示急停或確認運動模式和位姿合適事件；$\zeta_{H,20}$ 表示急停或確認輪臂抓線可靠事件。

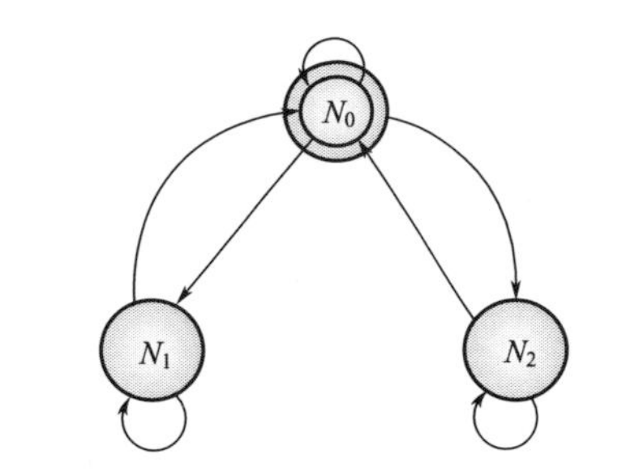

圖 5.17　蠕動越障模式狀態轉換圖

表 5.5　蠕動越障模式狀態轉移與監控函數

函數	$\delta_{0,0}$	$\delta_{1,1}$	$\delta_{2,2}$	$\delta_{0,1}$	$\delta_{1,0}$	$\delta_{0,2}$	$\delta_{2,0}$	
轉移	$N_0 \to N_0$	$N_1 \to N_1$	$N_2 \to N_2$	$N_0 \to N_1$	$N_1 \to N_0$	$N_0 \to N_2$	$N_2 \to N_0$	
函數	$\zeta_{01,H}$	$\zeta_{10,H}$	$\zeta_{02,H}$	$\zeta_{20,H}$	$\zeta_{H,01}$	$\zeta_{H,10}$	$\zeta_{H,02}$	$\zeta_{H,20}$
監控	$N_0 \to N_1$ 返回	$N_1 \to N_0$ 返回	$N_0 \to N_2$ 返回	$N_2 \to N_0$ 返回	$N_0 \to N_1$ 控制	$N_1 \to N_0$ 控制	$N_0 \to N_2$ 控制	$N_2 \to N_0$ 控制

5.2.3 人機交互軟體系統設計

攀爬機器人工作在架空環境中，需透過無線方式與地面基站通訊，現在多採用局部自主與遙控相結合的方式進行運動控制。因此，設計一種使用者友好的人機交互介面在提高機器人操作性能方面十分必要。

人機共存的控制系統的應用越來越普遍，並正在成為一種趨勢。在這樣的系統中，人機交互是系統的重要組成部分，由此產生的問題對系統的可行性和安全性提出了更高的要求[4]。本質上，這類系統是一種混雜動態系統（Hybrid Dynamic System，HDS)，體現在以下兩方面。

① 系統內存在兩類性質不同的變量：機器人運行過程中的連續變量和人機交互過程中的離散（事件）變量。這兩類變量（事件）相互作用，共同驅動整個系統的演化。

② 人機交互在形式上歸結為這兩類變量（事件）的相互作用，即機器人運行過程中的連續變量穿越閾值或人機交互過程中人為觸發離散（事件）變量，決定離散（事件）變量的使能與否。離散（事件）變量的使能與否決定著連續變量的狀態軌跡。

(1) 人機交互設計的主要步驟

① 調查使用者對交互的要求或環境。判斷一個系統的優劣，很大程

度上取決於未來使用者的使用評價，因此在系統開發的最初階段要尤其重視系統人機交互部分的使用者需求。必須盡可能廣泛地向未來的各類直接或潛在使用者進行調查，也要注意調查人機交互涉及的硬、軟體環境，以增強交互活動的可行性和易行性。

② 使用者特性分析。調查使用者類型，定性或定量地測量使用者特性，了解使用者的技能和經驗，預測使用者對不同交互設計的反響，保證軟體交互活動適當和明確。

③ 任務分析。同時從人和電腦兩方面入手，分析系統交互任務，並劃分各自承擔或共同完成的任務；然後進行功能分解，制定數據流圖，並勾畫出任務網路圖或任務列表。

④ 建立交互界面模型。描述人機交互的結構層次和動態行為過程，確定描述圖形的規格、說明語言的形式，並對該形式語言進行具體定義。

⑤ 任務設計。根據來自使用者特性和任務分析的交互方式的需求說明，詳細分解任務動作，分配到使用者、電腦或二者共同承擔，確定適合使用者的系統工作方式。

⑥ 環境設計。確定系統的硬、軟體支持環境帶來的限制，甚至包括了解工作場所、向使用者提供各類文件等。

⑦ 交互類型設計。根據使用者特性及系統任務和環境，制定最合適的交互類型，包括確定人機交互的方式、估計能為交互提供的支持級別、預計交互活動的複雜程度等。

⑧ 交互設計。根據交互規格的需求說明、設計準則及所設計的交互類型，進行交互結構模型的具體設計，考慮存取機制，劃分界面結構模塊，形成交互功能結構詳圖。

⑨ 螢幕顯示和布局設計。首先制定螢幕顯示資訊的內容和次序，然後進行總體布局和交互元素顯示結構設計，具體內容包括：根據主系統分析，確定系統的輸入和輸出內容、要求等；根據交互設計，設計具體的螢幕、視窗和覆蓋等結構；根據使用者的特性和需求，確定螢幕上交互元素顯示的適當層次和位置；詳細說明螢幕上顯示的數據項和資訊的格式；考慮標題、提示、幫助、出錯等資訊；修改或重新設計使用者測試中發現的錯誤和不當之處。

⑩ 螢幕顯示和細化設計。在螢幕顯示和布局設計的基礎上，進行美觀方面的細化設計，包括為吸引使用者的注意所進行的增強顯示的設計，如採取運動（閃爍或改變位置），改變形狀、大小、顏色、亮度、環境等特徵（如加線、加框、前景和背景反轉），增加聲音等手段；顏色設計；顯示資訊、使用略語等的細化設計等。

⑪ 幫助和出錯資訊設計。決定並安排幫助資訊和出錯資訊的內容，組織查詢的方法，並進行出錯資訊、幫助資訊的顯示格式設計。

⑫ 原型設計。在經過系統初步需求分析後，開發人員在較短時間以較低代價開發出一個滿足系統基本要求的、簡單的、可運行系統。該系統可以嚮使用者演示系統功能或供使用者試用，讓使用者進行評價並提出改進意見，進一步完善系統的規格和軟體設計。

⑬ 交互系統的測試和評估。開發完成的交互系統必須經過嚴格的測試和評估。評估可以使用分析方法、實驗方法、使用者反饋及專家分析等方法。可以對交互的客觀性能進行測試，或者按照使用者的主觀評價及反饋進行評估，以便盡早發現錯誤，改進和完善交互系統的設計。

(2) 人機交互系統應具有的特徵

① 安全性。安全性包括兩個方面，一是機器人不能對環境造成危害或者傷害人；二是機器人自身的安全性，能夠自救或者進入安全狀態。因此，人機界面應該具有安全監視視窗，並不斷檢測或診斷機器人的安全狀況，預測可能發生的危險。在發生危險時能夠及時報警，並能夠自動採取必要的安全措施，防止事故的擴大。具有阻止操作員違規操作的措施，或者對一些可能產生危險的操作進行提示和確認，防止操作員由於疲勞和緊張而做出錯誤的動作。設置在任何時刻都可以緊急停機的專用按鈕，將機器人設計成失敗時進入安全狀態和可恢復狀態。

② 完整性。在組織畫面時，與機器人當時所做工作的性質、模式和內容有關的資訊應該同時顯示在一個畫面上，以便操作員全面掌握機器人所處的環境及機器人的運動姿態、方向和速度，不能要求操作員頻繁切換畫面。應根據機器人當前事務執行的不同階段，設計一個主導畫面。不同畫面的組織應該具有層次，切換方便。

③ 專業性。目前許多人機界面是供機器人設計和研究人員使用的，畫面顯示內容簡單，不直覺，輸入命令不方便，甚至出現難懂的機器人專業術語或者感測器的原始輸出數據。專業性則要求根據機器人的特定應用場合，確定人機操作界面的組織方式、顯示內容，以及輸入設備時使用的命令和輸入方式。

④ 直覺性。系統的推理機制應該與操作員智力模型相匹配，遠程操作機器人的方法應該與直接控制機器人類似，如在使用者操縱單元上設置類似方向盤的方向控制器或者操縱桿來控制機器人的移動；設置模擬旋鈕控制機械手的關節角度、攝影頭的視角和俯仰角度等。系統能為操作員提示下一個動作的選擇，提供並行執行某些動作的機制，以及方便操作員採用以前的輸入數據或者控制輸出數據，不同畫面中的輸入與輸

出資訊的布局、色彩、控制命令輸入方式和資訊表達形式等應該盡可能一致，這就使得操作員能很快掌握機器人的操作控制方法，容易掌握新功能，降低誤操作率。

⑤ 適應性。野外環境是多種多樣的，可能是明亮的或者昏暗的，潮溼的或者乾燥的，也或者具有強電磁干擾、空氣中充滿粉塵；操作員所處的環境也是複雜多變的，而且可能需要穿戴厚厚的防護服和大手套，這些都要求所設計的人機操作界面具有較高的環境適應性。

（3）人機交互系統功能需求

根據以上巡檢機器人運行原理與人機交互功能的分析，我們以巡檢機器人地面基站人機交互系統的功能需求為例進行講解。

① 遠程監視功能。

遠程監視功能是指利用機器人攜帶的感測器傳回機器人周圍環境數據、機器人姿態數據、機器人狀態數據等，具體如下。

a. 環境監視。環境監視既包括確保機器人安全運行所需的環境資訊，又包括對輸電線路的缺陷檢查。環境監視主要透過視覺感知，用於回傳線路環境圖像和控制機器人運動的視覺反饋圖像、目標識別與定位，為巡檢機器人越障規劃提供資訊。

b. 巡檢機器人姿態監視。包括巡檢機器人傾斜角度、行走系統速度與安全保護狀態、兩個越障手臂的關節位姿、質心調整機構的位置等數據的監測，這些數據用於巡檢機器人的行走和越障控制。

c. 巡檢機器人運行狀態監視。對巡檢機器人正常工作狀態進行監視，包括工作電壓和電流、電池剩餘電量、行走角度報警、通訊狀態檢查等。

② 運動控制功能。

線路巡檢工人需要透過運動控制介面，根據不同的運動模式對巡檢機器人進行直接運動控制，還需要對巡檢機器人進行位姿調整控制；再次，需要透過輔助越障規劃功能對機器人進行自動越障控制；最後，需要透過雲臺控制功能進行機器人環境監視和線路的監測。直接運動控制包括行走控制、手臂控制、質心調整控制及兩臂間距控制等；姿態調整控制包括關節復位控制、箱體水平控制、模塊動作、機器人構型變換控制等；自動越障控制包括跨越壓接管、防震錘、單線夾、雙線夾及耐張導軌控制等；圖像檢測控制包括雲臺視角調整、雲臺速度設置、圖像切換、圖像放縮、光圈與聚焦控制、採集圖片、影片捕獲等。

③ 資訊管理功能。

為了實現上述對機器人監控與控制介面的功能，對其中的數據流進行管理。另外，為了達到巡檢機器人對輸電線路進行缺陷檢測和作業的目標，需要對線路缺陷診斷與線路結構等數據流進行管理。機器人資訊包括機器人建模模型數據、運動學數據、單元運動數據、機器人姿態與狀態數據、障礙圖像數據、抓線圖像數據等；檢測與作業資訊包括輸電線路結構數據、標準缺陷數據、疑似缺陷圖像等。

(4) 人機交互系統設計

① 軟體及交互框圖。

設計地面工控機的系統為 Windows 操作系統，人機介面界面是用 VC＋＋6.0 開發的 GUI 程式，採用多線程任務編程方式，序列埠讀寫等操作均運行在輔助線程中。人機介面界面開發所需的其他系統級支援軟體有數據庫軟體 SQL Server，虛擬建模庫 OpenGL，計算和模擬軟體 MATLAB，三維建模、結構有限元分析及動力學模擬軟體 SolidWorks，專家系統推理工具 CLIPS。

採用可編程的軟體界面方式，能夠簡化交互界面開發中控制按鈕與顯示資訊增減帶來的開發成本，而且透過 VC 程式能夠方便地驅動硬體，充分地發揮軟體和硬體的能力，具有很強的靈活性，方便操作。

巡檢機器人地面基站軟體系統按功能可劃分為人機交互界面、控制驅動層和資訊處理層三部分，如圖 5.18 所示。

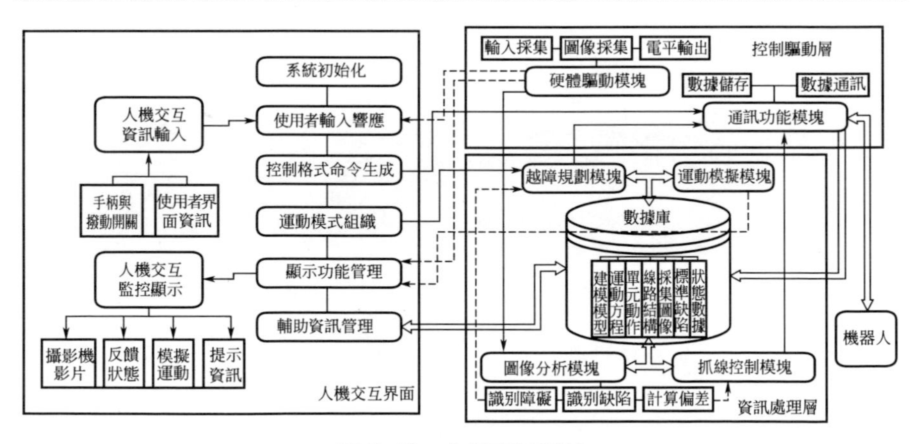

圖 5.18　人機交互系統

人機交互界面的功能是輸入指令對機器人進行控制，並透過圖像和感測器的反饋資訊對機器人運動及健康狀態進行監控。人機交互界面具有系統初始化、使用者輸入響應、控制格式命令生成、運動模式組織、顯示功能管理和輔助資訊管理六類功能。控制驅動層的功能是與硬體進行資訊交換，驅動硬體完成指定的操作。控制驅動層主要包括通訊功能模塊和硬體驅動模塊。資訊處理層的功能是根據採集的圖像、機器人關節及狀態感測器的資訊，進行障礙目標的判別、姿態關係的求解，並以此進行越障規劃和機器人運動模擬。資訊處理層主要包括圖像分析模塊、運動模擬模塊、越障規劃模塊、抓線控制模塊和數據庫。

② 交互界面設計。

人機交互界面用於人與機器的資訊交互，其功能模塊直接地顯示在監控主界面上，如圖 5.19 所示。透過在人機交互界面上劃分不同的功能區域模塊，實現地面基站的控制、顯示和規劃處理功能。界面主要包括運動功能模塊、圖像功能模塊、資訊反饋功能模塊、越障規劃功能模塊及輔助功能模塊等，如圖 5.19(a) 所示。運動功能模塊主要包括行走控制、手臂控制與質心控制，位於主界面右側中部區域。圖像功能模塊主要包括攝影機切換、雲臺控制與圖像控制，位於主界面的右上與左中部。資訊反饋功能模塊主要包括圖像顯示、感測數據查詢、動作完成資訊與狀態資訊反饋。圖像顯示功能區用於顯示輪臂落線圖像與巡檢監控圖像，一共有 3 組影片、5 個攝影機。感測查詢與狀態反饋功能區包括查詢機器人各關節運動數據、剩餘電量，行走輪遇障狀態、夾爪開合狀態、傾角狀態、電量狀態，通訊建立、關節動作是否完成資訊提示功能。

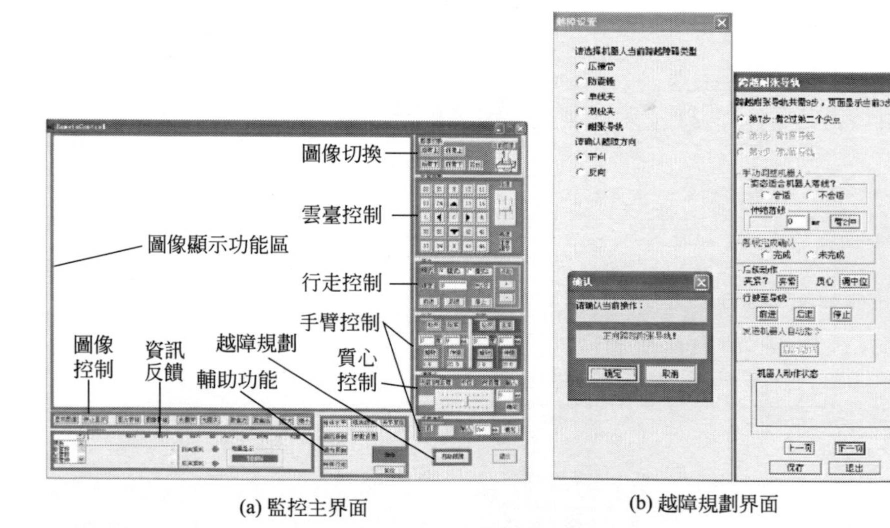

(a) 監控主界面　　(b) 越障規劃界面

圖 5.19　人機交互界面

輔助功能模塊位於主界面下側中部區域，主要包括急停操作、參數設置與機器人運動調整控制。參數設置功能用於設置機器人點動行走步長、自動越障調整中行走速度、閉合夾緊電流、剖分打開角度、剖分上升距離等默認參數。機器人運動調整控制包括箱體水平功能、特殊行走功能、模塊動作功能、關節復位功能和調整手臂功能。模塊動作功能用於實現兩臂回轉和伸縮聯動控制，上下線聯動控制及質心與夾緊輪聯動，兩臂伸縮與夾緊聯動控制功能。關節復位功能用於機器人手臂旋轉和伸縮關節、箱體質心關節及雙臂間距的復位控制。調整手臂功能，調為同側是在機器人跨越側接耐張導軌時，將機器人後臂調整到與前臂相同一側；調為異側是當機器人越障結束後恢復先前的位姿狀態。

如圖 5.19(b) 所示，越障規劃功能模塊主要包括跨越壓接管、防震錘、單線夾、雙線夾和耐張導軌的運動規劃。自動越障功能用於輔助進行機器人全自主或局部自主越障功能的控制。越障規劃模塊採用彈出界面方式，單擊主界面的「自動越障」按鈕，彈出如圖 5.19(b) 左側的「越障設置」對話框。選擇跨越的障礙類型和越障方向，會彈出相應的越障規劃對話框，如圖 5.19(b) 右側所示是巡檢機器人跨越耐張導軌第 7 步的運動規劃。規劃中主要包括三個方面的內容：第一是機器人輪臂落線的運動規劃；第二是機器人狀態調整運動規劃；第三是給出機器人單元動作控制命令。在規劃對話框下方的矩形框中顯示了動作規劃完成與否的資訊。越障規劃功能模塊能幫助線路工作人員進行機器人越障運動的規劃，提高操作的品質和效率，降低誤操作率。

③ 控制驅動設計。

控制驅動層屬於底層功能模塊，不顯示在介面界面上，但卻為人機交互的順利實現提供了硬體基礎，使軟體的功能得以物理實現。

a. 驅動軟體設計。

硬體驅動模塊作為底層的功能模塊，其作用是實現與硬體的交互操作，主要操作是圖像採集卡進行錄影、儲存圖像及讀取圖像。另外，控制驅動模塊還可以驅動數據採集卡採集手柄的控制訊號，進行攝影機雲臺和機器人的運動控制。以下給出部分圖像採集卡驅動函數及數字 I/O 卡驅動函數。

圖像採集卡驅動函數：

```
HANDLE WINAPI okOpenBoard(long*iIndex);
```

功能：打開圖像採集卡。

```
BOOL WINAPI okCloseBoard(HANDLE hBoard);
```

功能：關閉圖像採集卡。

```
BOOL WINAPI okStopCapture(HANDLE hBoard);
```

功能：關閉採集圖像。

```
Long WINAPI okSaveImageFile(HANDLE hBoard,LPSTR szFileName,long
first,TARGET target,long start,long num);
```

功能：從源目標體存圖像視窗（RECT）到硬盤，存盤完成後返回。

```
BOOL WINAPI okCaptureTo(HANDLE hBoard,TARGET target,LONG wParam,
LPARAM lParam);
```

功能：採集影片並輸入到指定目標體。
數位 I/O 卡驅動函數：

```
HANDLE DeviceOpen();
```

功能：打開數位 I/O 卡。

```
BOOL DeviceClose(HANDLE m_DeviceHandle);
```

功能：關閉數位 I/O 卡。

```
int ReadInput(int InputN);
```

功能：在通道 InputN 輸入狀態並返回。

```
BOOL WriteOutput(int OutputN,int OutputValue);
```

功能：在通道 OutputN 輸出控制電平。

b. 通訊軟體設計。

通訊功能模塊作為輔助線程同步運行，用於指令寫入或讀出數據傳輸電臺，並可將控制指令與機器人的反饋資訊在系統時間下記錄到數據庫，作為機器人健康狀態與運動規劃的依據。

採用微軟提供的 MSCOMM 控件編寫通訊接收程式。調用 GetCommEvent（）函數獲取序列埠接收狀態；調用 GetInput（）函數讀取接收緩衝區數據。編寫發送數據線程函數，實現控制指令的發送，該線程在程式初始化時運行，程式退出時終止。函數原型為 UINT CQuanjubl::SendDataThread（LPVOID pParam）。

④ 資訊處理設計。

資訊處理層屬於隱式功能模塊，為人機交互的順利實現提供了資訊基礎，為模擬運動、越障規劃與抓線控制提供數據。

a. 圖像分析軟體設計。

圖像分析模塊作為機器人運動規劃與缺陷檢測的資訊處理模塊，對採集的圖像進行灰度化轉換，對圖像中的雜訊點進行濾波去除，對圖像中的目標物體進行分割。著重對圖像像素的幾何特徵進行數據計算，提取特徵向量進行障礙目標（防震錘、懸垂線夾等）的判別，為運動規劃模塊提供輸入數據。透過識別行走輪與輸電線，進行二者位姿偏差關係的解算，為視覺抓線控制模塊提供數據。

b. 運動模擬軟體設計。

運動模擬模塊作為人機交互的一個運動反饋功能模塊，根據機器人關節感測器的反饋資訊，進行機器人即時的運動模擬，對輔助現場操作很有用處。運動模擬模塊透過 OpenGL，結合 SolidWorks 建模的模型，進行機器人運動場景的構建，根據數據交換模塊提供的資訊進行模型的模擬運動。

c. 越障規劃軟體設計。

越障規劃模塊是資訊融合的一個底層輔助處理模塊。其作用主要是讀取數據庫中的線路結構和金具尺寸數據，根據圖像分析模塊的判別結果，選擇適當的運動模式，完成指定的運動規劃任務。運動模式是根據特定的機器人位姿編寫的越障運動序列和關節模塊動作，作為單元動作數據庫進行儲存。另外，推理判斷模塊能根據機器人電量監控數據及當前關節數據給出機器人健康和安全狀態的評價。

針對巡檢機器人控制系統的特點，開發了巡檢機器人運動控制擴展介面動態鏈接庫——Ape32.dll，包括關節控制函數、雲臺控制函數、感測器查詢與解碼函數、越障模塊動作控制函數、運動狀態檢查函數。函數功能與原型聲明如下：

• bool SetRobotMotion（long Motiontype，long Motiondata，bool Motionid，int Motionsn）

功能：用於自主控制中，在進行機器人外部環境辨識與狀態檢查生成機器人運動規劃序列之後，根據機器人動作序列編號、運動控制類型（如夾爪控制 Fswap，質心調整 Amass 或後臂舉升 Blift 等）及動作數據與方向進行機器人單元動作控制。

• void SetPan _ Tilt（int CameraID，int PosID）

功能：用於在進行環境辨識或運動規劃時，根據攝影機 ID（如雲臺攝影機 EyeCamera、手臂攝影機 FDnCamera 等）和所需的攝影機視角 ID（如預置位 POSI _ 1、預置位 POSV _ U 等），進行攝影機切換和雲臺視角調用函數。

• void GetSensorData（long SensorID）

功能：用於獲得機器人運動規劃時所需的當前姿態或狀態資訊，根據感測器 ID（如障礙感測器 ObjectSensor、後臂旋轉 BrevoSensor、電源電壓 VoltSensor 等）獲取感測器數據的函數。

• bool SetTask（long ObjectType，long OpenAngle，long LiftData，bool Motionid，int TaskSN）

功能：地面基站監控機器人局部自主控制下的越障模塊運動控制函數。根據環境辨識得到的障礙類型（如防震錘 Damper、線夾 Clamper 等）、機器人手臂避障關節運動數據（如手臂旋轉角度 OpenAngle、手臂抬起高度 LiftData 等）、機器人運動方向及當前越障的序列號，控制機器人自動越障。

• bool SetHandShake（long StartID）

功能：用於設置與機器人的握手協議或執行緊急停車控制函數。透過設置該函數向機器人發出地面基站就緒的訊號，並與機器人建立無線連接。根據使能功能 ID（如啓動握手 Start、緊急停車 EStop 等），通知機器人執行無線連接或緊急停車。該函數可用來進行機器人通訊故障的檢查和機器人運行狀態的診斷。

• bool StateCheck（long &Motiontype，bool &ActId，bool &ActState）

功能：動作狀態查詢函數，執行機器人各關節動作完成狀態的檢查。根據輸入所需查詢的運動類型（如夾爪控制 Fswap、質心調整 Amass、後臂舉升 Blift 等）及運動標識 ActId，返回機器人動作是否完成的資訊 ActState。用於在機器人運動規劃時，查詢上一步關節運動是否完成，以此來推理下一步的運動指令或進行機器人的故障診斷。

• bool SensorDecode（long &SensorID，double &Sensordata，bool &IOdata）

功能：感測器數據解析函數，將機器人的反饋資訊轉換成機器人姿態或狀態的數據，提供給運動規劃模塊進行資訊融合。根據機器人無線傳輸的反饋資訊，返回由感測標識 SensorID 所規定的模擬量數據 Sensordata（如傾角感測器 SlopeSensor、後臂轉角位移 BrevoSensor 等）、數位量數據 IOdata（如遇障感測器 ForeInside 等）及機器人在輸電線上行走的定位資訊。

d. 抓線控制軟體設計。

抓線控制模塊包括機器人的運動及動力學方程和運動控制算法兩部分。輪臂抓線過程中，根據圖像空間的誤差數據編寫控制算法產生最佳化的運動控制量。

e. 數據庫軟體設計。

數據庫模塊儲存了各功能模塊所需的數據資訊，主要包括機器人的建模模型庫、機構的運動學模型庫、機器人運動模式的單元動作模塊庫、輸電線路結構數據庫、缺陷圖像或運動監控採集圖像庫、線路標準缺陷數據庫及機器人運動狀態數據庫。

⑤ 通訊協議設計。

通訊協議包括地面基站到機器人與機器人到地面基站兩個方向的指令交互，主要包括地面基站與機器人的握手協議、急停指令、控制指令、查詢指令、動作狀態反饋指令及數據反饋指令等。其中握手協議在機器人與地面基站部分是一致的，用於開機啓動時連接的建立和通訊中斷後的自動搜索。急停指令採用特殊格式，具有最高的優先級，以達到在緊急情況下立即終止機器人運動的目的。其他協議用來進行地面基站與機器人之間的控制數據與反饋資訊的交互。

通訊協議採用 15 位字符格式，首位表示指令起始標識字符，當檢測到該字符時表明一條完整指令的開始。末位為終止標識符，表明一條完整指令的結束。第 2 位表示控制類型標識，包括調試命令、行走控制、單元動作、自動越障、攝影機、感測器、復位與急停協議代碼。第 3 位與第 4 位組合表示控制目標，主要包括電動機標識碼、行走模式、越障方向、攝影機 ID 及手臂 ID 等資訊。第 5 位與第 6 位組合表示運動標識，主要包括電動機控制模式、手臂運動類型、障礙 ID、雲臺控制 ID 及感測 ID 資訊。在地面基站到機器人的控制協議中，第 7 位到第 12 位表示控制數據，包括期望電機碼盤數、行走速度、夾緊電流、舉升距離及旋轉角度等；在機器人到地面基站的反饋協議中，該 6 位表示感測數據，包括傾角、電壓與電流、舉升位移、旋轉角度等。在地面基站到機器人的控制協議中，第 13 位與第 14 位組合用於校驗標識，判斷指令格式是否完整，如果校驗失敗，需要重發；在機器人到地面基站的反饋協議中，該兩位組合表示動作狀態資訊，包括運動失敗、運動完成及狀態錯誤。

5.3 能源供給系統設計

目前攀爬機器人所需能源主要為電能，利用電能驅動控制系統及運動執行機構實現攀爬越障。地面監控設備不需要高空作業，可採用汽油發電機、柴油發電機、車載電瓶、地面電力介面等多種供電方式，不再贅述。

由於需要離地高空作業，攀爬機器人本體的電能供給可分為三種主要方式：機器人攜帶鉛酸電池或鋰電池直接供電；機器人安裝太陽能電池板和蓄電池供電；機器人攜帶取電設備和蓄電池在特殊環境中兼容環境取電。

5.3.1 蓄電池直接供電系統

大部分研究機構的攀爬機器人均採用電池直接供電系統進行機器人的能源供給，這也是其他兩種供電方式的基礎。鉛酸電池由於體積大、質量大、實用性差，多用於機器人前期的實驗室測試。攀爬機器人具有輕量化需求，為了減小機器人質量，採用高密度的鋰電池為機器人提供電能，具有更好的實用性和可行性。高密度鋰電池具有體積小、容量密度高、安全等特點，廣泛用於機器人、無人機等智慧設備。

機器人電池直接供電系統可分為統一供電和分層供電兩種模式，如圖 5.20 所示。機器人電池直接供電系統需要具備轉壓、穩壓、開關、過流保護和電池低電預警等功能，因此系統由低電報警器和控制板組成。

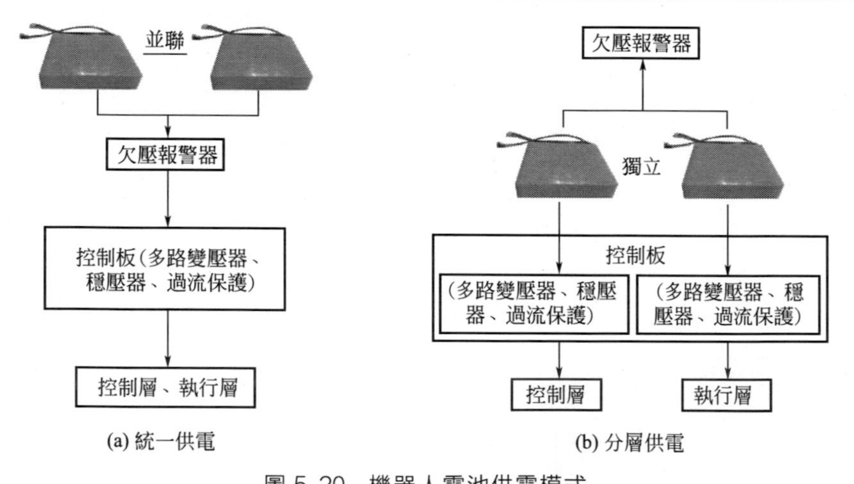

圖 5.20 機器人電池供電模式

低電報警器採用電池電壓報警模塊，要能夠即時採集每個電芯電壓，當任意一個電芯電壓低於預設警戒值時，報警器蜂鳴或直接發送訊號至機器人電腦系統，機器人電腦系統將訊號發送至地面監控設備，由操作工人操控機器人停止工作或機器人開始返程。

控制板一般為自主設計，主要安裝多路變壓模塊、穩壓模塊和過流保護模塊，將電源電壓轉換至電腦、感測器、控制器、運動執行電動機所需電壓。

統一供電模式時機器人攜帶的鋰電池並聯，根據機器人預估總功率和工作需求時間來選擇並聯電池組的總容量。低電報警器採集並聯電池組內各電芯電壓後，連通控制板上各變壓、穩壓、過流保護元件，為機器人控制層和執行層統一供電，如圖 5.20(a) 所示。統一供電模式相對簡單、便於設計，但由於機器人控制層電腦對供電電壓的精度要求高，因此控制板中各變壓、穩壓等電路設計要求高，成本也較高。

分層供電模式時機器人攜帶的鋰電池並聯成兩個電池組，且兩個電池組相互獨立，分別向機器人控制層和執行層供電，根據控制層和執行層各自功率和機器人運行時間選取兩個電池組的容量。低電報警器採集並聯電池組內各電芯電壓資訊。在控制板上分別設計控制層和執行層的供電變壓、穩壓、過流保護電路，如圖 5.20(b) 所示。分層供電模式相對複雜，但可以根據需求滿足控制層電腦對供電電壓的精度要求，執行層對供電電壓精度需求較低的可採用相對簡單的變壓、穩壓、過流保護電路設計方案，同時降低成本。

5.3.2 太陽能電池板和蓄電池供電系統

考慮到攀爬機器人脫離地面環境的作業特點和輕量化的設計需求，為解決機器人續航能力和蓄電池質量的矛盾，實現攀爬機器人的全天候自主作業，可以考慮在機器人本體上安裝太陽能電池板和在空間中繼環境中設置太陽能儲電系統兩種方案為機器人供電。

方案一：機器人本體安裝太陽能電池板

機器人本體安裝電池板，太陽能電源經過充電電路和脈衝保護單元向蓄電池充電，電流感測器、電壓感測器和單片機組成電源電量檢測與管理單元，實現對太陽能取電電量、蓄電池剩餘電量、各用電單元的電量消耗等進行即時檢測和對剩餘電量的工作時間進行預測，其結果可分別由通訊裝置傳輸到地面基站或發送至機器人電腦，由地面操作人員或機器人電腦做出控制決策。

高壓線路巡檢機器人採用機器人本體安裝太陽能電池板的設計方案[5]，如圖 5.21 所示。機器人採用 36V、40A·h 的鋰電池，太陽能電源包括 40 塊太陽能板，其中 20 塊太陽能板布置在控制箱的兩側，另外 20 塊布置在機器人兩翼板上。不需要充電時，兩塊翼板置於控制箱的底部；需要太陽能取電時，翼板展開。翼板的伸縮運動由運動控制器執行機構實現。蓄電池剩餘電量用蓄電池當前電壓值來表征。根據電池放電特性（電壓-時間特性曲線）來預測剩餘電量的工作時間。

圖 5.21　安裝太陽能電池板的攀爬機器人樣機

在機器人本體上安裝太陽能電池板能夠提高攀爬機器人的續航能力，提供了一種能源供給解決方案，但由於搭載在機器人上的太陽能板重量較大，機器人重量大幅增加，限制了該方案的實用性。

方案二：中繼環境中設置太陽能儲電系統

為減小攀爬機器人所搭載供電系統的質量，可在機器人工作環境中設置中繼電源為攀爬機器人充電。對於工作在野外高空環境的攀爬機器人，可以在其工作路徑中設置太陽能儲電系統，當機器人運行至儲電系統所在位置時，透過機器人本體攜帶的充電頭與儲電設備充電插座對接，實現機器人工作環境中的即時充電，提高機器人續航能力及環境適應能力。該能源供給方案需要綜合考慮機器人本體蓄電池容量、機器人能耗速度、太陽能儲電系統蓄電能力、儲電系統布置間隔、架空環境是否允許布置太陽能儲電系統、機器人自主架空環境充電頭自主對接等問題。

文獻［6］中介紹了一種輸電線巡檢機器人的自主充電對接控制方法，提出了一套基於坡度資訊位置反饋粗定位、圖像視覺伺服精定位、壓力感測器反饋對接狀態的攀爬機器人自主充電對接控制方法，並進行了實際線路驗證。但未見後續其在高壓輸電線環境中設計太陽能儲電系統提高續航能力方案的實際應用。

用太陽能電池板為機器人本體或中繼供電系統提供能源，能夠一定程度上解決攀爬機器人的能源供給問題，但還存在不足——長時間陰雨天氣可能導致充電控制器無法啓動。目前所有的充電控制器都是由蓄電池供電，當蓄電池電壓過低時，充電控制器就會停止工作，在秋冬季節長時間陰天和光伏板覆冰、覆雪等光照不足的情況下，蓄電池電能將耗盡，即便過後光照充足，充電控制器也無法為蓄電池充電。覆塵降低了光伏板取電效率。光伏板長期暴露在野外，表面覆塵越積越厚，將導致光伏板取電效率逐步降低，造成蓄電池長期欠充，一旦遇到長時間陰天或雪覆冰，更易出現上述問題。

5.3.3 電磁感應供電系統

電磁感應取電方案是指攀爬機器人利用自身攜帶的電磁感應設備，透過感應架空輸電線路周圍產生的交變磁場，在其感應設備內產生感應電流，實現電能獲取。

目前感應取電後為機器人供電有以下兩種發展方向。

① 不含蓄電池，將感應獲取的電能直接供給至機器人設備。這種方式提取的電能存在較大的電壓波動，不適合用來直接為對電壓精度要求較高的機器人控制系統供電。由於高壓線路輸送電流隨時間或季節的變化較大，這種方式研究主要以解決高壓線路較寬電流範圍內輸出穩定電壓源為目標，取電輸出功率較小。

② 以蓄電池為儲能元件，以給蓄電池設備補充能量為目的。蓄電池可以直接安裝於機器人本體上，也可以作為中繼站安裝於線路桿塔上，為機器人提供中繼充電服務。感應取電後給蓄電池充電，蓄電池儲能後為攀爬機器人提供穩定的電能供給。這種方式更適合應用在攀爬機器人上。

高壓輸電線路感應取電可分為導線感應取電和地線感應取電兩種情況。

導線感應取電的工作原理如圖 5.22 所示[7]。當輸電高壓線通過交變大電流時，其周圍產生交變磁場，經過鐵芯和線圈組成的換能器後，在感應線圈兩端產生感應電動勢；再經過整流橋，將交流電轉換為直流電，實現給蓄電池充電。感應取電電源的形式類似於交流互感器，但區別在於次級繞組並非短路，而是串接了負載電路。

地線感應取電的工作原理如圖 5.23 所示[8]。根據麥克斯韋原理，導線上流過交變電流時會在空間產生交變磁場，而該交變磁場切割由兩根防雷地線和鐵塔組成的空間閉合平面時，會在該平面上產生出感應電動勢，一旦該平面的導電體形成環路，則會在該平面上形成感應環流，如圖 5.23 所示。利用感應環流為蓄電設備充電，可實現高壓輸電線路的地線在線取電。

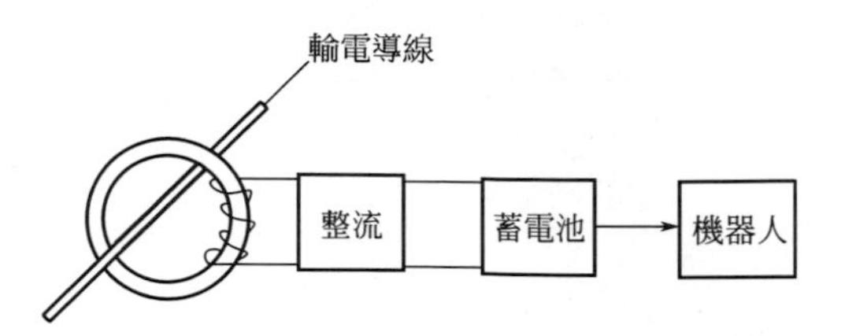

圖 5.22 導線感應取電的工作原理

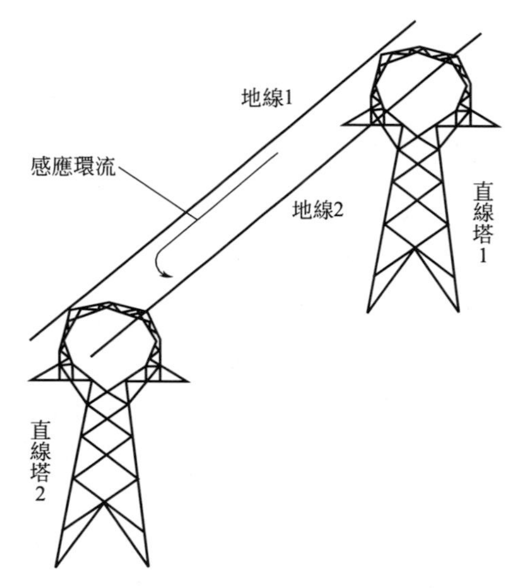

圖 5.23 地線感應取電的工作原理

地線磁場感應耦合電源設備的安裝原理如圖 5.24 所示，分別給出了地線採用逐塔接地方案和單點接地方案時的電源設備安裝方案。圖 5.24(a) 中取電設備所取的是由直線塔 1、地線 1、取電設備、直線塔 2 和地線 2 構成環路的電能，地線主體結構串接取電設備後發生了改變。圖 5.24(b) 中所取的是地線 2、耐張塔 1、地線 1、取電設備、直線塔 2 和短路線構成環路的電能，地線主體結構沒有改變。

目前機器人搭載鋰電池直接供電是攀爬機器人設計的主流方向，但受到電池容量密度低的限制，導致機器人續航能力差或本體質量過大。中繼取電方案可以減小機器人質量、提高機器人環境適應能力和工作可行性，是未來的發展方向。但目前攀爬機器人的研究主要集中在機械結構和控制系統的設計，鮮見設置中繼儲能系統在攀爬機器人實際工作中的應用，相關方案還處於理論分析和實驗室理論驗證階段。在工作環境中布置儲能系統涉及對工作環境的改造，還需進行人-機-環境共融技術的深入研究。

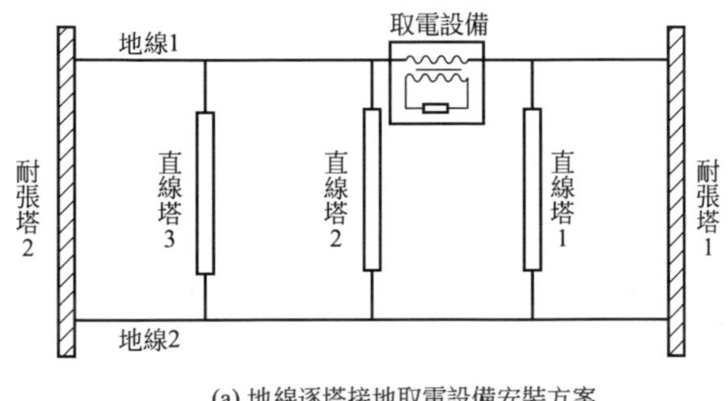

(a) 地線逐塔接地取電設備安裝方案

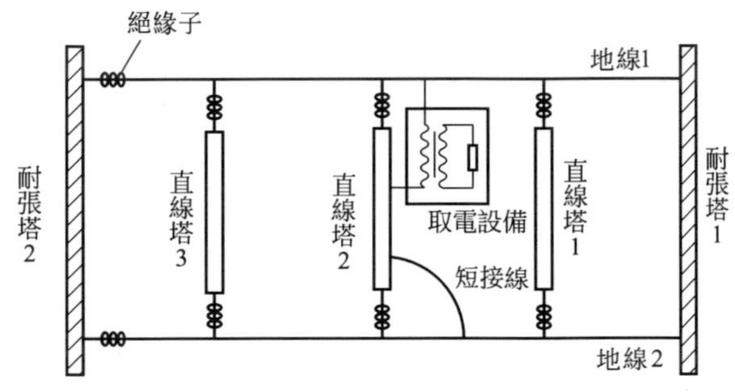

(b) 地線單點接地取電設備安裝方案

圖 5.24 地線磁場感應耦合電源設備的安裝原理

5.4 電力輸電環境和電磁兼容設計

5.4.1 電力輸電環境簡介

輸電線路巡檢作業是攀爬機器人的典型應用，有必要了解電力輸電系統的電磁環境並進行機器人的電磁環境適應性研究，提高機器人的實用性。當電子、電氣設備運行時發射出的電磁能量影響到其他設備正常工作時，我們就說產生了電磁干擾效應，簡稱為電磁干擾。電磁干擾會對電子設備或系統產生影響，尤其是對包含半導體器件的設備或系統產生嚴重的影響。強電磁發射能量使電子設備中的元器件性能降低或失效，最終導致設備或系統損壞。例如，強電磁場可使半導體結溫升高，擊穿PN 結，使器件性能降低或失效；強電磁脈衝在高阻抗、非屏蔽線上感應的電壓或電流可使高靈敏部件受到損壞等。歷史上已經出現多次由電磁干擾引發的系統故障，如 1969 年 11 月 14 日土星 V-阿波羅 12 火箭誘發雷擊事件、1971 年 11 月 5 日歐羅巴Ⅱ火箭爆炸事件等。

電力系統是由一次設備和二次設備組成的特殊的電磁環境，其中存在多種電磁騷擾和相互作用。當前電力系統正朝著電壓等級更高、容量更大、電力網路更密集、系統更複雜、設備更先進的方向發展，導致電力系統產生的電磁干擾更嚴重、更複雜。以固態電子為基礎的攀爬機器人系統耐受電磁干擾的能力較弱，尤其是機器人中心控制系統容易受電磁環境影響，已經受到各研究學者的廣泛關注。

輸電線路巡檢機器人需要在超高壓輸電線路的架空地線上行走作業，超高壓輸電線路運行過程中，在其線路附近會形成很強的工頻電磁場（50Hz），如圖 5.25 所示。為使巡檢機器人能夠正常作業，必須考慮上述電磁場的影響，解決機器人超高壓環境中的電磁兼容問題。

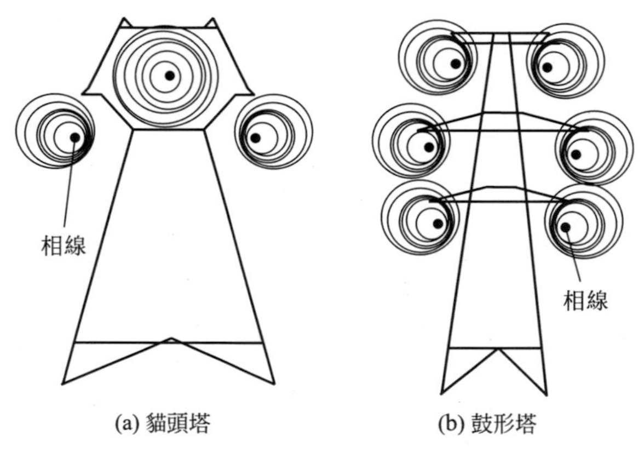

圖 5.25　超高壓輸電線路周圍工頻電磁場分布

5.4.2 電磁兼容設計

電磁兼容性（Electromagnetic Compatibility，EMC）是研究電磁環境（指存在於給定場所的所有電磁現象的總和）的學科，所以又稱環境電磁學。按照國際電工委員會（International Electrotechnical Commission，IEC）的定義，電磁兼容性是指設備或系統在其電磁環境中能正常工作，且不對該環境中的任何事物構成不能承受的電磁干擾的能力[9]。

電磁屏蔽技術是用來抑制電磁干擾沿空間的傳播，即切斷輻射干擾的傳播途徑。其實質是將關節電路用一個屏蔽體包圍起來，使耦合到這個系統的電磁場透過反射和吸收被衰減。

根據法拉第電磁屏蔽原理，採用添加屏蔽層的方式實現機器人主要控制部件的電磁屏蔽。各種屏蔽體的性能均用屏蔽效能來定量評價。屏蔽效能的定義為空間某點上未加屏蔽時的電場強度（或磁場強度）與加屏蔽後該點的電場強度（或磁場強度）的比值，其單位為分貝（dB）。衰減量與屏蔽效能的關係如表 5.6 所示，不同用途的機箱對屏蔽效能的要求如表 5.7 所示。

表 5.6　衰減量與屏蔽效能的關係

無屏蔽場強	有屏蔽場強	屏蔽效能/dB
10	1	20
100	1	40
1000	1	60
10000	1	80
100000	1	100
1000000	1	120

表 5.7　不同用途的機箱對屏蔽效能的要求

機箱類型	屏蔽效能/dB
民用產品	<40
軍用產品	60
TEMPEST 設備	80
屏蔽室、屏蔽艙	>100

金屬板的屏蔽效能 S(dB) 為[10]：

$$S=A+R+B \tag{5.7}$$

式中，A 為金屬板吸收損耗，dB；R 為金屬板反射損耗，dB；B 為金屬板內部多重反射損耗，dB。

A 的計算公式為：

$$A=0.131t\sqrt{f\sigma_r\mu_r} \tag{5.8}$$

由於輸電線巡檢機器人與高壓輸電線路相線距離較近，因此僅考慮金屬板反射損耗的近場反射損耗。當屏蔽金屬板處於近場區時，對於磁場源的反射損耗 R_m 和對於電場源的反射損耗 R_e 分別如下：

$$R_m\approx 14.56+10\lg\frac{\sigma_r r^2 f}{\mu_r} \tag{5.9}$$

$$R_e\approx 321.7+10\lg\frac{\sigma_r}{f^2 r^2\mu_r} \tag{5.10}$$

$$R=R_m+R_e \tag{5.11}$$

B 的計算公式為：

$$B=20\lg\left|1-10^{-0.1A}\left[\cos(0.23A)-\mathrm{j}\sin(0.23A)\right]\right| \tag{5.12}$$

式中，f 為頻率；t 為金屬板厚度；μ_r 為金屬板相對磁導率；σ_r 為金屬板相對電導率；r 為干擾源與金屬板的距離。

在高壓的環境中金屬板的屏蔽效果主要取決於金屬板的吸收損耗，選擇鋁（$\sigma_r=0.61$）或銅（$\sigma_r=1$）作為電場屏蔽材料，鎳鋼（$\mu_r=80000$）作為磁場屏蔽材料，將機器人的控制器用鋁板、銅板和鎳鋼片進行包裹，同時控制系統電路的接地端與屏蔽層短路，不僅可以電磁屏蔽，同時抑制了電路系統中的共模干擾。

機器人控制系統屏蔽層外殼體與架空地線短路，做到與架空地線等電位，防止機器人與架空地線間產生較大電勢差（雷擊、電湧時）並擊穿，損壞機器人控制系統和輸電線路設備。機器人本體所用採用編織絲網和金屬箔組合封裝屏蔽的線纜，防止在機器人線纜內產生干擾電壓，影響機器人正常工作。

參考文獻

[1] Ramadge P J, Wonham W M. Supervisory control of a class of discrete event processes[J]. SIAM J. Control and Optimization. 1987, 25 (1): 206-230.

[2] 徐心和，戴連平，李彥平 . DEDS 監控理論的最新發展[J]. 控制與決策，1997, S12: 396-402.

[3] 鄭大鐘，趙千川 . 離散事件動態系統[M]. 北京：清華大學出版社，2000.

[4] Akesson K, Jain S, Ferreira P M. Hybrid Computer-Human Supervision of Discrete Event system[C]. IEEE international conference on robotics and automation. Washington, DC, USA. 2002: 2321-2326.

[5] 徐顯金 . 高壓線路沿地線穿越越障巡檢機器人的關鍵技術研究[D]. 武漢大學，2011.

[6] 吳功平，楊智勇，王偉，等 . 巡檢機器人自主充電對接控制方法[J]. 哈爾濱工業大學學報，2016, 48 (7): 123-129.

[7] 李維峰，付興偉，白玉成，等 . 輸電線路感應取電電源裝置的研究與開發[J]. 武漢大學學報（工學版），2011, 44 (4): 516-520.

[8] 樊海峰，楊明彬，張仲秋，等 . 基於 330kV 架空地線磁場感應耦合的巡檢機器人電源研製[J]. 電氣應用，2016, 35 (8): 80-85.

[9] 王洪新，賀景亮 . 電力系統電磁兼容[M]. 武漢：武漢大學出版社，2004.

[10] 楊顯清，楊德強，潘錦 . 電磁兼容原理與技術[M]. 北京：電子工業出版社，2016.

攀爬機器人技術

作　　者：房立金，魏永樂，陶廣宏
發 行 人：黃振庭
出 版 者：崧燁文化事業有限公司
發 行 者：崧燁文化事業有限公司
E-mail：sonbookservice@gmail.com
粉 絲 頁：https://www.facebook.com/sonbookss/
網　　址：https://sonbook.net/
地　　址：台北市中正區重慶南路一段六十一號八樓 815 室
Rm. 815, 8F., No.61, Sec. 1, Chongqing S. Rd., Zhongzheng Dist., Taipei City 100, Taiwan
電　　話：(02) 2370-3310
傳　　真：(02) 2388-1990
印　　刷：京峯彩色印刷有限公司（京峰數位）
律師顧問：廣華律師事務所 張珮琦律師

定　　價：400 元
發行日期：2022 年 03 月第一版
◎本書以 POD 印製

國家圖書館出版品預行編目資料

攀爬機器人技術 / 房立金 , 魏永樂 , 陶廣宏著 . -- 第一版 . -- 臺北市 : 崧燁文化事業有限公司 , 2022.03
　面；　公分
POD 版
ISBN 978-626-332-130-4(平裝)
1.CST: 機器人
448.992　111001515

電子書購買

臉書